Günther Nussbaum-Sekora

(K)ein Pfusch am Bau

Günther Nussbaum-Sekora

(K)EIN PFUSCH AM BAU

Wie ein Bausachverständiger (s)ein Haus
richtig und dennoch kostengünstig bauen würde

Bibliografische Information der Deutschen Nationalbibliothek
Die Deutsche Nationalbibliothek verzeichnet diese Publikation in der Deutschen
Nationalbibliografie; detaillierte bibliografische Daten sind im Internet über
http://dnb.d-nb.de abrufbar.

Formatentwickler und Produzent der Fernsehserie „Pfusch am Bau" ist die ON-MEDIA
TV- und Filmproduktion GmbH in Zusammenarbeit mit Martin Gastinger und ATV.
Die Fernsehserie wird vom FERNSEHFONDS AUSTRIA gefördert.

ISBN 978-3-7093-0496-9

Umschlag: buero8
Satz: Strobl, Satz·Grafik·Design, 2620 Neunkirchen

© LINDE VERLAG Ges.m.b.H., Wien 2012
1210 Wien, Scheydgasse 24, Tel.: 01/24 630
www.lindeverlag.de
www.lindeverlag.at
Druck: Hans Jentzsch u Co. Ges.m.b.H.
1210 Wien, Scheydgasse 31

Inhalt

Kapitel 8: Betreten verboten – Flachdächer, Terrassen, Balkone.

Kapitel 9: Lüften überflüssig – Fenster und Türen

Vorwort

Nach knapp 30 Jahren in der Bauwirtschaft war es für mich Zeit für eine neue Berufung. Ein logischer Weg schien der Beruf des Gerichtsgutachters zu sein, doch diesem konnte ich nicht viel abgewinnen. Aufklärungsarbeit und die Weitergabe der eigenen Erfahrungen sind dort tabu, sie widersprechen verständlicherweise dem Gerichtsgeheimnis. Das entspricht weder meinem Ego noch meinem Sendungsbewusstsein. Um Dinge zu verändern, muss man die Öffentlichkeit informieren und ein Bewusstsein schaffen. Wie erkläre ich später jemandem, dass ich mein Leben lang von den Fehlern der Bauwirtschaft profitiert habe? Warum also nicht der Öffentlichkeit ungeschönt über „Pfusch am Bau" erzählen? Nur dann wird sich etwas ändern. Also habe ich vor ein paar Jahren begonnen, Fachartikel für Bauverlage zu schreiben, und erreiche so jeden Monat ein paar Tausend Interessierte. Mir ist es wichtig, Privatleute darüber zu informieren, dass sie ihre Bauarbeiten selbst überwachen können, und dass Fachleute, ausgestattet mit dem notwendigen Know-how, ihre Fehler erkennen und beseitigen.

Um eine breitere Öffentlichkeit zu erreichen, habe ich den „Bauherrenhilfe.org – Verein für Qualität am Bau" gegründet. Dann kam Martin Gastinger von ATV auf mich zu. Er fand unsere Öffentlichkeitsarbeit gut und wollte ein neues Service-Format etablieren: „Pfusch am Bau". Jetzt noch Fernsehen, wow! Diese Chance habe ich gerne wahrgenommen. „Pfusch am Bau" ist heute auf vielen Baustellen allgegenwärtig. Nach rund 40 Folgen versäumen private Bauleute oft keine Sendung, stehen selbstbewusst auf der Baustelle und ermahnen die Baufirmen zu einer fehlerfreien Ausführung. Damit habe ich mir auch in der Bauwirtschaft mehr Freunde als Feinde geschaffen. Viele Firmen schreiben oder rufen mich an, um sich zu bedanken. Qualität ist wieder gefragt, der Billigstbieter wird von privaten Bauleuten mit Misstrauen beäugt. Gutes Handwerk hat wieder einen höheren Stellenwert.

Günther Nussbaum-Sekora

PS: Man möge mir die nicht ganz gendergerechten Anreden verzeihen. Wenn ich von Bauherren und Häuslbauern schreibe, meine ich natürlich auch Baufrauen und Häuslbauerinnen.

Sparen + Sparen = Luxus? - Die Planung

Eine Geschichte von Betroffenen

Peter Bachmann hat sich alles im Leben selbst beigebracht. Er verließ mit 14 Jahren die Schule, weil sie ihn langweilte. Er brach die Lehre als Schlosser ab, weil er es spannender fand, dem kaufmännischen Leiter des Betriebes über die Schulter zu schauen. Er begann bei einer Maschinenteilfirma als Aushilfe und arbeitete sich hoch. Heute leitet er den gesamten Vertrieb und verdient blendend. Sein Credo lautet: Selbst ist der Mann. In seiner früheren Wohnung hat er selbst das Badezimmer renoviert und neue Böden verlegt, zur vollsten Zufriedenheit seiner Gattin Helene. Peter und Helene haben vor sechs Jahren das Reihenhaus der Schwiegereltern geerbt und sind ins Grüne gezogen.

„Es ist so weit", erklärt Peter. „Das Haus wird saniert, der Keller ausgebaut. Wir werden eine Terrasse anlegen, den Garten verschönern und den Dachboden ausbauen." Mittlerweile existiert ohnehin das Paradies für jeden Selfmademan: das Internet. „Fabelhaft", sagt Peter zu seiner Frau. „Wir engagieren günstige Handwerker aus dem Internet und machen selbst mit." Peter erfährt, dass er für den Ausbau eines bestehenden Hauses einen Einreichplan bei der Behörde genehmigen lassen muss. „Elendes Bürokratenzeug", erklärt Peter, „als ob wir ein neues Haus bauen würden". Egal, so etwas kann Peter nicht aufhalten. Über ein Internetportal findet er einen Planer, der den Einreichplan verfasst. Dieser ist

11

zwar voller Rechtschreibfehler, kostet aber nur 500 Euro. Genug geplant, gleich ans Werk. Die Bauleute bekommen den Einreichplan als Arbeitsgrundlage und legen los. Peters Sohn Dominik und dessen Freundin kommen zur Sonntagsjause. Sie sehen die begonnene Baustelle. Stolz erzählen Peter und Helene von ihrem Vorhaben. Dominik warnt. Auf solchen Internetportalen tummeln sich jede Menge Anfänger und Amateure sowie Bauleute, die von ihren Firmen zu Recht gefeuert wurden, weil sie unfähig sind. Peter spöttelt über seinen Sohn, der sich schon einen Fachmann holt, wenn er eine neue Bademate auflegt.

Während eine Baufirma sich an die Terrasse, den Keller und die Fassade des Hauses macht und zwei Gärtner das Grundstück in Angriff nehmen, legen Peter und „sein" handverlesener Handwerker im Dachboden selbst Hand an. Was Peter nicht weiß, googelt er nach. Selbst ist der Mann, sagt Peter, und Helene bewundert ihn für seine Souveränität.

Zwischen Dachboden und Dach braucht es eine Dampfbremse, liest Peter. „Was für ein abstruses Wort", denkt er und forscht weiter. In einem Raum sammelt sich Luftfeuchtigkeit und man muss verhindern, dass diese ins Mauerwerk oder in den Dachstuhl eindringt. Es sei also angebracht, eine feuchtigkeitshemmende Folie, die Dampfbremse, auf die Unterseite des Daches zu kleben. „Kinderspiel", erklärt Peter, kauft Folie und klebt sie nach Anleitung „seines" Handwerkers auf.

Währenddessen nehmen Fassade, Terrasse und Keller Gestalt an. Was Peter jedoch nicht weiß: Im Einreichplan, nach dem sich die Bauleute richten, wurden wichtige Maße falsch eingetragen.

Die Terrasse wird nicht nur windschief, sie wird auch undicht und leitet Wasser in den Keller des Hauses. Das merkt Peter erst nach dem ersten massiven Schimmelbefall im Keller. Als ihm ein zu Rate gezogener Gutachter erklärt, dass die ganze Terrasse falsch gebaut worden sei, geht Peter zur Behörde und beschwert sich, dass diese die Fehler nicht erkannt habe. Aber die Behörde prüft allenfalls nur stichprobenartig die Planmaße, nicht jedoch die Details des ganzen Vorhabens. Das wäre doch Sache des Bauherrn gewesen. Peter will sich beim Planer beschweren. Aber der ist schon längst in Konkurs und nicht mehr auffindbar. Von Schadenersatz kann da keine Rede sein. Im Übrigen ist der Chef der Baufirma mittlerweile wegen Betruges im Gefängnis, insolvent und sowieso nicht zuständig.

Peter entflieht dem Schimmel des Kellers und geht auf den Dachboden, um sich zu erholen. Doch siehe da, hier findet sich Pilzbefall im Gebälk. Zähneknirschend wird wieder der Gutachter geholt. Die Dampfbremse ist nicht annähernd dicht verlegt, sehr zur Freude der Pilze, die schon im ersten Winter eingezogen sind, mit der festen Absicht, nie wieder wegzugehen. Peter sucht nach seinem Handwerker. Es stellt sich heraus, dass dieser noch nie eine Dampfbremse errichtet hat und vor Peters Google-Recherche das Wort nicht einmal kannte. Als Dominik wieder zu Besuch kommt, entdeckt er Risse in der Fassade des Hauses. Der Gutachter wird wieder gerufen. Falsches Material, konstatiert der Gutachter. Falsch aufgetragen und nicht abgedichtet. Peter knirscht mit den Zähnen. Bedrückt sucht er Zuflucht im neugestalteten Garten, der tatsächlich sehr schön geworden ist. Das einzig Störende ist der Anblick des Hauses mittendrin.

Grundlegendes

Bevor wir die einzelnen Schritte der Hausplanung besprechen, möchte ich Ihnen zwei grundlegende Gedanken zum Thema Wohnraumerrichtung mitgeben.

Nachhaltigkeit und Ökologie

Heutzutage sollte die Passivbauweise Standard sein, ja sogar das Nullenergiehaus ist schon Realität. In diesem Sinne begrüße ich die EU-Gebäuderichtlinie, die vorschreibt, dass wir bis 2020 nur mehr „Nearly zero energy"-Gebäude bauen dürfen, also Häuser, die nahezu keine Heizenergie mehr benötigen. Österreich ist darin bereits weltweit führend, kein Land baut so viele Passivhäuser wie wir.

Die baurechtlichen Vorgaben verlangen noch kein Passivhaus, und wie Sie die Wärmeschutzvorgaben erreichen, bleibt Ihnen – fast – überlassen.

Leider öffnet dies der Verwendung bedenklicher Materialien Tür und Tor. Glaswolle, heute als Mineralwolle getarnt, sowie Polystyrol-Dämmungen sind zwar billig, ökologisch aber bedenklich. In Verbindung mit der immer dichter werdenden Gebäudehülle und der massiven Verwendung bau-

Abb. 1: Nach einer guten Planung endet der Wahnsinn Hausbau meist im echten Traumhaus. Quelle: Eternit.at

Abb. 2: Katzentatzen im Terrassenbelag, Sonderlösungen brauchen Vorbereitung. Quelle: Triflex. com

chemischer Produkte entsteht ein Giftcocktail, dessen Folgen noch niemand abschätzen kann. Wer starke Nerven hat, liest dazu das letzte Kapitel zum Thema Raumluft.

Für Sie ist vorab wichtig zu wissen, dass ökologische Baumaterialien zwar nicht immer 100-Prozent-Natur sind, aber weniger krank machen und auf lange Sicht den Wert Ihrer Immobilie beträchtlich steigern. Durch den Einsatz dieser Materialien werden regionale Betriebe unterstützt, und sie sind besser für Mensch und Umwelt – natürlich nur, wenn die ökologischen Materialien nicht über Tausende Kilometer angeliefert werden. Unter den Begriff

„Nachhaltigkeit" fällt übrigens auch die Wiederverwertung von Materialien am Ende der Gebäudelebensdauer. Künftige Gebäude werden vermehrt unter dem Aspekt der Nachhaltigkeit gebaut, planen Sie das mit ein, in 20 Jahren werden Makler und Käufer danach fragen!

Weiterführende Informationen und Anbieter: www.bauherrenhilfe.org/ fachbuch_**nachhaltigkeit**

Der L.EBIRS-Faktor

Ein Billighaus kommt Sie in der Regel teuer zu stehen. Und zwar in Form von erhöhten Wartungskosten sowie hohen Wertverlusten beim Wiederverkauf, denn der wahre Gebäudewert zeigt sich später. Ich nenne das den L.EBIRS-Faktor, das ist ein Kürzel für:

Lebensdauer – **E**nergiekosten – **B**etriebskosten – **I**nstandhaltungskosten – **R**eparatur- und **S**anierungskosten

Wer heute als Eigentümer Millionen in ein Bürogebäude investiert, interessiert sich nur zu einem Teil für den Kaufpreis. Er fragt in erster Linie nach Lebenszyklen, Energie- und Betriebskosten. Die Renditen für Investoren sind knapp kalkuliert, eine Flachdachsanierung nach nur 20 Jahren – übrigens keine Seltenheit –, und das Gebäude rechnet sich nicht mehr.

Denken auch Sie immer an das Motto: Zuerst mehr investieren – danach Geld sparen! Stöhnen Sie nicht, wenn die Baufirma zehn Prozent Mehrkosten für das Passivhaus verrechnet, das ist gut investiertes Geld.

Im Laufe von 50 Jahren spart das *gut gebaute* Passivhaus locker 230.000 Euro. Die Ersparnis setzt sich aus mehreren Faktoren zusammen. Zunächst verheizen sie 80 Prozent weniger Geld, aber den Hauptteil machen Wartung, Instandhaltung, Reparaturen und schließlich Erneuerungsintervalle, die Sie einsparen, aus. Sie könnten mit dem ersparten Geld fast schon ein Zweithaus für Ihren Nachwuchs errichten.

Auf die Qualität zu achten gilt natürlich nicht nur für den Passivhaus-Standard.

GUT ZU WISSEN

Bei Gerichtsstreitigkeiten berechnen Sachverständige die durchschnittliche Lebensdauer sämtlicher Gebäudeteile, nachzulesen in einer Art „Haltbarkeitskatalog". Demnach ergeben sich im Zeitraum von 50 Jahren folgende Erneuerungszyklen:

Dach: zweimal

Terrasse: dreimal

Fassade: zweimal

Böden: viermal

Fenster: zweimal

Haustechnikteile: ein- bis dreimal

De facto bleiben *bei einer durchschnittlichen Bauweise* nach 50 Jahren nur die Fundamente, die Wände und der Dachstuhl im Originalzustand. Bedenken Sie, dass Sie bei fachgerechter Ausführung jeden dieser Multiplikatoren um *mindestens 1* zurücksetzen können!

Abb. 3: ATV-Dreharbeiten: Die Blockhausfirma will von Mängeln nichts wissen, Hausherr auf Fehlersuche.

Interessant ist, dass die L.EBIRS-Kosten meist weder in Architekten- und schon gar nicht in Handwerkerberatungen vorkommen. Ich erinnere mich an Diskussionen in Innungen (Standesvertretungen) vor rund 20 Jahren, als neue, vermeintlich hochwertigere Baustoffe eine große Verbreitung fanden. Die Firmen machten sich Sorgen, dass sie in 20 Jahren keine Arbeit mehr hätten, und lehnten daher diese Materialien ab.

Doch nun genug der Vorbemerkungen, stürzen wir uns in die Planung Ihres neuen Zuhauses. Grundsätzlich haben Sie zwei Möglichkeiten: Sie kaufen eine fertige, neu errichtete oder in Bau befindliche Immobilie samt Grundstück von einem sogenannten Bauträger oder Sie geben selbst einen Bauauftrag, werden also zum Bauherrn.

Kauf vom Bauträger

Eine Wohnung, ein Reihen- oder Doppelhaus von einem Bauträger zu kaufen, ist mitunter die sorgloseste Art, eine Immobilie zu erwerben. Der Bauträger kauft das Grundstück, kümmert sich um alle behördlichen Vorgaben, Planungs- und Bauarbeiten und übergibt Ihnen ein schlüsselfertiges Objekt. Dafür ist das Haus weniger auf Ihre individuellen Bedürfnisse zugeschnitten, außerdem gibt es auch beim Kauf einer Immobilie jede Menge technische und rechtliche Fallen, auf die Sie achten müssen.

Die erste dringende Empfehlung lautet: Lassen Sie den Vertrag prüfen. Verlassen Sie sich nicht allein auf das Bauträger-Vertragsgesetz (BTVG), das zum Schutz der Konsumenten erlassen wurde. Damit sind zwar Betrügereien in der Art, dass ein nicht existentes Haus gleich mehrmals verkauft wird, hintangehalten. Das BTGV kann aber durch Zusatzklauseln in einzelnen Punkten ausgehebelt werden. Sollten diese Ergänzungen nicht explizit sittenwidrig sein und Sie den Vertrag unterschrieben haben, gilt er.

Ein Vertrag sollte immer eine beidseitige Willenserklärung sein, lassen Sie daher unverständliche und für Sie nachteilige Passagen nach Möglichkeit streichen. Ob sich Ihr Wille im Vertrag wiederfindet, soll Ihr Vertrauensanwalt überprüfen, die Investition von 250 bis 500 Euro lohnt sich.

BEISPIEL

Kurz vor Vertragsunterzeichnung beauftragt ein Interessent doch noch einen Anwalt, die Konditionen eines Bauträgerprojekts zu überprüfen. In der Leistungsbeschreibung findet sich zur Sanitäranlage ein langer, unverständlicher Text. Zur Heizung steht kurz: „Sämtliche An- und Abschlüsse für eine Heizanlage Type XY." Das bedeutet, die Anschlüsse sind im Kaufpreis inkludiert, die Heizanlage selbst nicht! Im Kleingedruckten steht, dass der Anschaffungspreis der Heizungsanlage über die Betriebskosten abgerechnet und aufgeschlagen wird. Dem Interessenten, der die Preise für Bauträgerobjekte miteinander vergleicht, werden also rund 30.000 Euro für die Heizanlage verborgen, die muss er später scheibchenweise bezahlen. Das ist noch nicht alles: Der Käufer bekommt einen Heizanlagenbetreiber „aufs Auge gedrückt". Er kann also den Energielieferanten nicht selbst mit einer Servicefirma kombinieren und beauftragen. Das hat den Nachteil, dass durch die Ausschaltung des freien Wettbewerbs die Energie-, Service- und Instandhaltungspreise unkontrollierbar steigen können. Wer so einen Vertrag unterschreibt, zahlt drauf!

Nach der rechtlichen Prüfung empfehle ich Ihnen dringend, auch die technische Leistungsbeschreibung überprüfen zu lassen. Ich erzähle Ihnen vier Beispiele, wie ein Käufer erfolgreich intervenierte und mit geringen Mehrkosten das jeweils höherwertige Produkt bekam. Das ging nur, weil er den Kaufvertrag noch nicht unterschrieben hatte, als er die fehlerhafte Leistungsbeschreibung bemerkte:

Die fett gesetzten Begriffe entstammen der Leistungsbeschreibung eines Bauträgers zu einem 220.000-Euro-Reihenhaus. Aufgrund meiner Nachfrage konnte die Bauqualität schon vor dem ersten Spatenstich verbessert werden:

✓ **„Innenputz Maschinenputz"**

Gemeint war der günstigere und feuchtempfindliche Gipsputz. Nachgebessert wurde ohne Mehrkosten auf Kalkputz. Der hohe ph-Wert von Kalk ($>$12) beugt mikrobiellem Wachstum vor.

✓ Estrich für Fußbodenheizung

Gemeint war der günstigere Zementestrich. Durch Nachfragen bekam der Kunde einen Calciumsulfatfließestrich. Dieser bindet schneller ab, verdichtet sich besser und erzielt damit den besseren Wärmeübergang, aufgrund des geringeren Quell- und Schwindmaßes ist er nahezu fugenlos verlegbar.

✓ „Spenglerarbeiten mit Normmaterial"

Die Materialart wurde nicht angegeben, auf Nachfrage gab der Bauträger an, dass verzinktes Stahlblech kalkuliert wurde. Das ist zulässig. Blöd nur, dass der spätere Hauseigentümer nach fünf bis zehn Jahren einen Korrosionsschutz um rund 5.000 Euro auffärbeln hätte müssen. Die bessere Titanzinkkupferlegierung – „Zinkblech" – bekam der Kunde gegen einen Aufpreis von 900 Euro, Wartungsanstriche sind daher nicht mehr nötig.

✓ „Erdwärmeheizung mit Flächenkollektor"

Stellvertretend für alle haustechnischen Geräte ist hier besondere Sorgfalt geboten. Nur größere Bauträger leisten sich haustechnische Fachplaner. Hinter diesem Kurztitel muss jedenfalls eine genaue Typenbezeichnung stehen. Letztlich wird es Sie interessieren, ob Sie das neueste Markengerät oder ein Auslaufmodell von einem No-Name-Anbieter bezahlen. Energieeffizienz, Haltbarkeit und Wartungsnotwendigkeiten werden beim Qualitätsprodukt zu Ihrem Vorteil ausfallen. Der Bauträger gab ein ausländisches Fabrikat an. Nachdem dieses keine Zulassung für die EU hatte, musste der Bauträger letztlich ein gängiges Markenprodukt anschaffen.

• •

Ein Bauträger, der die Beschreibung knapp hält, scheut in der Regel den Vergleich, oder er lässt es sich offen, wie gebaut wird. Ich sage Ihnen ganz offen, die meisten Leistungsbeschreibungen sind das Papier nicht wert, auf das sie geschrieben wurden. Meist handelt es sich dabei nur um Marketinginstrumente, die den potenziellen Käufer bei Laune halten sollen. Für Sie gilt: Alles, was nicht explizit in der Leistungsbeschreibung steht, wird auch nicht eingebaut. Denn vergessen wir nicht, auch der Bauträger ist dem Diktat der Gewinnoptimierung unterworfen!

Betriebskosten und spätere Wartungsaufwände kümmern den Bauträger nur im Rahmen der gesetzlichen Vorgaben. Und auch dem Gesetzgeber sind rostige Rinnen, undichte Wannenfugen und Schimmelpilze ziemlich egal, genauso wie dem Bauträger. Der Bauträger investiert daher eher in schöne Wandfarben und Fliesen, das hebt den Kaufpreis mehr als etwa eine hocheffiziente Energiesparpumpe.

Wenn Sie in den Kaufvertrag einsteigen, während das Objekt noch im Bau ist, können Sie auf die Bauqualität vielleicht noch Einfluss nehmen.

Wenn das Haus bzw. die Wohnung zum Zeitpunkt der Vertragserrichtung bereits fertig ist, haben Sie zwar keine Einflussmöglichkeit mehr, aber immerhin können Sie *vor* dem Kauf einen Gutachter mit der Prüfung beauftragen. Liegt ein umfassender Pfusch vor und möchte der Bauträger die aufgezeigten Fehler nicht beheben, kaufen Sie am besten woanders.

Ist eine Mängelbehebung unwirtschaftlich, die Fehler aber tolerierbar, kann man zum Beispiel auch einvernehmlich den Kaufpreis mindern. Aber Achtung: Stecken Sie das so „ersparte" Geld nicht in die Einweihungsfeier, sondern in eine Instandhaltungsrücklage, etwa auf ein Sparbuch. Sie müssen ja beim gekauften Mangel-Haus mit erhöhten Wartungs- und Reparaturarbeiten und einer verminderten Gebäudelebensdauer rechnen. Was ich damit sagen will, ist, dass auch ein mangelbehaftetes Gebäude gekauft werden kann, in diesem Fall sind eben die Mängel in die Bewertung einzubeziehen.

Der Idealfall ist sicher eine nahezu fehlerfreie Immobilie, und davon gibt es genug. Das ideale Haus braucht nur mehr für den Haushaltsstrom und den Warmwasserverbrauch eine Energiequelle, Wartungsfugen bei Fensterbänken, an der Badewanne oder am Dach gibt es nicht, und alle Materialien und Bautechniken sind so ausgelegt, dass Sie erst wieder in rund 50 Jahren Handwerker zu Gesicht bekommen. Um das zu erreichen, müssen Sie nicht mit wesentlichen Mehrkosten rechnen, in erster Linie gilt es, Geld in eine gute Planung und Bauüberwachung zu investieren. Wenn einfach nur fachgerecht gearbeitet wird, haben Sie schon viel gewonnen.

Kontrollmöglichkeiten

Sinnvolle Tipps zur Laien-Qualitätskontrolle gibt es nur wenige. Wie auch, erkennen doch viele Baufirmen ihre eigenen Fehler auch nach jahrelanger

Abb. 4: Fenster verbaut und Wärmebrücke durch ungedämmte Stiege. Nicht übernehmen!

Praxis nicht. In betrügerischer Absicht geleisteter Baupfusch ist selten, in den meisten Fällen haben die Baubeteiligten einfach keine Ahnung. Aber es gibt ein paar Anzeichen, die Sie nachdenklich stimmen sollten:

→ Wenn der Bauträger von Ihrer externen Prüfung erfährt und unwirsch wird, statt sich über die zusätzliche Absicherung seiner Baustelle zu freuen, dann hat er vielleicht etwas zu verbergen.

→ Wenn Ihnen der Bauträger verbieten will, die Baustelle zu besuchen.

→ Wenn weder Ausführungs- noch Einreichplan auf der Baustelle zu finden sind.

→ Wenn die Baustellensicherheit zu wünschen übrig lässt. Wenn beispielsweise Absturzsicherungen an Baugruben, Stiegenhäusern oder Sicherungen auf Eisenstäben fehlen.

→ Ein fehlender Witterungsschutz ist ebenfalls kein Merkmal einer erstklassigen Bauführung. Holzbauteile, Rohbauten und Schalungsbretter sollten wirksam abgedeckt sein.

→ Wenn selbst Fach- und Vorarbeiter kaum deutsch sprechen.

→ Wenn die Handwerker nur vage technische Angaben zum Auftrag geben können.

→ Wenn niemand weiß, wer der Vorarbeiter oder der Chef ist.

→ Wenn das Arbeitsinspektorat nichts von der Baustelle weiß.

→ Wenn der Bauträger keine Prüfprotokolle zur Haustechnik (dazu gehören beispielsweise Installationsplan und das Heizleitungen-Druckprüfungs-protokoll) hat oder gar nicht weiß, dass diese gesetzlich gefordert sind.

Weiterführende Informationen zum Kauf vom Bauträger: www.bauherren-hilfe.org/fachbuch_**btvg**

Selber bauen

„Ich hätte gerne ein günstiges Haus nach meinen eigenen Vorstellungen, groß, wohngesund, energiesparend, am Stadtrand, im Grünen, an der U-Bahn, ohne Schadstoffimmissionen." Sind Ihre Ansprüche so hoch, werden Sie beim vorgenannten Bauträger vermutlich nicht glücklich werden. Auch der Fertighausanbieter mit seiner nahezu industriellen Vorfertigung wird überfordert sein. Es bleibt Ihnen nichts anderes übrig, als selbst zum Bauher-ren zu werden, damit Sie aktiv am Planungs- und Bauprozess mitwirken kön-nen. Während Sie beim Immobilienkauf vom Bauträger rechtlich praktisch nicht in den Bauprozess eingebunden sind, obliegt es nun Ihnen als Bauherrn (auch „Bauwerber" genannt), wie und was Sie bauen.

Planungsleistungen

Die erste Frage lautet, mit wem Sie Ihr Traumhaus planen wollen. Grund-sätzlich dürfen Architekten und Baumeister und für Holzhäuser auch Zim-mermeister Behördenpläne zeichnen. Wenn Sie schon sehr genau wissen, was und wie Sie bauen, brauchen Sie nur einen Einreichplan für die behördliche Baubewilligung. Dafür einen Planer zu finden ist in der Regel einfach.

Wenn Geld keine Rolle spielt, können Sie einen Architekten mit einer Ge-neralvollmacht ausstatten. In der besten aller möglichen Welten würde sich der Ablauf folgendermaßen gestalten:

→ Bei einem Kaffeeplausch erzählen Sie dem Architekten Ihre Vorstellun-gen.

→ Der Architekt macht einen Entwurf, fühlt bei der Baubehörde vor und holt Erkundigungen bei der Industrie ein.

→ Bei einem weiteren Kaffeeplausch legt er den Planentwurf vor, den Sie absegnen.

→ Der Architekt reicht den Einreichplan bei der Baubehörde ein.

→ Während er auf den Bescheid wartet, holt der Architekt Angebote von guten Baufirmen ein. Diese bieten auch prompt an, weil sie den Architekten kennen und schätzen. Die Preise sind transparent und gut vergleichbar.

→ Zehn Wochen später kommt der Bescheid der Behörde. Er ergeht auch an die Nachbarn, die keine Einwände geltend machen.

→ Während der vierwöchigen Einspruchsfrist suchen Sie schon einmal die Küchen- und Badezimmerausstattung und planen Ihre Einrichtung. Der Architekt nutzt die Zeit, um den jeweiligen Bestbieter zu ermitteln und stimmt mit allen einen Bauzeitenplan ab.

→ Sie werden bei Ihren zukünftigen Nachbarn mit einer Flasche Wein vorstellig. Alle freuen sich auf Sie.

→ Baubeginn. Die Hauptbaufirma übernimmt auch die gesetzlich vorgeschriebene Funktion des Baustellenkoordinators. Der Architekt hält jede Woche eine Baubesprechung ab und überprüft die Leistungen oberflächlich.

→ Für die genaue Prüfung der Bauleistungen hat der Architekt zwei Gutachter beauftragt, einen Haustechniker und einen Bausachverständigen. Alle Bauabschnitte werden geprüft, sind mängelfrei und werden abgenommen.

→ Der Bau wird ohne teure Nachtragsofferte fristgerecht fertig. Die beiden Gutachter bestätigen die Mängelfreiheit. Sie überweisen die Schlusszahlung.

Auf diesem Wege kommen Sie Ihrem „fehlerfreien Haus" sicher am nächsten, und auch die erhöhten Planungskosten „amortisieren" sich in der Regel. Die Realität zeigt aber leider, dass sich ein Hausherr auf nichts hundertprozentig verlassen sollte. Werden Sie daher auf Baudauer zum Kontrollfreak, kontrollieren Sie auch den Planer, die Bauaufsicht, und die Ausführenden sowieso.

Der Entwurfsplan - Kosten etwa 3.000 Euro - sehr empfehlenswert

Zu Beginn des Projekts weiß der Planer nicht, was Sie bauen möchten, die Baubehörde ebenso wenig und Sie vermutlich auch nicht. Der Entwurfsplan beinhaltet bereits alle Angaben, die auch für den Einreichplan erforderlich sind, nur der finale Anspruch fehlt, Sie dürfen also noch experimentieren.

Sie müssen sich mit Ihrem Planer Schritt für Schritt an den Entwurfsplan herantasten. Dazu muss er alles über Ihre Lebensumstände und Wünsche wissen. Verheimlichen Sie ihm nichts. Wenn Sie sich gerne in Lack und Leder auf eine Art vergnügen, die einen gut beheizten, schalldichten Keller mit wasserdichten Fenstern erfordert, dann sagen Sie es. Beim ersten Planungsgespräch erfahren Sie auch viel über den Hausbau, die Risiken und den Umgang mit den Ausführenden. Unterschätzen Sie nicht die langjährige Planungserfahrung eines Architekten. Profitieren Sie von seiner Erfahrung.

● ●

TIPP

Verzichten Sie auf eine angeberische Optik des Hauses, investieren Sie dafür in qualitative Baustoffe und hochwertige Technik. Wer heute noch Balkönchen, Erker oder Türmchen baut, wurde entweder schlecht beraten oder hat gutgemeinte Ratschläge in den Wind geschlagen.

Wenn ein „Haus mit Türmchen" in etwa 350.000 Euro kostet, hat es einen tatsächlichen Wert von in etwa 280.000 Euro. Rechnet man die Betriebskosten und die Kosten der Reparaturen auf 50 Jahre hoch, errechnet sich ein Betrag von 380.000 Euro. Insgesamt ergibt sich so ein 50-Jahre-Preis von 730.000 Euro.

Demgegenüber kostet ein „Passivhaus mit schlichter Architektur" 350.000 Euro und hat auch einen Wert in dieser Höhe. Ergänzt man diesen Wert um die Betriebs- und Reparaturkosten, ergibt sich für 50 Jahre ein Wert in Höhe von 150.000 Euro. Insgesamt ergibt sich somit ein 50-Jahre-Preis in Höhe von 500.000 Euro. Die Anschaffung einer vermeintlich teuren Solaranlage bei Hauserrichtung reduziert diesen Betrag weiter!

● ●

Mit dem Entwurfsplan in Händen beginnt der Spießrutenlauf zu Anbietern und Dienstleistern. Besuchen Sie Messen, befragen Sie Hersteller und Handwerker, legen Sie jeweils Ihren Entwurfsplan vor. Aber erwarten Sie nicht, mit Angeboten überhäuft zu werden. Auftraggeber – egal welcher Sparte – glauben immer, dass jeder sich darum reißt, Angebote zu stellen und den Auftrag zu ergattern. Doch in der Bauwirtschaft stimmt das nicht immer. Professionelle Baufirmen sind gut im Geschäft, und ein ausführliches Angebot mit einer ehrlichen Kalkulation kostet die Firma immerhin etwa zwei Tage Arbeitszeit!

Einige Anbieter lassen sich ihr Anbot im Vorfeld bezahlen. Dagegen ist nichts zu sagen, steht doch deren Chance, den Auftrag zu erhalten, etwa bei 1:10. Das heißt, eine Firma muss zehn Angebote legen, damit eines davon zu einem Auftrag führt. Wundern Sie sich also nicht, wenn eine Hauskalkulation zunächst nur auf zwei Seiten grob umrissen wird. Wenn Ihr Anbieter in die engere Wahl kommt, teilen Sie ihm das mit und verlangen Sie eine genauere Kalkulation. Es spricht auch nichts dagegen, mit einer netten Aufmerksamkeit vorbeizukommen, vom hervorragenden Ruf genau dieser Baufirma zu schwärmen und einen persönlichen Kontakt herzustellen. Schließlich soll dies der Partner werden, mit dem Sie in den nächsten Monaten Ihren Traum verwirklichen wollen.

Schließlich haben Sie technische Informationen und Angebote gesammelt, alte Ideen verworfen, neue entwickelt, den Entwurfsplan finalisiert und durch Offerte gefestigt. Sie haben sich selbst einen Überblick darüber verschafft, welchen Baustandard Sie sich leisten können und wollen. Geben Sie nun Ihrem Planer oder Architekten grünes Licht für den Einreichplan.

Der Einreichplan - Kosten 4.000 Euro - behördlich vorgeschrieben

Der Einreichplan wird bei der Baubehörde eingereicht und muss genehmigt werden. In weiterer Folge bekommen ihn alle ausführenden Fachleute in die Hände; er ist der rote Faden, das Rückgrat, die Basis für alle Arbeiten auf Ihrer Baustelle. Deswegen muss er der Fels in der Brandung Ihres Bauvorhabens sein. Fast jede Änderung muss in Form eines Planwechsels eingetragen und nachgezeichnet werden. In manchen Fällen muss man für Änderungen nochmals eine Genehmigung einholen.

Der Einreichplan hat folgende Angaben zu enthalten:

→ Nordpfeil
→ Flächenausmaße des Bauplatzes
→ Grundstücksnummern
→ Flächen
→ Umrisse der bestehenden Baulichkeiten (grau)
→ Umrisse der neu zu errichtenden Baulichkeiten (rot)
→ Umrisse der abzutragenden Baulichkeiten falls bewilligungspflichtig (gelb)
→ Abstandsflächen
→ Höhenlagen des Geländes
→ Kontakte der Eigentümer, Anrainer
→ Nachweis Gebäudehöhe
→ Schnitte im Maßstab 1:100
→ Grundrisse sämtlicher Geschoße im Maßstab 1:100 (nicht Kleingarten)
→ Bauteilangaben, Materialien, Dicke, Fenstergrößen, Türgrößen, Stiegen

Die Behörde gibt sich beispielsweise bei Kleingärten auch mit weniger Angaben zufrieden, wodurch der Einreichplan günstiger werden kann. Das ist für die Behörde okay, aber ungenaue Pläne produzieren auf der Baustelle viele Fragezeichen. Ein ungenauer Plan bewirkt ungenaue Bauleistungen!

Viele Bauherren empfinden die Baubehörde zunächst als Feind, der sie in ihrer Individualität einschränkt. Aber betrachten Sie die Baubehörde nicht als Gegner. Die Vorschriften der Behörde haben Sinn und Berechtigung. So manche baulich ausufernde Selbstdarstellung und Rücksichtslosigkeit würde ansonsten Nachbarschaftsstreitigkeiten zum Alltag werden lassen.

Die Baubehörde gibt die Richtlinien für das Bauen im gesellschaftlichen Umfeld vor, mischt sich aber – fast – nie in die Details ein. Dafür haben Sie Normen und Regeln sowie das Know-how von Architekten, Ingenieuren, Baumeistern und Handwerkern an Ihrer Seite.

Die gesetzlichen Bauvorgaben dienen der Rücksichtnahme auf die Nachbarn, dem Schallschutz, dem Umwelt- und Wärmeschutz und schließlich auch der Sicherheit im Sinne brandschutztechnischer Vorgaben, der Standfestigkeit und der Erdbebensicherheit. Darüber hinaus regelt der Gesetzgeber viele weitere Dinge wie Grundstücksabstände, Gebäudehöhen und Schallprobleme, Mindestmaße für Zimmergrößen, Raumhöhen, Belichtungs- und Belüftungsöffnungen. Nicht zuletzt soll dadurch eine gewisse Rechtssicherheit gewährleistet werden.

BEISPIEL

Der Mieter eines Hauses kämpft im Badezimmer vergeblich gegen Schimmel und Kondenswasser. „Selbst schuld", meint der Vermieter. Aber da irrt er sich. Die anzuwendende Bauordnung hätte entweder ein öffenbares Fenster oder eine Einraumlüftung gefordert. Der Mieter kommt also zu seinem Recht; der Vermieter muss nachrüsten.

Weiterführende Informationen: www.bauherrenhilfe.org/fachbuch_**bauordnung**

Wenn Ihr Einreichplan schließlich genehmigt wurde, erreichen Sie die nächste Phase der Vorbereitung. Beachten Sie, dass im Einreichplan noch viele Details fehlen. Bevor mit dem Bau begonnen wird, sollten Sie in einem Ausführungsplan – zu dem wir gleich kommen werden – weitere Lagedetails eintragen lassen, wie etwa Installationsschächte, Fenster, Türen oder die Koordinaten der Elektroinstallation.

Weiterführende Informationen und Anbieter: www.bauherrenhilfe.org/fachbuch_**einreichplan**

Abb. 5: Grundwasser! Gefluteter Kellerzugang aufgrund fehlenden Bodengutachtens. Hierbei handelt es sich um einen Planungsfehler.

Der Energieausweis - Kosten 700 Euro - behördlich vorgeschrieben

Um den Wärme- und Schallschutz nachzuweisen, ist der Baubehörde ein Energieausweis vorzulegen. Dabei handelt es sich um eine bauphysikalische Berechnung zu Wärme- und Schallschutz. Die daraus resultierende Energiekennzahl kennzeichnet den Heizwärmebedarf für das Haus, die energetische Gebäudequalität lässt sich daraus leider nur bedingt ablesen. Angaben zum Gesamtwirkungsgrad der Heizungsanlage fehlen. Beispielsweise bleibt unberücksichtigt, ob der vom Heizwärmebedarf unabhängige Warmwasserbedarf (Brauchwasser, Waschwasser) ungünstig elektrisch oder mit erneuerbaren Energien gedeckt wird. Genauer sind die Berechnungen beim Passivhaus, da wird der Nachweis mit dem „**P**assiv **H**aus **P**rojektierungs **P**aket", kurz PHPP, erbracht. Sogar die umgebende Topografie und Verschattung wird dabei berücksichtigt.

Weiterführende Informationen und Anbieter: www.bauherrenhilfe.org/ fachbuch_**energieausweis**

Abb. 6: Diese für Köpfe lebensgefährliche „unterläufige" Stiege wäre durch einen Ausführungsplan verhindert worden.

Der Ausführungsplan - Kosten 4.000 Euro - sehr empfehlenswert

Die Ausführungsplanung liefert den ausführenden Firmen Angaben zu den Koordinaten der Bauteile. Es geht in erster Linie nicht darum, wie etwas gebaut werden muss, sondern *wo*. Insofern ist die Ausführungsplanung nicht dasselbe wie die – weiter unten beschriebene – Detailplanung.

Was kann Ihnen blühen, wenn Sie auf die Ausführungsplanung verzichten? Hier einige Beispiele:

→ Die Lage der Fenster und Türen stimmt nicht.
→ Die gelieferten Fenster passen nicht in die vorbereiteten Auslassungen.
→ Der Installationsschacht vom Keller passt nicht mit jenem des Erdgeschoßes zusammen.
→ Die Wasseranschlüsse passen nicht zu den Küchen- und Badezimmereinrichtungen.
→ Der Elektriker weiß nicht, wo die Elektroinstallationen hinkommen. Dadurch kommt es zum Baustopp.

→ Die Putzstärke in den Fensterauslassungen ist zu dick; die Fenster lassen sich nicht öffnen.

→ Die Brandmauer steht zu nah am Nachbargrund, eine Dämmung ist nicht mehr möglich.

→ Die Stiegen im Haus entsprechen nicht den behördlichen Vorgaben.

→ Die letzte Treppe ist zwei Zentimeter höher als die fertige Fußbodenoberkante.

Der Ausführungsplan ist dazu da, alle Bauteile mit ihrem exakten Maß in ein definiertes Koordinatensystem einzutragen. Die Ausführenden bekommen den Plan zur Auftragserteilung vorgelegt, dieser wird so zum Vertragsgegenstand. Damit haben Sie nicht nur einen genauen Plan in Händen, Sie bekommen damit auch Rechtssicherheit.

Die Detailplanung – unwirtschaftlich und daher nicht empfehlenswert

Rechtlich gilt: Gibt es zu einer Bauleistung keine Planungsvorgabe, so tritt der Bauunternehmer als Planer auf, mit der entsprechenden Verantwortung. Das heißt: Ein Detailplan nimmt dem Ausführenden teilweise die Verantwortung ab!

Die Detailplanung ist quasi die Fortsetzung der Ausführungsplanung. Jeder Bauteil soll nun auf Punkt und Komma genau gezeichnet werden. Das macht bei Großbauten im Millionen-Euro-Bereich durchaus Sinn. Eine Detailplanung für eine Wohnhausanlage mit Fachplanern, jeweils zur Statik, Bauphysik, Haustechnik, Luftdichtheit und Gebäudehülle, kostet zusammen mit Einreich- und Ausführungsplan rund 150.000 Euro.

Während bei einer Bausumme von zehn Millionen Euro anteilig nur 1,5 Prozent zu zahlen sind, kostet die Detailplanung bei einem Einfamilienhaus immer noch circa 45.000 Euro, was bei einer Bausumme von 300.000 Euro in keinem sinnvollen Verhältnis steht.

Was nun leider oft passiert, ist Folgendes: Der Planer bietet Ihnen dennoch einen Detailplan an und drückt den Preis auf „nur" mehr 25.000 Euro. Doch Sie müssen wissen, dass ein Detailplan Anforderungen an den Planer stellt, die dieser allein gar nicht erfüllen kann. Die erforderlichen Fachleute spart der Planer jedoch ein, um die Kosten zu minimieren. Am Ende entsteht auf diese Weise ein Detailplan, der nicht nur nichts taugt, er birgt auch Gefahren in sich. Es droht Ihnen als Bauherrn die Nachtragskostenfalle!

Warum? Der dann beauftragte Bauunternehmer muss die Detailplanung nicht weiter prüfen, er wird es auch nicht tun, spätestens vor Baubeginn erkennt und meldet er die Planungsfehler, ein teures Nachtragsoffert liefert er Ihnen gleich mit. Sie sind der Situation weitgehend ausgeliefert, Zeit für Preisvergleiche haben Sie keine mehr. Im Nachsatz schreibt der Baumeister noch: „Bitte um rasche Beauftragung meines Nachtragsangebots, sonst steht die Baustelle, Stillstandskosten drohen, andere Gewerke stehen schon Gewehr bei Fuß". Und tatsächlich! Kommt der Bauzeitenplan durcheinander, kann es passieren, dass sämtliche Frist- und Pönalevereinbarungen (Strafe für verspätete Fertigstellung) nicht mehr durchsetzbar sind! Ein wichtiges Druckmittel geht Ihnen so verloren.

Die Beispiele für Planungsfehler könnten ein weiteres Buch füllen. Für Sie gilt: Planen Sie gut, aber geben Sie auch den ausführenden Firmen ein gutes Stück Planungsverantwortung.

Sonderfachleute – Kosten 1.000 bis 5.000 Euro – bedingt empfehlenswert

Der Einsatz folgender Fachleute ist in manchen Fällen zu empfehlen:

→ *Geotechniker*: Er ist Statiker und Geologe zugleich. Er prüft den Baugrund auf Tragfähigkeit und ermittelt den Grundwasserstand. Damit stellt er sicher, dass Ihr Traumhaus weder im Sand versinkt, noch der Keller von Grundwasser geflutet wird. Je nach vorhandener Datenlage wird Sie das 1.000 bis 5.000 Euro kosten. Die Investition lohnt sich bei unklaren Bauverhältnissen und schwierigen Kellerbauwerken allemal.

→ *Statiker*: Solange im üblichen Stil gebaut wird, können Sie die Statik den ausführenden Firmen getrost überlassen. Ein Zimmermeisterdachstuhl zum Beispiel, in traditioneller Weise errichtet, braucht keine statische Berechnung. Sollten Sie jedoch ausgefallene Wünsche haben, wie etwa weit ausladende Überhänge, schlanke Stützpfeiler oder einen Keller in der sogenannten „Weiße-Wanne"-Bauweise, benötigen Sie schon im Vorfeld einen Statiker.

→ *Bauphysiker*: Hier gilt das Gleiche wie für den Statiker. Wenn Sie auf erprobte Art bauen lassen, brauchen Sie keine bauphysikalischen Berechnungen. Wer jedoch die Welt der Standardbauweise verlässt und konstruktives Neuland betritt, benötigt rechnerische Nachweise.

Weiterführende Informationen und Anbieter: www.bauherrenhilfe.org/fachbuch_**sonderfachleute**

Ausschreibung und Vergabe

Als Bauherr wollen Sie vergleichbare Offerte von Baufirmen und Handwerkern einholen. Das ist nicht ganz einfach und erfordert Fingerspitzengefühl. Sie müssen sich der Tatsache stellen, dass die Bauwirtschaft ihre Preispolitik höchst intransparent gestaltet. In etwa so wie die Mobiltelefonnetzbetreiber, nur sind die Beteiligten aufgrund der hohen Summen sogar noch kreativer.

Andererseits fürchtet die Bauwirtschaft zu Recht die Geiz-ist-Geil-Mentalität ihrer Kunden. Bedenken Sie, Bauleistungen sind keine Handelsgüter. Sie können den billigsten Computer einer leistungsgleichen Bauserie kaufen, er wird schon funktionieren. Zumindest so lange, wie die Garantie gilt. Aber hüten Sie sich davor, unbesehen den Billigstbieter mit Ihrem Hausbau zu beauftragen. Wenn ein Ziegelmassivhausanbieter 50.000 Euro unter dem Branchenschnitt anbietet, sollten Sie misstrauisch werden. Er muss an der für Sie falschen Stelle sparen. Und Sie zahlen später die Rechnung in Form von Wartungskosten (siehe dazu den L.EBIRS-Faktor, wie oben beschrieben).

Wie bereits besprochen, haben Firmen manchmal wenig Zeit, um Angebote zu verfassen. Aber drei Angebote pro Sparte oder „Gewerk" brauchen Sie, um seriös vergleichen zu können.

Legen Sie den Baubeginn in den Winter, da haben die Firmen weniger zu tun. Man kann unter Berücksichtigung von Winterschutzmaßnahmen durchaus auch in der Zeit von November bis Februar betonieren. Besonders vorteilhaft: Im Winter gibt es in der Regel keine überraschenden Regenfälle!

Die Grobleistungsbeschreibung

Als Basis für eine Ausschreibung dient am besten der Einreichplan plus Energieausweis. Ich habe schon erlebt, dass Bauherren nur mit dem ersten Entwurfsplan oder selbst gezeichneten Skizzen Angebote einholten. Diese wunderten sich dann, dass sie wenig ernst genommen wurden oder so stark schwankende Angebote erhielten, dass ein Preisvergleich nicht mehr möglich war.

Mit dem Einreichplan als Grundlage für Ausschreibungen liegen Sie richtig, Wände, Decken und Dach werden darin gut beschrieben. Was im Einreichplan allerdings fehlt, ist der Bereich der Haustechnik, deshalb sollten Sie den Einreichplan um den Energieausweis ergänzen.

Beschreiben Sie sonstige Leistungen in groben Zügen, damit dem Anbieter klar ist, mit welchen Materialien Sie bauen möchten. Es genügt dann schon folgender Zusatz zur Grobleistungsbeschreibung: „Alle Leistungen sind entsprechend dem ‚Stand der Technik' nach geltenden Richtlinien, Normen und baurechtlichen Vorgaben, inklusive aller Nebenleistungen, vollständig kalkuliert und analog zu den beiliegenden Plänen und dem Energieausweis anzubieten."

Wenn Sie sich schon für eine spezielle Wärmepumpenanlage entschieden haben, legen Sie auch die Herstellerbeschreibung dazu!

BEISPIEL FÜR EINE HERSTELLERBESCHREIBUNG

„Erdwärmepumpe mit Elektro-Zusatzheizung, Fabrikat xxx plus (Sole/Wasser) VWS 102/2 mit moderner Heiztechnik und integriertem 175 l Warmwasser- Edelstahlspeicher, serienmäßig mit integriertem Wärmemengenzähler zur Erlangung der Förderfähigkeit. Erdsondenerstellung je nach Kälteleistung und Bodenbeschaffenheit (Bodenklasse 2 bis –7), das heißt Lieferung und Einbau der erforderlichen Doppel-U-Sonden mit einer Tiefe von maximal 100 m, Abdrücken der Erdsonden mit 15 bar. Verpressen der Bohrungen mittels Injektionsrohr 32 x 2,9 mm mit Zement-Bentonit-Suspension, Erstellen eines Verfüllprotokolles. Füllen der Anlage mit Antifrogen N oder Tyfocolor, Solenkonzentration 28 Volumsprozent, frostsicher bis –15°C. Soleseitiger Anschluss der Wärmepumpe bis zu 3 lfdm von der Hauseinführung. Setzen der kompletten Sicherheitsgruppe einschließlich Membranausdehnungsgefäß für die Sole, Isolierung der Soleleitung bis zum Wärmepumpenanschluss. Grabenlänge außerhalb des Hauses maximal. 1,5 m/kW. Erstellen und Einreichen der wasserrechtlichen Erlaubnis bei der unteren Wasserbehörde. Erstellen der Dokumentationsunterlagen, wie zum Beispiel Schichtenverzeichnis, Verpressungsprotokoll, Werkzeugnis der Erdsonden und Abnahmeprotokoll."

Vertrauensoffert als Ausschreibung

Wenn Sie bereits ein vollständig erscheinendes Angebot einer Firma vorliegen haben, machen Sie Preise und Firma unkenntlich und verwenden Sie dieses als Ausschreibung. Fragen Sie sicherheitshalber, ob Sie das dürfen, sonst verletzen Sie möglicherweise Urheberrechte.

Der Nachteil dieser Vorgangsweise ist, dass sich ein Fehler in das Angebot eingeschlichen haben könnte, den Sie nun vervielfältigen. Dafür haften dann nur Sie allein. Wenn zum Beispiel die Erdbaufirma den Abtransport der ausgehobenen Erde nicht als Extraposten aufgeführt hat, werden nachfolgende Firmen diese Arbeit nicht kalkulieren. In diesem Fall dürfen Sie während der Bauarbeiten einen teuren Nachtrag erwarten.

Kontrolle

Die örtliche Bauaufsicht (ÖBA)

Schon vor dem ersten Spatenstich sollte eine Bauaufsicht beauftragt werden. Im Regelfall ist das der schon mit dem Gebäude befasste Planer. Besser, aber auch teurer wäre eine von der Planung unabhängige ÖBA, also ein Sachverständiger oder ein Bauingenieur. Nur diese wird Planungsfehler erkennen und damit auch melden können. Das Dilemma der ÖBA ist, dass diese in der Regel nur von Planern, aber nicht von Sachverständigen angeboten wird. Der Aufwand für eine sehr sorgfältig durchgeführte Koordination, Organisation und Prüfung der Bau- und Handwerksleistungen ist enorm, die Gutachter-Stundensätze sind dafür viel zu hoch.

Dem hat sich auch die Gesetzeslage angepasst; die örtliche Bauaufsicht muss nicht zwangsläufig ein technisches As sein. Sie prüft nur augenscheinlich, nicht tiefergehend, erfüllt aber dennoch eine wichtige Funktion: Sie schlägt die Alarmglocken, wenn Zweifel aufkommen. Ihre Aufgaben sind:

→ Koordination der Firmen: Wer macht was wann wo?
→ Kontrolle: Werden die richtigen Farben und Materialien verbaut?
→ Qualitätskontrolle: Wurde die Druckprüfung für die Fußbodenheizung durchgeführt? Wurde die Dampfbremse an den Lüftungsschacht angeschlossen?
→ Ausstellung von Zeitbestätigungen für allfällige Regiearbeiten
→ Rücksprache für Detailfragen: Wer ist wofür zuständig?
→ Kontrolle der Einhaltung der Planvorgaben
→ Preisprüfung bei Nachträgen
→ Rechnungsprüfung
→ Kontrolle zur Einhaltung der Sicherheitsvorschriften
→ Bindeglied in der Kommunikation zwischen Auftragnehmer und Auftraggeber

Wenn Sie Ihr Haus von einem Generalunternehmer oder Fertighausanbieter errichten lassen, können Sie die ÖBA einsparen. Dennoch sollten Sie als „Oberbauaufsicht" wirken. Begleiten Sie die ausgewählten Anbieter in jeder Bauphase, fotografieren und dokumentieren Sie so viel wie möglich und beziehen Sie den Vorarbeiter/Polier des jeweiligen Gewerkes in jedes Gespräch mit dem Unternehmer mit ein. Die wöchentliche Baubesprechung auf der Baustelle sollte ein Fixpunkt Ihres Terminplans sein.

Mit etwas technischem Verständnis und *viel Zeit* können Sie die örtliche Bauaufsicht auch selbst übernehmen, jedoch nur gemeinsam mit einem Sachverständigen, der Sie stichprobenartig unterstützt! Aber wenn Sie berufstätig

Abb. 7: Bei der Montage des Anschlussschachts wurde die Sockeldämmung vergessen!

sind, werden Sie den notwendigen Zeitaufwand nicht leisten können. Wenn Sie die einzelnen Sparten, „Gewerke", direkt selbst beauftragt haben, sollten Sie auf jeden Fall eine ÖBA engagieren.

Hier einige Beispiele, in denen alle Gewerke fachgerecht gearbeitet haben, aber dennoch wesentliche Baufehler durch eine fehlerhafte Koordination entstanden sind:

→ Das Mauerwerk ist fertig; der Installateur liefert und montiert zeitgerecht den WC-Spülkasten. Als alles fertig ist, zieht es aus der WC-Spülung, die Mauer hätte vor der Montage des WCs verputzt werden müssen.

→ Die Fußbodenheizung ist verlegt. Nun kommt der Mann, der den Estrich legt. Er fragt noch formlos, ob die Heizung „eh fertig ist" und geht ans Werk. Während er arbeitet, schwimmen die nur mit Luft gefüllten Heizleitungen auf. Der Estrich muss wieder raus, und die Bodenheizung ist kaputt. Der Heizungsinstallateur hatte noch keine Druckprobe mit Wasser gemacht, sondern nur eine unzulässige mit Luft. Er meinte, er hätte nicht gewusst, dass der Estrich schon kommt, er wollte die Leitungen „morgen" mit Wasser füllen.

→ Die Putzfirma hat die Freigabe vom Häuslbauer, die Decken und Wände zu verputzen. Dabei bringen sie Hunderte Liter Wasser in das Gebäude. Zwei Wochen später, es ist Winter, zeigt sich massiver Schimmelbefall im Dachboden. Als das Haus verputzt wurde, war noch keine Dachbodentreppe angebracht. Der Wasserdampf kondensierte am kalten, ungedämmten Dachstuhl.

Weiterführende Informationen und die Antworten zu obigen Fragen: www.bauherrenhilfe.org/fachbuch_**bauaufsicht**

Bauarbeitenkoordination laut BauKG - Kosten: zwei bis fünf Prozent der Bausumme - Pflicht!

Eine Sache regt mich auf Privatbaustellen immer wieder besonders auf: Der Häuslbauer wurde nie über das „Bundesgesetz über die Koordination bei Bauarbeiten, BGBl. I Nr. 37/1999", kurz: „Bauarbeitenkoordinationsgesetz – BauKG", informiert. Dabei handelt es sich hier um eine Bauherrenpflicht, also Ihre. Worum geht es? Hier ein kleiner Überblick:

→ Bestellung eines Planungskoordinators für die Vorbereitungsphase
→ Bestellung eines Baustellenkoordinators für die Bauphase
→ Erstellung eines Sicherheits- und Gesundheitsschutzplans
→ Evaluierung und Beschreibung der Gefahrenquellen für spätere Arbeiten
→ Meldung des Baubeginns und des Umfangs an das Arbeitsinspektorat und BUAK

Bei Baubegehungen blicke ich regelmäßig in ungesicherte Baugruben und sorge für entsetzte Häuslbauer-Gesichter, wenn ich diesen mitteile, dass sie für die Baustellensicherheit verantwortlich sind.

„Wieso, sind da nicht die Firmen selbst verantwortlich?", kommt es stets zurück. Früher war das so, doch wenn dann ein Arbeiter in das offene Stiegenhaus fiel, wollte keiner schuld sein. Wer soll auch Verantwortung übernehmen für etwas, das nicht da ist? Seit das BauKG in dieser Form erlassen wurde, ist der Bauherr für die Sicherheit verantwortlich. Allerdings kann ein privater Häuslbauer wohl kaum einen Sicherheitsplan erstellen, und schon gar nicht dessen Einhaltung prüfen. Deshalb müssen Sie als Bauherr dafür sorgen, dass jemand die Baustellensicherheit gemäß BauKG überwacht.

Dafür kann man externe Anbieter engagieren, für die zwei bis fünf Prozent der Bausumme zu kalkulieren sind. Einfacher und günstiger wird es, wenn die Baufirma mit der größten Auftragssumme diese Leistung übernimmt; bei Einfamilienhäusern hat sich das inzwischen so eingebürgert und bewährt.

Kapitel 1: Sparen + Sparen = Luxus? - Die Planung

Abb. 8: Lebensgefahr! Keine Baugrubensicherung, spitze Stahlstäbe – verantwortlich ist der Bauherr!

Wenn Sie als Häuslbauer von Anfang an gut verhandeln, bekommen Sie bei Ihrer Baufirma die Agenden des BauKG quasi als Naturalnachlass drauf. Für eine geübte Baufirma ist der Zusatzaufwand gering, und immerhin profitiert die Baufirma auch von den notwendigen, vom Häuslbauer zu bezahlenden Absturzsicherungen.

Weiterführende Informationen und Anbieter: www.bauherrenhilfe.org/ fachbuch_**bauarbeitenkoordination**

Begleitendes Baucontrolling - 1.000 bis 3.000 Euro - sehr empfehlenswert

Wenn ein Bausachverständiger regelmäßig den Baufortschritt überprüft, haben Sie eine bessere und tiefergehende Qualitätssicherung als mit der ÖBA. Deshalb kostet er auch mehr, weshalb Sie ihn nur ganz gezielt einsetzen sollten. Idealerweise übernimmt die ÖBA den Part der Kommunikation und Koordination, und der Sachverständige kümmert sich um die tiefergehenden, technischen Prüfungen.

(K)ein Pfusch am Bau

Oft wird der Sachverständige erst gerufen, wenn der Bauschaden schon angerichtet ist. Dann ist das Chaos meist perfekt: eine fehlerhafte Planung, Baufehler und zerstrittene Vertragspartner. Ein gutes Baucontrolling sorgt auf beiden Seiten für Sicherheit, denn wenn erst gar keine Baufehler entstehen, muss die Baufirma auch keine späteren Gewährleistungsansprüche fürchten. Ein Baucontrolling sollte demnach von Anfang an eingesetzt werden. Geprüft werden die Umsetzbarkeit der Kundenwünsche, die Pläne sowie im Bauverlauf die einzelnen Baudetails. Bei guter Planung und Bauausführung kann sich ein Baucontrolling durch einen Gutachter auf wenige Stunden und 1.000 bis 2.000 Euro beschränken. Werden die Bauleute jedoch plan- und führungslos auf die Baustelle losgelassen, wird der Sachverständige auch nur das Gröbste verhindern können.

TIPP

Vereinbaren Sie schon im Vertrag, dass Sie eine externe Baubegleitung beauftragen. Vereinbaren Sie darüber hinaus, dass bei Baumängeln im Sinne der Normen und Richtlinien die deswegen entstandenen Zusatzaufwände vom Verursacher zu tragen sind.

Vereinbaren Sie mit dem Bausachverständigen eine Prüfung der heiklen Bauabschnitte:

→ Erster Termin: Unterstützung des Planers vor Einreichplan
→ Zweiter Termin: Baustelle Kellerrohbau
→ Dritter Termin: Rohbau mit Dach, Installationen, Fenster, Türen
→ Vierter Termin: Endabnahme nach Fertigstellung

Wenn Sie regelmäßig auf der Baustelle erscheinen und Fotos machen, können Sie diese auch Ihrem Sachverständigen mailen. Vieles lässt sich von Ferne erkennen, und so können Sie den Aufwand auf zwei Begutachtungen reduzieren, was Wegzeiten und somit Geld spart. Ihr Sachverständiger sieht die Baustelle nahezu tagesaktuell. So kann er rechtzeitig Alarm schlagen, falls er Pfusch erkennt.

Weiterführende   Informationen: www.bauherrenhilfe.org/fachbuch_
baucontrolling

Reparaturrücklagen einplanen

Sie kennen das vielleicht von Eigentumswohnhausanlagen. Die Hausverwaltung behält einen Teil der Betriebskosten als Rücklage für Reparaturen und Instandhaltungen ein. Kleinere, aber auch unerwartet hohe Bauleistungen fallen dem Einzelnen so nicht wesentlich zur Last. Beim privaten Hausbau empfehle ich, es genauso zu machen.

Haben Sie in der Planungs- und Bauphase gespart, sollten Sie damit rechnen, dass nach der Bauübergabe erhöhte Instandhaltungs- und Reparaturkosten auf Sie zukommen werden. Sie können auch ein Haus mit Baumängeln übernehmen, wenn die Preisminderung entsprechend hoch ist, diesen Betrag legen Sie gleich auf das Rücklagenkonto.

Bei normaler Bauführung und mängelfreier Abnahme sorgen Sie selbst vor: Legen Sie die ersten fünf Jahre monatlich 30 Cent pro Quadratmeter Wohnfläche für Unvorhergesehenes auf ein Sparbuch oder eine sonstige mündelsichere Anlageform. Steigern Sie den Betrag später auf bis zu einen Euro.

Eigenleistungen

Wer Zeit und handwerkliches Geschick hat, kann mit Eigenleistungen gut Geld sparen. Aber Achtung, es kann auch das genaue Gegenteil passieren.

(K)ein Pfusch am Bau

Sie dürfen in keinem Fall die Gewährleistung für wichtige Bauteile durch Ihre Eigenleistungen berühren. Achten Sie auch darauf, dass Sie als „Außenstehender" nicht ein gut eingespieltes Team stören. Sie können natürlich als Hilfskraft tätig werden, indem Sie etwa die Baustelle räumen, Material reichen, Schutt entsorgen und dergleichen. Damit sind Ihre Eigenleistungen circa 15 bis 20 Euro pro Stunde wert, also die Selbstkosten einer derartigen Arbeitskraft. Auf jeden Fall müssen Sie den Abrechnungsmodus genau vereinbaren; halten Sie diese Vereinbarung schriftlich mit der Unterschrift beider Parteien fest.

Auch wenn Sie ein sehr begabter Heimwerker sind, basteln Sie keinesfalls bei Arbeiten mit, die Sie nicht erlernt haben. Schon gar nicht bei den essenziellen Bauteilen wie dem Keller, der Abdichtung, dem Mauerwerk, der Fassadendämmung, der Haustechnik und der Luftdichtheitsebene sowie dem Dach. Diese gehören in Profihände.

Toben Sie sich in anderen Bereichen der Baustelle aus, wo Sie keinen allzu großen Schaden anrichten können:

→ Hilfsarbeiten
→ Böden und Fliesen (Vorsicht, nicht bei Abdichtungen der Feuchträume)
→ Gipsplattenverkleidungen (Vorsicht, Dampfbremse nicht anrühren!)
→ Malerarbeiten
→ Innentüren
→ Gartenarbeiten
→ Wegebau
→ Erdarbeiten

In letzter Zeit wird es immer beliebter, dass Bauherren das Material selbst einkaufen. Nicht zuletzt deshalb, weil die Baumärkte mit großen Kundenrabatten locken. Sie können jedoch sicher sein, dass Ihr Handwerker noch mehr Rabatt bekommt. Außerdem deckt er einen Teil seiner Kosten damit, dass er auf Lohn und Material aufschlägt. Nehmen Sie ihm die Aufschläge auf das Material, wird entweder sein ursprüngliches Angebot ungültig, oder er schlägt eben woanders drauf.

Wenn das Material schon im ursprünglichen Angebot extra ausgewiesen ist, können Sie es mit Ihren Baumarktpreisen vergleichen und entsprechend verhandeln. Aber kaufen Sie nicht selbst Material ein, Sie laufen sonst Gefahr, dass Folgendes geschieht:

→ Sie kaufen zu wenig, dadurch „steht" die Baustelle, was teuer ist.
→ Sie kaufen das falsche Material und verursachen Sanierungsarbeiten.
→ Sie verursachen einen Herstellermix, der die Garantie beeinträchtigt.

Ganz abgesehen davon müssen Sie ja auch Ihren eigenen Aufwand mitberechnen.

Zusammengefasst bleibt der Hinweis, dass der Grundstein für rund die Hälfte aller Baumängel in der Planungsphase gelegt wird. Da auch Planer keine „Wunderwuzzis" sind, ist eine Kombination aus ÖBA und Bauabnahme durch einen externen Gutachter die unbedingte Empfehlung zur Wertsicherung Ihres Gebäudes. Verzichten Sie auf Türmchen, Balkone und Kellerstiegenabgänge, aber sparen Sie nicht bei der Bauqualität!

Kapitel 2

Luftschlösser gibt es noch nicht - der Baugrund

Eine Geschichte von Betroffenen

Susanne Michelis ist im Leben schon viel Schlechtes widerfahren. Keiner hat je an sie geglaubt. Sie hat wenig Selbstwertgefühl, lässt sich oft auf der Nase herumtanzen und schafft es nicht, Nein zu sagen, wenn ihr die Kollegen zusätzliche Arbeit aufbürden. Für alle ist klar: Die Michelis? Die schafft nie etwas. Doch mit Zähigkeit und eisernem Willen hat die Verwaltungsangestellte etwas Bemerkenswertes erreicht: Sie hat genug zusammengespart, um sich ihren größten Traum zu erfüllen, ein eigenes Haus im Grünen, am Wiener Stadtrand.

Susanne erwirbt ein Grundstück. Es liegt in einer kleinen, ruhigen Straße. Nach hinten bleibt genug Platz für einen Garten, dahinter liegt ein Waldstreifen. Als Susanne den Kaufvertrag unterschreibt, besucht sie das Grundstück nochmals. Es ist mit Holzpflöcken abgesteckt.

Dann bricht der Winter an. Susanne plant und bespricht ihre Pläne mit einer Baufirma. Sie möchte das Häuschen knapp an einer Seite des kleinen Grundstücks platzieren, um möglichst viel Garten zu gewinnen. Auf der Westseite soll eine Veranda entstehen. Susanne träumt davon, bei Sonnenuntergang auf ihrer eigenen Veranda in einer Hollywoodschaukel zu sitzen, ganz wie ihre Heldinnen im Film.

Im Frühjahr findet endlich der Spatenstich statt. Über Wochen fährt Susanne regelmäßig auf die Baustelle, um die Fortschritte zu bewundern. Zum ersten Mal seit Jahren macht sie weniger Überstunden. Hie und da sagt sie im Büro auch einmal Nein. Die Kollegen wundern sich über Susannes Energie, ihre neue schwungvolle Art. Susanne genießt plötzlich Respekt.

Eines späten Nachmittags fährt Susanne nach der Arbeit wieder auf ihre Baustelle. Das Fundament ist fast fertig. Dort, wo demnächst die Veranda entstehen soll, ist ein Viereck abgesteckt und planiert. Susanne stellt einen Hocker inmitten des Verandavierecks, setzt sich und richtet ihr Gesicht gen Abendsonne. Eine Stimme stört den Frieden. Sachlich und knapp. Die Stimme eines Verwaltungsbeamten: „Grüß Gott, sind Sie Frau Michelis?"

Der Mann kommt von der Baubehörde und erklärt ohne Umschweife, dass alles wieder abgerissen werden muss. Susanne fällt aus allen Wolken. Die Grundstücksgrenzen stimmen nicht. Das Haus steht knapp einen Meter zu nahe am Nachbargrundstück. Susanne beschwert sich beim Baumeister, aber der verweist ungerührt auf den Vertrag, in dem klipp und klar steht, dass für die Grundstücksgrenzen die Bauherrin, also sie, verantwortlich ist. Das hatte Susanne damals überlesen. Sie spricht bei der Baubehörde vor und verweist auf die Holzpflöcke, mit denen der Grund schon beim Kauf abgesteckt war. Der Beamte erklärt ungerührt, dass es völlig egal sei, wer die Pflöcke eingeschlagen hat. Susanne hätte zur Sicherheit einen Zivilgeometer mit der Grenzfeststellung beauftragen und diese in das Grenzkataster eintragen können.

Wie so oft im Leben steht Susanne an einem toten Punkt. Niemand hilft ihr. Aber stark und zäh, wie sie ist, beginnt Susanne wieder zu sparen, bis sie sich einen neuen Fundamentbau leisten kann. Eines Tages wird Susanne auf der Veranda ihres eigenen Hauses sitzen und die Abendsonne genießen.

Die Suche nach einem Grundstück

Wenn Sie schon glücklicher Besitzer eines Grundstückes sind, müssen Sie nur mehr erkunden, ob und wie Sie darauf bauen dürfen. Das erfahren Sie auf der Gemeinde bzw. von der Baubehörde, aber beachten Sie die Zeiten für den Parteienverkehr oder vereinbaren Sie einen Termin beim zuständigen

Beamten. Ist Ihr Grund als Grünland gewidmet, dürfen Sie maximal einen Liegestuhl aufbauen. Wenn er eine Widmung als Bauland hat, dürfen Sie immer noch nicht alles draufstellen, was Sie wollen, aber dann können Sie immerhin beginnen zu planen.

Sie können diese Behördenwege auch Ihrem Architekten oder Planer überlassen, dieser wird dann nur mehr um Details feilschen, denn die Bebauungsbestimmungen kennt er ja schon.

Haben Sie noch kein Grundstück, haben Sie die folgenden Möglichkeiten, einen Traumgrund mit traumhaften Nachbarn zu finden.

Grundstücksanzeigen in Zeitungen

Nicht nur die junge Generation schätzt die Vorteile der Internetsuche, daher finden Sie dort sicher das größere Angebot. Verständlich, wer wartet heutzutage schon gern auf eine gedruckte Wochenendzeitung? Und doch kann es sich lohnen, wie ein Dinosaurier am Samstag in die Trafik zu stapfen. Gerade Grundbesitzer sind oft vom alten Schlag, und das Grundstück, das Urstrumpftante Hedwig veräußert, könnte Ihr Traumgrund sein.

Grundstücksanzeigen im Internet

Internet ist toll! Aber der niedrige Inseratenpreis verführt Makler oft dazu, besonders schöne Angebote als Lockvogel ins Netz zu stellen. Wenn Sie dann voller Vorfreude anrufen, heißt es: „Leider schon verkauft, aber wir haben noch andere Angebote. Was suchen Sie denn?" Dafür haben Sie die Möglichkeit, mehrere Anbieter in kurzer Zeit zu kontaktieren. Damit hängen *Sie* das große Fischernetz aus. Die Chancen stehen gut, dass etwas hängen bleibt.

Suchauftrag beim Makler

Beim Makler bekommen Sie ein Maximum an Dienstleistung, aber das hat natürlich seinen Preis. Rechnen Sie mit etwa drei Prozent des Kaufpreises für den Makler und drei Prozent für den Verkäufer. Dafür berät Sie der Makler über die Infrastruktur und die „Alltagstauglichkeit" einer Wohnlage: Wo ist die nächste Verkehrsanbindung, das nächstliegende Einkaufszentrum, der Kindergarten, ein Spital usw.? Teilen Sie dem Makler Ihre Wünsche mit.

Auch wenn er gerade nicht das Passende im Repertoire hat, wird er für Sie Ausschau halten. Aber Vorsicht: Sie erhalten von einem Makler keine Aussagen zur Bauqualität eines Grundstückes.

Grundstücksauswahl mit dem Architekten

Nicht jeder Architekt bietet eine Grundstückssuche an. Die Kosten für diese Dienstleistung sind bei ihm auch höher als beim Makler, dafür bekommen Sie aber auch mehr. Architekten haben die besten Kenntnisse zur Grundstücksauswahl, kennen die Bebauungsbestimmungen, die behördlichen Vorgaben, und sie haben Grundkenntnisse zu Baugrundrisiken, berücksichtigen die Himmelsausrichtung, den Wind und die Verschattungssituation. In der Regel wird diese Dienstleistung finanzierbar, wenn Sie den Architekten auch mit Planungsleistungen beauftragen.

Grundstückssuche durch den Häuslbauer

Wenn Sie eine klare Vorstellung haben, wo Ihr Grundstück liegen und wie es beschaffen sein soll, können Sie die Suche selbst in die Hand nehmen.

Gehen Sie zur Gemeinde und fragen Sie zum Beispiel nach anstehenden Flächenumwidmungen von Grün- zu Bauland. Oder vielleicht hat die Gemeinde einen Baugrund, den sie auf 99 Jahre verpachtet. Das würde Sie billiger kommen als ein Grundstückskauf. Außerdem erhalten Sie auf der Gemeinde auch gleich Informationen über die Bebauungsbestimmungen, Hochwassergefahren, Belästigungen durch naheliegende Industrie und eventuell sogar über unliebsame Nachbarn.

Sie können aber auch einfach durch die Gegend laufen und die Nachbarn von unbebauten Grundstücken fragen. Besuchen Sie die Quelle aller Weisheit: das Dorfgasthaus! Klopfen Sie an Türen, sprechen Sie Spaziergänger an, klappern Sie örtliche Baufirmen ab. Diese Vorgangsweise führt immer wieder zum Erfolg, sogar bei elendslangen Wartelisten, zum Beispiel auf begehrte Seegrundstücke. Ein Vorteil nebenbei: Sie lernen die Nachbarn, die örtlichen Gebräuche und vielleicht auch schon die spätere Baufirma kennen. Auf jeden Fall trainieren Sie den Kreislauf, und das ist wichtig für den späteren Hausbau.

Abb. 9: Hangrutsch! Gebaut ohne Bodengutachten, der ehemals schräge Hang ist im Regen verschwunden.

Abb. 10: Achtung bei Tallagen! Wo Häuser nur oben am Berg stehen, hat das vielleicht geologische Gründe.

Weiterführende Informationen und Linkliste: www.bauherrenhilfe.org/ fachbuch_**baugrundsuche**

CHECKLISTE: WAS SIE VOR EINEM GRUNDSTÜCKSKAUF ÜBERPRÜFEN SOLLTEN

Bautechnisch entscheidend:

Grundstücksgröße von Architekten checken lassen:

→ mindestens 200 bis 300 Quadratmeter für Doppelhaus oder Reihenhaus

→ mindestens 500 bis 800 Quadratmeter für freistehendes Ein- oder Mehrfamilienhaus

Grundwasserstände und Hochwassergefahr erfragen:

→ Wien: MA45, Geotechniker, Nachbarn mit Keller

→ Bundesländer: Gemeinde, Geotechniker, Nachbarn mit Keller

Bodenverhältnisse Altdeponien erfragen:

→ Gemeinde, in Wien: MA29, Geotechniker

Aufschließung für Kanal, Strom, Wasser, allenfalls Gas

Höhe des Kanalanschlusses: wichtig für die Frage, ob allenfalls eine Hebeanlage für die Sanitärräume im Keller nötig ist.

Baumbestand: Bei der Baugenehmigungsbehörde ist nach Auflagen zu fragen.

Für die Wohnqualität erheblich:

→ Liegt der Grund im Bereich einer Flughafeneinflugschneise?

→ Liegt der Grund nahe einem Flughafen, einer Autobahn oder Eisenbahn? Bei Flughafennähe können behördliche Schallschutzauflagen verlangt werden.

→ Verkehrsanbindung prüfen; die Anzahl der Kilometer zum Arbeitsplatz ist ausschlaggebend für die Pendlerpauschale.

→ Infrastruktur prüfen, denn lange Verkehrswege sind versteckte Kosten. Wo ist die nächste Apotheke, das Spital, gibt es eine freizeitgerechte Umgebung, Sportvereine, Kinderspielmöglichkeiten?

→ Bonität der Gemeinde prüfen: Gibt es Gratisleistungen für die Bürger, gibt es Kinderbetreuung? Wie ist der Zustand der Gemeindeflächen? Ist das Schwimmbad dauerhaft finanzierbar?

→ Hanggrundstück bei Gehbehinderung und höherem Alter vermeiden.

Für die Gesundheit wichtig:

→ Radonbelastung in Radonkarte des Lebensministeriums ÖNRAP prüfen.

→ Allergiker sollten unbedingt Pollenbelastung prüfen (Pollenwarndienst.at), ebenso sollte die Feinstaubbelastung geprüft werden (Umweltbundesamt. at).

→ Windarme Tallagen können die Immisionsbelastungen erhöhen, Beispiel „Hausbrand".

→ Feldnahe Grundstückslagen können die Biobelastung erhöhen.

→ Ansiedelungen zu Industrie und Landwirtschaft zur Hauptwetterrichtung prüfen, erhöhte Immissionen durch Windverschleppung möglich.

→ Erhöhte Oozonbelastung am Stadtrand.

→ Elektrosmog durch Sendeantennen.

→ VOC-Belastung in direkter Tankstellennähe.

Zusätzlich, für das Energiesparhaus:

→ Verschattungsfreiheit in Gebäudenähe für solare Einstrahlungsgewinne.

→ Klimacheck: Ein raues Klima mit ständiger Windeinwirkung und erhöhten Niederschlagsmengen erhöht den Heizwärmebedarf. Beispiel: Der ständige Nebel im Klagenfurter Becken führt zu erhöhten Heizkosten und Algenbefall auf Wärmedämmverbundsystemfassaden.

Abb. 11: Bei nebeligen Tallagen besser auf ein „leichtes" Wärmedämmverbundsystem verzichten: Algengefahr!

Bevor Sie einen Vertrag unterschreiben, ziehen Sie unbedingt einen Anwalt hinzu, der den Vertrag auf eventuelle versteckte Nebenkosten überprüft. Wenn Ihre Finanzen es erlauben, rate ich auch, Ihren Architekten zu konsultieren, bevor Sie endgültig zuschlagen. Sollten keine geotechnischen Daten über das Grundstück vorliegen, erlaubt vielleicht der derzeitige Besitzer eine Probebohrung zur Baugrunderhebung. Das ist die einzige Möglichkeit, vor dem Kauf Klarheit über den Boden zu bekommen. Der Verkäufer kann Ihnen nicht garantieren, ob Sie einen tragfähigen Grund in vier oder zehn Metern vorfinden.

Doch bei allem, worauf man achten sollte, bedenken Sie: Perfektion ist eine Illusion. Es ist gut, umsichtig zu sein, aber letztlich geht es darum, das Risiko zu minimieren. Schließlich sollten Sie nicht so lange nach dem perfekten Grund suchen, bis Sie zu alt sind, ein Haus zu bauen.

Das Restrisiko

Es gibt die feine Unterscheidung zwischen echtem und erweitertem Baugrundrisiko.

Das *„echte" Baugrundrisiko* wird immer den Grundbesitzer treffen. Es handelt sich dabei um das nicht vorhersehbare Restrisiko, gegen das es keine

Abb. 12:
Der absolute Albtraum sind Altlasten am eigenen Grundstück, solche sind nie ganz auszuschließen.

Absicherung gibt. Auch wenn alle Beteiligten ordnungsgemäß und fehlerfrei gearbeitet haben, können trotz bestmöglicher Planung Dinge auftreten, die den Bau behindern, wie zum Beispiel ein Felsbrocken am Baugrund oder ein historischer Fund, der einen Baustopp nach sich zieht.

Beim *„erweiterten"* Baugrundrisiko sind die Behinderungen und Erschwernisse auf ein Verschulden oder eine Pflichtverletzung eines Beteiligten zurückzuführen, der dann auch die Folgen zu tragen hat. Beispielsweise muss bei gewässernahen Bauwerken die Kellerbaufirma und bei Hochwassergebieten auch die Gemeinde den Bauwerber auf entsprechende Risiken hinweisen. Unterlassen diese das, würde ich ihnen ein Verschulden zuordnen.

Standsicherheit

Prinzipiell kann man auf jedem Boden bauen. Es ist nur eine Frage der Kosten und des Wissens um die Bodenqualität. Der Begriff „Baugrundrisiko" ist zwar nicht gesetzlich definiert, aber jeder Bauunternehmer wird das Risiko auf Sie als Bauherrn abwälzen. Auch die Rechtsprechung urteilt im Normalfall so, dass der Baugrund in die Verantwortung des Häuslbauers fällt.

Errichtet ein Baumeister ein Haus auf Ihrem Baugrund, schreibt er vertraglich meist eine bestimmte Beschaffenheit aus. Liegt diese Beschaffenheit aber nicht vor und kommt es zu einem Grundbruch und einer Haussenkung, werden Sie die Sanierungskosten zu tragen haben. Nur ganz selten gibt es hier Ausnahmen. Zum Beispiel, wenn der Baumeister schon beim Ausheben der Erde gemerkt haben musste, dass der Boden nicht tragfähig ist oder dass eine Quelle die Baugrube flutet, und der Bauunternehmer es verabsäumt hat, Sie zu warnen.

Nach meiner langen Erfahrung kann ich nur empfehlen, eine Baugrunduntersuchung machen zu lassen, wenn die entsprechenden Baugrundinfos fehlen. Dazu engagiert man einen Geologen oder einen Geotechniker. Die Kosten dafür belaufen sich auf 1.000 bis 5.000 Euro; das ist ein Bruchteil dessen, was Sie ein späterer Schaden an Ihrem Haus kosten kann. Oft sind die umliegenden Baugründe ohnehin schon bekannt, sodass keine Probebohrung notwendig ist. Mailen Sie dem Geotechniker vorab die genaue Grundstückslage und Bilder vom Baugrund und der Umgebung; oft sieht dieser auch schon am Wuchs der Bäume, ob es hier Hangrutschungen gibt. Weitere Untersuchungen wird er erst empfehlen, wenn der erste Eindruck einen Anlass liefert.

Baugrundprobleme nach der Erstuntersuchung - weicher Boden

Stellt der Geologe oder Geotechniker fest, dass ein Boden nicht tragfähig genug ist, kann man Gegenmaßnahmen ergreifen. Beispielsweise wird der Boden ausgetauscht oder einfach verdichtet. Man kann auch Streifenfundamente anbringen, oder Säulen, die die Last auf tiefere, festere Bodenschichten übertragen.

Wenn Sie ein Haus mit Keller möchten, brauchen Sie einen tragfähigen Boden in drei bis vier Metern Tiefe. Falls Sie keinen Keller wollen, aber feststellen, dass lockerer Boden in der Tiefe ohnehin gefestigt werden muss, sollten Sie einen Keller doch in Erwägung ziehen. Durch die nötigen Fundamentvertiefungen kommt dieser jetzt vergleichsweise günstig, und mit einem Wohnkeller könnten Sie Ihr Haus kleiner bauen oder gar einen Stock weglassen und damit bei gleicher Nettogesamtfläche echt Geld sparen. Abhängig davon, welche Gebäudehöhe die Behörde erlaubt, sollten Sie aber unbedingt versuchen, die Kellerfenster über die Geländeoberkante (GOK) zu heben.

Harter Boden

Nicht nur weicher Boden schafft Probleme, ein Kellerbau auf felsigem Grund kann noch teurer kommen. In der Regel wird in einem solchen Fall auf den Keller verzichtet und ein Plateau für die Bodenplatte oder die Streifenfundamente gestemmt. Nur sollten alle entsprechenden Umstände vor Auftragsvergabe gecheckt werden. Falls der Kellerbauer schon beauftragt war, verrechnet er womöglich Stornogebühren.

Grundwasser

Wenn der Geologe ohnehin schon in Ihrem Auftrag am Werke ist, inkludieren seine Kosten auch die Klärung der Grundwassersituation. Das Fachgebiet heißt Hydrogeologie.

Grundwasser wird meist definiert als „unterirdisches Wasser", was durchaus zu Fehleinschätzungen führt, denn man könnte glauben, „was unterirdisch ist, kann ja nicht von oben kommen". Aber das stimmt nicht ganz. Der Begriff „Grundwasser" umfasst

→ Regen- oder Schmelzwasser, das als Oberflächenwasser im Boden versickert und
→ Wasser, das durch die Sohle oder das Ufer von Oberflächengewässern den Untergrund infiltriert.

Achtung geboten ist auch bei Wasseranstau bei Hanglagen, insbesondere auf Böden, die wenig wasserdurchlässig sind. Da genügt ein starker Regen, um das Wasser massiv an den Kellerwänden anzustauen. Ebenso problematisch ist Schichtenwasser. Das ist Wasser, das durch einen nichtleitenden Boden am Versickern gehindert wird, oft passiert das oberflächennah und unabhängig vom Grundwasserspiegel.

Es ist sinnlos, zwischen Bergwasser, Schichtenwasser, Sickerwasser und Grundwasser eine Unterscheidung zu suchen. Alles Wasser unter der Grasnarbe (der Geländeoberkante, kurz: GOK) ist baupraktisch Grundwasser. Sie sollten lediglich wissen, ob Ihr Fundament oder der Keller in den nächsten 100 Jahren einmal im Wasser stehen könnte. Das ist wichtig für die Qualität der Feuchtigkeitsabdichtung, die Lage und Ausführung der Kellerfenster, die Statik des Baukörpers und für die Frage einer möglichen Fundamentunterspülung.

Abb. 13: Abgesoffen! Der Keller steht in bindigem Boden, die Rohrdurchdringungen in der Bodenplatte wurden nicht stauwasserdicht ausgeführt.

Der Bemessungswasserstand

Will man bestmöglich bauen, ist der sogenannte Bemessungswasserstand die ausschlaggebende Komponente. In der WU-Beton-Richtlinie (WU = Wasserundurchlässige Bauwerke) des Deutschen Ausschusses für Stahlbeton (DAfStb) wird dieser auszugsweise folgendermaßen definiert: Auszugehen ist von „dem höchsten innerhalb der planmäßigen Nutzungsdauer zu erwartendem Grundwasser-, Schichtenwasser- oder Hochwasserstand unter Berücksichtigung langjähriger Beobachtungen und zu erwartender zukünftiger Begebenheiten: dem höchsten planmäßigen Wasserstand".

GUT ZU WISSEN

Begrifflichkeiten zum Thema Grundwasser

→ Grundwasser = Wasser unterhalb der Bodenoberfläche
→ Grundwassersohle = die untere Grenzfläche eines Grundwasserkörpers
→ Grundwasseroberfläche = die obere Grenzfläche eines Grundwasserkörpers
→ Grundwasserleiter (GWL) = eine geologische Formation, die aufgrund von Hohlräumen Wasser führen kann
→ Grundwasserspiegel = Wasserspiegel in einer Grundwassermessstelle
→ Grundwasserflurabstand = Abstand zwischen Geländeoberkante (GOK) und Grundwasserspiegel
→ Vorflut = hydrologisch ein Gerinne, in dem Wasser abfließen kann, wie zum Beispiel Sickerschacht, Oberflächenmulde und offener Kanal

Gefahren durch Grundwasser

Das Grundwasser kann Chemikalien beinhalten. Kohlensäure, Ammoniumsalze, Magnesiumchlorid und Sulfate können den Beton und die Stahlbewehrung angreifen. Deshalb ist es wichtig, dort, wo Betonteile mit dem Grundwasser in Berührung kommen, eine Probe des Grundwassers zu nehmen und im Umweltlabor chemisch untersuchen zu lassen. Gegebenenfalls kann man kalkarme oder sulfatbeständige Zemente verwenden; damit wird die Widerstandskraft gegen chemische Angriffe verbessert.

Grundwasserabsenkung

Wenn die Baugrube für Ihr zukünftiges Haus bis in den Grundwasserleiter hinabreicht, ist es möglich, das Grundwasser zu senken. Bei kleineren Baugruben funktioniert das ganz gut mit einer Pumpe, auf diese Weise lassen Sie das Abwasser so weit wie möglich in einer entfernten Oberflächenmulde oder einem Sickerschacht versickern. Das nennt man „offene Wasserhaltung". Es ist allerdings nicht (oder nur in seltenen, genehmigungspflichtigen Ausnahmefällen) gestattet, das abgepumpte Grundwasser in den Kanal zu leiten.

Bei größeren Baugruben, die bis in einen ergiebigen Grundwasserleiter hinabreichen, muss man Brunnen rund um die Baugrube errichten und so den Grundwasserspiegel senken. Das nennt man „geschlossene Wasserhaltung" und wird im Allgemeinen erforderlich, wenn der Grundwasserspiegel mehr als 20 Zentimeter über dem tiefsten Punkt, der „Baugrubensohle", steht.

● ●

ACHTUNG

Manchmal wird die Grundwasserhaltung beendet, sobald die Kellerwände fertiggestellt sind. Das ist jedoch zu früh, denn das Bauwerk ist möglicherweise noch nicht ausreichend steif und schwer, es besteht die Gefahr eines „aufschwimmenden Kellers", die Wände können eingedrückt werden.

● ●

Abschottung

Eine Alternative zur Grundwasserabsenkung ist die Abschottung und Einhausung der Baugrube durch Schlitz- oder Spundwände. Diese provisorischen Wände sollten dabei bis in eine wasserundurchlässige Schicht einbinden, da sonst die Gefahr einer Unterspülung, eines hydraulischen Grundbruchs, besteht.

Achtung auf den Grundwasserstrom

Wenn Keller plötzlich im Grundwasser stehen, bekommt man manchmal als Erklärung zu hören, dass der Grundwasserspiegel gegenüber früher gestiegen sei.

Abb. 14: Bauen Sie bei Grundwasser- anstau entweder Hochwasserschutz- fenster oder gar keine Fenster ein!

Häufig ist die Ursache, dass in der Nähe große Tiefbauprojekte umgesetzt wurden, beispielsweise Autobahnen oder Tunnel. Dabei kann eine bisher wasserundurchlässige Bodenschicht durchstoßen worden sein und so einen Grundwasserstau bewirken, der bisher nicht da war. Der vermeintlich trockene Keller steht dann im Grundwasser!

Daher der wichtigste Tipp: Gehen Sie immer von anstauendem Wasser aus, ausgenommen vielleicht beim Häuschen auf einem einsamen Hügel.

Abb. 15: Flä- chenkollektoren dürfen nicht überbaut werden, Asphaltflächen verhindern solare Energieeinträge in den Boden. Quelle: Pipelife.at

Radonbelastung und Lungenkrebs

Knapp die Hälfte der gesamten Strahlenbelastung in Österreich wird durch das Einatmen des natürlichen Edelgases *Radon* verursacht. Neueste Untersuchungen zeigen, dass Radon oft konzentriert auftritt und das Lungenkrebsrisiko der Bewohner erhöht. Radon ist geruchlos und entsteht durch radioaktiven Zerfall aus Uran, welches wiederum als Spurenelement nahezu überall vorkommt, im Gestein, im Boden und in Baumaterialien. Während Radon im Freien auf ein unbedenkliches Maß verdünnt wird, kann es in schlecht gelüfteten Wohnräumen gefährlich werden. Durch Spalten gelangt das Edelgas beispielsweise in den Keller und damit in unsere Atmung. Radonfolgeprodukte schädigen die Atemwege, was langfristig ein erhöhtes Lungenkrebsrisiko bedeutet.

Lassen Sie die Radonbelastung auf Ihrem Grundstück mithilfe der Radonkarte des Lebensministeriums/ÖNRAP prüfen. Bei erhöhter Radonbelastung sollten Sie unbedingt auf Streifenfundamente verzichten und stattdessen geschlossene Bodenplatten mit einer Abdichtungslage planen. Das hält das Edelgas wirksam zurück.

Grundstücksvermessung

Zwei Vermessungskarten (Kastaster) sind für die Feststellung der Grundstückgrenzen vorgesehen, leider auch zwei Behörden, deren jeweilige Aufgabe Sie nicht verwechseln dürfen, damit es Ihnen nicht so geht, wie unserer lieben Frau Susanne Michelis in der Beispielgeschichte.

Das Grundsteuerkataster

Die Eintragung eines Grundstücks in das Grundsteuerkataster dient nur dazu, die Höhe der Grundsteuer für das Finanzamt zu bestimmen. Ein verbindlicher Nachweis der Grundgrenzen ist damit nicht gegeben.

Das Grenzkataster

Im Grenzkataster sind die Grenzpunkte eingetragen, die von Landvermessern bemessen und koordiniert werden. Sie können jederzeit in die Natur übertragen werden, fragen Sie den Zivilgeometer.

Leider gehören Grundstücksverletzungen zum Baustellenalltag. Immer wieder werden Bauherren mit einem behördlichen Abbruchbescheid zur Verzweiflung gebracht. Sie berufen sich dann oft auf den Grundsteuerkataster, womit sie sich aber in Irrtum befinden, denn verbindlich ist nur die Eintragung in den Grenzkataster.

Um das oben geschilderte Szenario zu vermeiden, müssen Sie rechtzeitig die Grenzen Ihres Grundes sichern. Rechtzeitig bedeutet: bevor der Bagger die erste Fuhre Erde aushebt! Fragen Sie nach, ob allenfalls vorhandene Markierungspfosten durch einen Zivilgeometer gesetzt wurden. Fragen Sie, ob vielleicht im Zuge der Bauarbeiten der provisorische Grenzpfosten mehrmals umgesetzt wurde, denn auch das kommt vor. Die Baufirma wird das diesbezügliche Grenzrisiko auf Sie überwälzen und sich nach vorhandenen Markierungen richten. Für Sie als Häuslbauer besteht zwar keine Verpflichtung, den Grund zu vermessen, aber um Rechtssicherheit zu erlangen, sollten Sie einen Zivilgeometer beauftragen und das Grundstück vermessen und die Grenzen in das Grenzkataster eintragen lassen.

Wenn Sie das versäumen und Ihr Haus in den Nachbargrund ragt, bleibt nur noch die Möglichkeit, brav dem Nachbarn ein gutes Angebot für seinen Grund zu machen oder Ihr eben begonnenes Haus „zurückzubauen" und von vorne anzufangen. Beides ist deutlich teurer als ein Zivilgeometer.

Weiterführende Informationen und Anbieter: www.bauherrenhilfe.org/fachbuch_**baugrund**

Kapitel 3

Dick betoniert und trotzdem schief - das Fundament

Eine Geschichte von Betroffenen

Holger und Regina Jelasits verabschieden ihre letzten Gäste. Die Grillparty an diesem lauen Juniabend 2010 war ein voller Erfolg. Arm in Arm geht das Ehepaar zurück ins Haus, auf das es so stolz ist. Ein halbes Leben haben sie dafür gespart. Schließlich haben sie den Mut aufgebracht, ein schönes Grundstück in Niederösterreich erworben und mit dem Planen begonnen. Sie sind sehr bedachtsam vorgegangen, haben ein volles Jahr mit dem Architekten und dem Baumeister Pläne geschmiedet, verworfen, verbessert und perfektioniert und haben ein teures, solides Ziegelhaus erschaffen lassen. Sie haben eine renommierte Baufirma beauftragt. Sie wollten ein Haus, das auch ihren Kindern und Enkeln dereinst ein Zuhause bieten würde. 13 Jahre leben sie nun hier und sind sehr glücklich.

Auf der Party erzählten Holger und Regina ihren Freunden die beliebte Geschichte, wie sie vor einem knappen Jahr dem Hochwasser entronnen sind. Damals gab es Überschwemmungen in weiten Teilen der Region. Viele Familien hatten Wasser im Keller und dadurch teure Schäden. Doch die Jelasits hatten Glück, das Wasser blieb ihrem Haus fern.

Regina trägt den Griller zurück in den Keller. Plötzlich knirscht es unter ihren Schritten. Hat sich eine Bodenfliese gelockert? Regina probiert es an einer anderen Stelle. Es knirscht. Sie ruft Holger; gemeinsam studieren die beiden den Boden. Ein haarfeiner Riss zeigt sich in den Fliesen, geht nahtlos von einer zur nächsten. So brechen doch Fliesen nicht?, wundert sich Holger.

Die beiden verfolgen den Riss und sehen zu ihrem Schrecken, dass er bis zur Wand geht. Mit einem unguten Bauchgefühl gehen sie in den nächsten Raum, eine Vorratskammer. Tatsächlich. Der Riss geht hier weiter.

Holger möchte ohnehin im Laufe des kommenden Jahres ein paar Wartungsarbeiten machen lassen. Bei der Gelegenheit kann man ja einmal den Riss ansehen lassen. Einstweilen gewöhnen sich die beiden an ihn und nehmen ihn schließlich gar nicht mehr wahr.

Der Sommer kommt und geht, ebenso der Herbst und der Winter. Als der Frühjahrsputz 2011 ansteht, kann Regina ihre Augen nicht mehr vor der Tatsache verschließen, dass der Riss im Boden breiter geworden ist und die Fliesen ihren Halt verloren haben. Auch in der Außenwand des Hauses zeigen sich deutliche Risse.

Holger bemüht sich um Zuversicht. Risse kann man verspachteln, Fliesen ersetzen. Das können sie sich schon noch leisten, auch wenn der noch laufende Kredit belastend ist und obwohl Holger demnächst in Gleitpension geht und das Paar sich ohnedies einschränken muss.

An einem der ersten warmen Tage im April 2011 betritt Holger des Abends wie üblich die Straße zu seinem Haus. Doch diesmal traut er seinen Augen nicht. Steht das Haus schief? Oder hat sich die Linde geneigt? Zu Hause angekommen begutachtet Holger die Außenmauer. Die Risse irritieren ihn noch mehr als sonst, aber da ist noch etwas. Der Boden steht plötzlich höher. Nun beauftragen die Jelasits eilends einen Geotechniker und einen Statiker mit der Ursachenforschung.

Was die beiden Herren den Jelasits schließlich berichten, lässt Holger und Regina mit schreckgeweiteten Augen dasitzen. Das Grundstück liegt bekanntermaßen in einem Hochwassergebiet. Das wusste man schon damals, als die ersten Pläne gemacht wurden. Aber die Gemeinde hatte verabsäumt, dies im Baubescheid festzuhalten, und die Baufirma hatte sich ebenfalls nicht darum gekümmert. So wurde eine Bodenplatte gebaut, die nur 15 Zentimeter stark ist und lediglich eine

Lage Stahlmattenbewehrung aufweist. Das ist eindeutig unterdimensioniert; das immer wieder aufstauende Grundwasser hat die Bodenplatte Jahr für Jahr unterspült. Die Bodenplatte konnte dem nichts entgegensetzen und brach.

Was hätten wir denn tun sollen?, stammelt Regina. Holger erinnert sich dunkel. Da war ein Satz im Vertrag: „Für die Beschaffenheit des Baugrundes haftet der Auftraggeber, angenommen wird ein tragfähiger fester Baugrund, Erhebungen zum Bemessungswasserstand sind seitens des Auftraggebers zu beauftragen und nicht auftragsgegenständlich." Er hat sogar nachgehakt, was das zu bedeuten habe, aber der Bauunternehmer meinte, das sei nur ein Normtext, um den sich Holger nicht kümmern müsse.

Hätte er sich nur darum gekümmert! Damals lagen alle Informationen vor, um das richtig dimensionierte Fundament zu beauftragen. Das hätten zwar Mehrkosten verursacht, aber nichts im Vergleich zu den 100.000 Euro Schaden, die er jetzt hat.

Die damals ausführende Baufirma ist zwar bemüht, die Schäden einzugrenzen und Sanierungsarbeiten vorzunehmen. Nun ist aber der Seniorchef leider schwer krank, ob es tatsächlich zu Sanierungsarbeiten kommen wird, steht bis dato nicht fest.

Gründung des Hauses

Das Fundament ist der Übergang vom Boden zum Bauwerk. Die Herausforderung an ein Fundament liegt darin, dass die oberen Bodenschichten weich sind. Boden bewegt und verformt sich ständig, sei es durch Austrocknen, durch Unterspülung oder durch Frosteinwirkung.

Um diese Bewegungen zu überbrücken, muss das Fundament in tiefere, festere Schichten des Bodens geführt werden, bis die sogenannte „Bodenpressung" für die Gebäudelast ausreicht, damit es nicht zu einem „Grundbruch" kommen kann. Man errichtet eine Torte ja auch nicht auf einem Buttercremeboden, sondern auf festem Teig.

Die gute Nachricht lautet, dass der Bereich Fundament und statische Konstruktion von Baupfusch weitgehend verschont bleibt. Die Wichtigkeit eines stabilen Fundaments hat Tradition und niemand muss davon überzeugt werden, hier richtig zu planen. Die Angst, dass ein Haus über dem Kopf zusammenstürzen könnte, sitzt tief.

Dazu kommt, dass behördliche Vorgaben zur Baustatik und zur Nachweisführung gelten. Und noch etwas: Der Bereich des Bauingenieurswesens, der für Hausgründungen zuständig ist, ist wesentlich weniger von Pfuschern und Spekulanten durchsetzt als der ausführende Teil der Bauwirtschaft.

Dennoch muss ich auch hier vor möglichen Ausführungsfehlern warnen. Gerade bei den gängigen Fundamentarten „Bodenplatte" und „Streifenfundament" wird ein Statiker oft eingespart, weil „das mach'ma so wie immer". Die Baufirma betoniert und legt Eisen ein wie gewohnt. Ob das jemals gut und für jede Anforderung geeignet war, bleibt hier mal so dahingestellt.

Darüber hinaus hat die Statik bei wasserundurchlässigen Betonbauwerken ja auch die Aufgabe, die Stahlbewehrung zu dimensionieren und Betonrisse so klein zu halten, dass kein Wasser durchdringt. Das hat sich bis zu einigen Kellerbaufirmen noch nicht herumgesprochen. Es ist zwar beruhigend, dass sich selbst die übelsten Gestalten der Bauwirtschaft an der Statik selten bereichern. Es ist aber durchaus festzuhalten, dass kaum ein „Dichtbetonkeller" wirklich richtig gebaut wurde. Das nenne ich dann Pokern auf Kosten des Häuslbauers.

Kleine Materialkunde

Stahl und Beton – dann hält es schon

Stahl und Beton bilden ein perfektes Paar. Stahl hat hohe Zugfestigkeit, Beton hohe Druckfestigkeit. Deshalb wird Beton meist mit Stahlstäben oder Stahlfasern verstärkt, das nennt man Bewehrung. Unbewehrter Beton würde bei der geringsten Zugbeanspruchung reißen und versagen, ist der Beton jedoch mit Stahlbewehrung versehen, übernimmt der Stahl die Zugkräfte. Die Bewehrung wird meist in Matten eingelegt und mit Abstandshaltern vom Untergrund oder der Schalung distanziert.

Stahl und Beton vertragen sich auch deswegen so gut, weil beide den gleichen Ausdehnungskoeffizienten haben. Das heißt, die temperaturbedingten Längenänderungen beider Materialien sind gleich. Risse durch Unverträglichkeiten können nicht entstehen, ausgenommen, es dringt Wasser ein und der Stahl beginnt zu rosten. Allerdings entstehen haarfeine Risse im Beton, die es erst ermöglichen, dass die Kraftübertragung auf die Bewehrung stattfindet. Das ist also ein erwünschter Effekt.

Die Aufgabe des Planers liegt darin, die Rissbreiten so klein zu halten, dass Umwelteinwirkungen den Stahl nicht schädigen können und kein Wasser durchtritt. Zulässig sind *je nach Anforderung* Rissbreiten zwischen 0,1 und 0,4 Millimeter. Ab 0,1 Millimeter werden die Risse für uns sichtbar und es kann bereits Wasser durchdringen, daher sollte bei einer wasserdichten Bauweise ohne zusätzliche Abdichtung eine Rissbreite von 0,1 Millimeter die magische Grenze darstellen.

Stahlfaserbeton in Kombination mit Stahlbewehrung

Stahlfaserbeton hat bei fachgerechter Verarbeitung positive Eigenschaften. Statt dicker Stahlstäbe werden schon im Werk kleine Stahlfasern in den Beton gemischt. Diese führen zu einer weiteren Verteilung der Belastung, „Zwängungen" genannt, im Beton. Die Risse werden noch feiner. Allerdings erfordert der Stahlfaserbeton eine statische Bemessung. Bei höheren Lasten und einer Dichtbetonausführung braucht es in der Regel eine konventionelle Zusatzbewehrung. Beispielsweise wird dort, wo ein schwerer Kamin auf der Bodenplatte gelagert wird, zusätzlich mit Stahl bewehrt, auch Fensterecken setzen eine Zulagebewehrung voraus. So ist die Kombination Stahlfaser, klassische Stahlbewehrung und Beton perfekt gehandhabt.

Kunstfaserbewehrung

Im Gegensatz zur Stahlfaser gibt es mit Kunstfasern als Betonbewehrung noch zu wenig Erfahrung. Im Hinblick auf den dürftigen Wissensstand und die unterschiedlichen Eigenschaften von Beton muss man von deren Verwendung abraten.

Fundamentarten

Die Bodenplatte

Die Bodenplatte ist eine Fläche, die die Last des Hauses in den tragfähigen Boden führt. Die Bodenplatte als Flächengründung sollte immer wasserundurchlässig ausgeführt werden, auf jeden Fall aber dann, wenn sie unterhalb des Geländeniveaus liegt. Das setzt natürlich eine gute Betonqualität mit dichtem Porengefüge voraus, ebenso wie eine Betonausführung, die dauerhaft rissfest ist.

Wenn die Bodenplatte es alleine, also ohne Streifenfundament schafft, Ihr Haus zu tragen, haben Sie den angestrebten Idealzustand. Sie ist die preisgünstigste Fundamentart und zugleich jene, bei der der Wärmeverlust in das Erdreich am geringsten ist – vorausgesetzt, die Bodenplatte wird auf eine Dämmlage gesetzt.

Ein wichtiges Prinzip, das für die Bodenplatte gilt, ist: Je einfacher der geometrische Grundriss ist, desto haltbarer ist sie. Dieses Prinzip kennen Sie aus Ihrer Schulbastelstunde: Wer in ein Viereck Kanten und Ecken hineinschneidet, darf sich nicht wundern, wenn genau dort Risse entstehen. Jede Ecke stellt eine Sollbruchstelle dar.

Abb. 16: Eine fertige Bodenplatte für drei Reihenhäuser, leider ohne Fugenprofilen zwischen den Häusern. So verteilt sich Schadwasser in allen Kellern.

Abb. 17: Fehler: Immerhin ein Vordachfundament, aber Beton entmischt, nicht frostsicher, schlecht betoniert und nicht verdichtet.

Wenn Sie sich für eine Bodenplatte entscheiden, benötigen Sie folgende Nachweise:

→ Nachweis über die Lagesicherheit der Bodenplatte, der belegt, dass es zu keinem Abrutschen bei Hanglagen kommen kann.

→ Nachweis darüber, dass die Lastabtragung in den Boden ausreichend und keine Tiefengründung nötig ist.

→ Bodengutachten, das nachweist, dass sich keine „Frostlinse" unter der Bodenplatte bilden kann.

→ Nachweis über die Ermittlung des Bemessungswasserstands, der eine Fundamentunterspülung ausschließt.

Zubehör zur Bodenplatte: die Sauberkeitsschichte

Die Sauberkeitsschichte ist die Auflage, auf der die Bodenplatte zwängungsfrei, also vom Baugrund entkoppelt, ruht. Dabei ist Folgendes wichtig: So wie jedes andere Material „arbeitet" Beton ständig unter Temperatur und Feuchtigkeit. Er kriecht und schwindet und verändert seine Längen. Besonders nach dem Betonieren, wenn der Beton zu trocknen beginnt, aber auch später verändert er sich durch Jahreszeitenwechsel und Klimaänderungen. Kurz: Da bewegt sich ständig etwas. Daher darf die Bodenplatte als Flächengründung nicht an einem oder mehreren Punkten am Untergrund „ankleben". Sonst steigt das Risiko einer Rissbildung.

Abb. 18: Zu Beginn wird eine Magerbetonsauberkeitsschichte als Auflage für die Dämmung oder die ungedämmte Bodenplatte ausgeführt.

Noch etwas ist zu beachten: Die in den Beton eingelegte Stahlbewehrung benötigt, um später nicht zu rosten, eine Betonüberdeckung von circa zwei bis vier Zentimetern. Das heißt, die Stahlmatten müssen vom Beton zwei bis vier Zentimeter abgedeckt werden, sonst nimmt der Beton Schaden. Dafür müssen Distanzprofile unter die Stahlmatten gelegt werden. Ohne Sauberkeitsschichte drückt es die Distanzprofile beim Betonieren durch die Folie in den Schotter. Die Mindestüberdeckung kann dann nicht mehr eingehalten werden.

Achtung: Sehr häufig werden als angebliche Sauberkeitsschichte eine Lage Schotter und darüber eine Lage Folie aufgebracht, oft „Frostkoffer" genannt. Das ist leider das Gegenteil einer Sauberkeitsschichte, denn dieser Untergrund ist rau und nachgiebig. Die Folie auf der Schotterlage soll verhindern, dass der Beton beim Betonieren in den Schotter rinnt. Leider ist das eine Wunschvorstellung, denn beim Betoniervorgang steigen die Arbeiter durch die Folie und der Beton kann sich entmischen. Hohlstellen in der Bodenplatte können die negative Folge sein.

Es gibt drei mögliche Arten der Sauberkeitsschichte:

➡ die abgezogene Magerbetonschichte: ein Klassiker, der immer noch viel Verwendung findet;

→ die abgezogene und verdichtete Sandschichte: Bei einem guten sandigen Boden kann man durch Stampfen und Glätten eine gleitfähige feste Schichte schaffen, ohne extra Baustoffe kaufen zu müssen;

→ hochdruckfeste Dämmplatten aus extrudiertem Polystyrol: Die Dämmplattenvariante ist als „Stand der Technik" bei beheizten Gebäuden zu empfehlen.

Es genügt unseren Ansprüchen an den Wärmeschutz nicht mehr, lediglich eine raumseitige Wärmedämmung zwischen Betonboden und Fußbodenbelag zu verlegen. Diese „Innendämmung" unter dem Estrich endet an den Außenwänden und geht daher nicht bis zur Kellerwanddämmung durch. Nur eine Dämmlage *unter* der Bodenplatte kann mit der Kellerwanddämmung lückenlos zusammengebracht werden.

TIPP

Achten Sie darauf, dass wirklich extrudiertes Polystyrol (XPS mit Stufenfalz) verwendet wird. Oft wird hydrophobiertes EPS angeboten. Der Begriff „Hydrophobierung" meint zwar „wasserabstoßend gemacht", aber da fehlen noch Langzeiterfahrungen. Bei Wasseranstau können sich die Platten „vollsaufen" und die Dämmwirkung geht buchstäblich baden.

Das Streifenfundament

Bei dieser Form des nicht unterkellerten Bauwerks liegen linienförmig ausgeführte, tragende Fundamente unter den Außenwänden und Innenwänden des Gebäudes. Das Streifenfundament muss immer bis in frostsichere Tiefen reichen, das sind in unseren Breiten 80 bis 120 Zentimeter. Baut man allein ein Streifenfundament, werden die Felder zwischen den Wänden zwar ausbetoniert, aber dicht gegen Insekten und Radongas ist das in der Regel nicht. Diese Vorgehensweise empfiehlt sich daher vielleicht bei Garagen oder Gartenhütten. Die für Häuser übliche und empfehlenswerte Ausführung kombiniert eine Bodenplatte mit dem allenfalls statisch nötigen Streifenfundament. Damit haben Sie die Vorteile einer Bodenplattenkonstruktion:

→ einen sauberen und dichten Abschluss zum Baugrund,

→ keine Radonbelastung in den unteren Räumen und

→ maximale statische Sicherheit durch einen geschlossenen Baukörper.

Das alleinige Streifenfundament kann ich nicht empfehlen!

Streifenfundament mit oder ohne Bewehrung?

Eine Längsbewehrung, also das horizontale Einlegen von Stahlstäben, empfiehlt sich immer, im Anlassfall auch eine lotrechte Bewehrung.

Wer sparen möchte, kann eine Bodenplatte mit Streifenfundament eventuell mit reduzierter Plattenstärke wählen oder eine Bewehrungslage weglassen. Aber tun Sie das auf keinen Fall ohne vorherige statische Berechnung. Wie so oft gilt auch in diesem Fall: Wer sparen will, muss vorher investieren.

Für untergeordnete Bauwerke wie Garagen und Gartenhütten benötigt man in der Regel gar keine Bewehrung.

Streifenfundament aus Beton oder Schalsteinen?

Die Billigvariante sieht so aus, dass man Gräben in den Boden schaufelt und Beton eingießt. Dabei werden die Wände sehr rau ausfallen, zu rau, um eine Dämmung oder Feuchtigkeitsabdichtung anzubringen. Das sollten Sie daher nur bei Bauwerken machen lassen, die keine wesentliche Dämmung brauchen. Idealerweise stellen Sie vor dem Betonieren eine Schalung in die Grabenwände, die nachher glatten Oberflächen können mit einer Abdichtung und Dämmung versehen werden.

Die zweite Möglichkeit ist, mit Betonschalsteinen zu mauern. Aber vergessen Sie bitte nicht, vor dem ersten Schalstein eine waagerecht ausgeführte Sauberkeitsschichte mit Magerbeton auszuführen.

Die Betonschalsteine werden auf Paletten geliefert. Achten Sie darauf, dass frostsicherer Beton bestellt wird. Ich schlage vor: C25/30/B2/GK22/F45.

Infos zu Betonkurzzeichen finden Sie auf www.bauherrenhilfe.org/fachbuch_**beton**.

Frostschürze – Streifenfundament ohne tragende Funktion

Die Frostschürze ist eine nahe Verwandte des Streifenfundaments. Sie sieht genauso aus, hat aber keine tragende Funktion und benötigt keine Stahlbewehrung, es sei denn, es sind auch statische Funktionen gefragt. Dann wird aus der Frostschürze ein gedämmtes Streifenfundament. Die Frostschürze soll verhindern, dass das Wasser, das unter das Haus läuft, sich dort sammelt und im Winter gefriert. Denn dadurch könnte sich eine Eislinse bilden, die die Bodenplatte anhebt und Schaden am Gebäude anrichtet.

Ein Geotechniker muss entscheiden, ob eine Frostschürze notwendig ist. Das wird beispielsweise bei leichter Hanglage und lehmigem Baugrund der Fall sein. Das Oberflächenwasser versickert dann nicht zügig im Boden, sondern kann sich unter dem Haus ansammeln. Im Unterschied zum Streifenfundament muss eine Frostschürze nur im umlaufenden Randbereich des Gebäudes gebaut und gedämmt werden. Aus dem beheizten Gebäude dringt Wärme in den Baugrund unter die Bodenplatte. In Verbindung mit der Frostschürze wird so im Winter ein „Durchfrieren" des Bodens und damit die Eislinsenbildung verhindert.

Das Punktfundament

Das Punktfundament erfüllt die gleichen Aufgaben wie das Streifenfundament, nur eben mit einer kleineren Auflagefläche, auf die die Gebäudelast eines untergeordneten Bauteils abgetragen wird.

Carports, Vordachsäulen und weit ausladende Dachvorsprünge kommen zum Beispiel mit derartigen Einzelfundamenten aus. Auch Terrassen werden oft auf Punktfundamente gebaut, auf diesen werden dann die Betonplatten gelagert, welche sonst in dem weichen Erdboden versinken würden. Auch hier gilt: Das Punktfundament muss auf tragfähigem und frostsicherem Boden errichtet werden.

Achtung: Der Boden ist selten über eine größere Fläche gleichmäßig tragfähig. Eine Bodenplatte gleicht unregelmäßige Bodenpressungen gut aus. Bei Punktfundamenten muss man jedoch gut aufpassen, Sie wollen schließlich nicht, dass sich eine von drei tragenden Säulen senkt. Selbst wenige Zentimeter Höhenunterschied können schon große Schäden verursachen, etwa wenn eine Dachrinne ihre Funktion nicht mehr erfüllt.

Was immer auf einem Betonpunktfundament gelagert wird, sollte genau in der Mitte der Auflagefläche befestigt und ausreichend gegen Windsog gesichert werden. Dafür gibt es spezielle Metalldübel als Schwerlastanker.

Ob ein Punktfundament aus Beton oder Schalsteinen gebaut wird, ist nach denselben Kriterien zu entscheiden wie bei einem Streifenfundament. Beides kann richtig sein.

Abb. 19: Achtung! Hier gibt es zwar Schraubfundamente, aber eigentlich kein wirksames Fundament, Einsturzgefahr!

Abb. 20: Fehler am Punktfundament. Der Stahlschuh muss mittig am Fundament auflie-gen.

Abb. 21: Ein halbes Haus auf zwei vom Hausherren betonierten nicht berechneten Punktfundamenten. Das ist Pokern mit hohem Einsatz.

Abb. 22: Derartig schlanke Säulen müssen für den „Lastfall Erdbeben" dimensioniert sein.

Nachbehandlung von Beton

Auch wenn man Beton von hoher Qualität und Druckfestigkeit auf perfekte Weise verarbeitet, muss dieser nachbehandelt werden. Sonst ist das Resultat mitunter weniger dauerhaft als erhofft.

Abb. 23: Garage: Aushub für ein Streifenfundament mit Schalbeton-steinen.

Der springende Punkt ist: Beton darf nicht zu schnell trocknen. Bei 20° C Lufttemperatur und 50 Prozent relativer Luftfeuchtigkeit mit 20 km/h Windgeschwindigkeit verdunsten aus einem Quadratmeter Betonfläche rund 0,6 Kilogramm Wasser pro Stunde. Oder einfacher gesagt: Der Beton verringert sein Volumen erheblich, während der Wasseranteil verdunstet. Klar, dass er sich dabei verformt. Deswegen ist es auch so wichtig, dass die Verformung nicht behindert wird, wie wir schon beim Thema Sauberkeitsschichte gesehen haben. Denn sonst entstehen Risse.

Abb. 24: Garage: Auf dieses Strei-fenfundament wird eine Beton-platte betoniert.

Man muss also den Beton davor schützen, zu schnell zu trocknen. Dafür gibt es einige geeignete Schutzmaßnahmen. Nur wenn regnerisches Wetter mit einer Luftfeuchtigkeit ab 85 Prozent herrscht, können Sie in der Regel ohne Nachbehandlung daneben stehen und dem Beton beim Trocknen zuschauen, außer bei Dichtbeton, da gilt eine erhöhte Sorgfaltspflicht. Und selbstverständlich darf feuchter Beton auch nicht frieren.

Folgende Maßnahmen sollten Sie ergreifen, um zu verhindern, dass der Beton zu schnell trocknet bzw. gefriert:

→ Beton 36 Stunden vor Erschütterungen und mechanischer Beanspruchung schützen;

→ Beton vor frühzeitiger Austrocknung schützen: besprühen, Folienauflage;

→ Beton vor frühzeitiger Austrocknung schützen: feuchte Vliesauflage;

→ Beton vor Frostschäden schützen: Holzwerkstoffschalungen bevorzugen;

→ Beton vor Frostschäden schützen: Bauwerk einhausen, wärmedämmen;

→ bei Frost keine feuchte Nachbehandlung vornehmen;

→ Stahlschalungen nicht direkter Sonnenbestrahlung aussetzen;

→ saugende Holzschalungen feucht halten;

→ Nachbehandlungsmittel nach Verschwinden des Wasserfilms aufbringen;

→ Beton vor direkter Beregnung schützen.

Je nach Außentemperatur und je nach Festigkeitsklasse und Temperatur der Betonart dauert die Nachbehandlung ein bis fünf Tage. Bevor die Betonschalung entfernt werden darf, muss man noch etwas länger zuwarten, insgesamt drei bis acht Tage. Bei Betondecken allerdings, die durch Verschalungen und Unterstellern gestützt werden, sollte man bis zu 28 Tagen warten.

Einschlag- oder Einschraubfundamente aus Stahl

Als Alternative zu betonierten Punktfundamenten werden mittlerweile auch hochwertige Stahlsäulen angeboten, die man einschlägt oder einschraubt. Je nach Bodenart kann man damit ein- bis zweistöckige Holzhäuser fundamentieren.

Bisher gibt es in unseren Breiten wenig Erfahrung dazu. Ich würde diese Variante nur für den Bau von Geräteschuppen oder ähnlichen untergeordneten Bauwerken oder Bauteilen empfehlen.

Fundamentunterfangungen

Unter Umständen muss Ihr Haus direkt an das Nachbarhaus angebaut werden. In diesem Fall kann es vorkommen, dass Ihre Baugrube unter dem Fundament des Nachbarhauses liegt. Jetzt wird es kritisch.

Ganz bestimmt wollen Sie nicht, dass bei Ihrem Nachbarn Grundbrüche oder Schäden auftreten. Verhindern können Sie das, indem Sie das Nachbarfundament abschnittsweise untermauern, betonieren oder mit entsprechenden Säulen vor einer Setzung sichern.

Aber Vorsicht: Sie bauen auf Nachbars Grund! Sie brauchen dafür seine Genehmigung. Die Fundamentunterfangung sollte im Einreichplan vermerkt und statisch berechnet und abgenommen werden. Die Baufirma muss dokumentieren, dass

→ der Nachweis über die Einhaltung der zulässigen Bodenpressungen und der Grundbruchsicherheit für das Fundament des bestehenden Gebäudes erbracht und

→ eine Zusammenstellung der auf das bestehende Gebäude einwirkenden Last und ihre ungünstigen Kombinationen sowie

→ der Standsicherheitsnachweis für den Endzustand gemacht wurde.

Qualitätskontrolle Fundamente

„Drauflosbauen" geht gerade bei der Hausgründung nicht. Für den Fall, dass man später die Ursachen für einen allfälligen Schaden ergründen muss, sind alle Arbeiten peinlichst genau zu dokumentieren: Was wurde wie gemacht?

Wie war das Wetter? Wie war der Ablauf? Und so weiter. Die bautechnischen Unterlagen müssen vollständige Angaben über das bestehende Gebäude und das Fundament beinhalten.

Dazu gehören:

→ Konstruktionszeichnungen mit Grund- und Querschnittsdarstellungen des geplanten und bestehenden Bauteiles, im Besonderen der Fundamente;
→ die Darstellung der Aushubgrenzen der Baugrube;
→ die Darstellung der Bodenschichten, des Bodenzustands, des Grundwasserspiegels und
→ die Baubeschreibung: Was wurde wann geleistet?

Die Arbeiten jedes Arbeitstages müssen in nachvollziehbarer Form dokumentiert werden, am besten mit beigelegten Fotos. Falls nötig, kaufen Sie selbst ein Bautagesberichtsbuch und drehen den Spieß um: Befragen Sie den Vorarbeiter, was gemacht wurde, und lassen Sie ihn den Bericht unterschreiben!

Auf jeden Fall sollten Sie die Dokumentationspflicht bereits vor der Beauftragung vereinbaren.

Weiterführende Informationen und Anbieter: www.bauherrenhilfe.org/ fachbuch_**fundamente**

Kapitel 4

Nur dicht ist dicht - Keller und Drainagen

Eine Geschichte von Betroffenen

Andreas Schindl träumt von einem eigenen Haus, in das er seine Freundin Tanja als Ehefrau heimführen könnte. Aber der junge Sohn eines burgenländischen Gastwirtes und Weinbauern arbeitet im väterlichen Betrieb für wenig Lohn. Zusammen mit der Teilzeitstelle in einer Spedition kommt er zwar gut über die Runden, aber um auf ein Haus zu sparen, ist es allemal zu wenig.

Auf gut Glück nimmt Andreas deshalb an einer Hausverlosung teil. Er traut seinen Augen nicht, als er liest, dass er der Gewinner ist. Er hat ein Haus gewonnen.

Auf eigene Kosten will er noch einen Keller bauen lassen. Er und seine Familie kratzen die Vermögensreserven zusammen, Andreas verschuldet sich und bestellt einen Dichtbetonkeller, das Beste, was der Markt zu bieten hat, wie man ihm versichert. Andreas will auch nicht mit dem nächstbesten Kellerbauer arbeiten, er beauftragt die Fertigteilhausfirma, bei der er das Haus gewonnen hat, und nimmt den Generalunternehmerzuschlag in Kauf. Er möchte sicherstellen, dass, falls Probleme auftreten, sein Vertragspartner noch existiert, bei den kleinen Kellerbaufirmen kann das ja niemand garantieren. Die Probleme tauchen schneller auf, als er es für möglich gehalten hätte.

Eines lauschigen Abends führt Andreas seine Freundin Tanja auf die Baustelle. Sie sitzen am Rande der Baugrube über der neuen Bodenplatte, lassen die Beine baumeln und träumen von der Zukunft. Tanja weiß sogar schon, dass die Schaukel für die Kinder, die dereinst kommen mögen, am alten Nussbaum hängen wird.

Tanja bemerkt plötzlich, dass Risse durch die ungleich dicke Bodenplatte gehen. Soll das so sein?, wundert sie sich. Andreas sagt sicherheitshalber Ja, denn die renommierte Baufirma wird doch wissen, was sie tut. Aber es lässt ihm keine Ruhe, und er fängt an nachzuhaken. Erfahrene „Bauprofis" belächeln ihn als ahnungslos, als jemanden, der nicht einmal die richtigen Bezeichnungen findet. Für Andreas ist das nicht leicht wegzustecken. Trotzdem bleibt er stur und reklamiert weiter, bis der Baumeister meint, eben einmal nachzuspachteln. Das sei ganz üblich und Andreas solle ruhig den Profis vertrauen.

Andreas vertraut nicht, sondern ruft mich als Gutachter dazu. Ich stelle fest, dass die Bodenplatte 22 bis 26 Zentimeter dick ist, also ungleich dick und deutlich zu dünn. Vor allem, da hier der Boden lehmig ist und bei Regen mit Wasseranstau zu rechnen ist. Außerdem finde ich heraus, dass die Fugendichtbänder sowie der Pumpenschacht und die Rohrdurchdringungen falsch eingebaut wurden. Das alles ist grober Pfusch, und der Keller würde innerhalb kurzer Zeit undicht werden. Nebenbei wurde die Bodenplatte einen Meter zu hoch eingebaut. Was für ein ungemütliches Kellerchen das ergeben hätte! Also, alles abreißen, zurück an den Start.

Andreas muss feststellen, dass die Kellerbaufirma schon zu Baubeginn in Konkurs gegangen ist. Sein Glück, dass er einen Generalunternehmer beauftragt hat. Der muss den Abriss und den Neubau bezahlen. Andreas besteht auf die „Weiße-Wanne-Richtlinie", denn ich habe ihm gesagt, dass dies der einzig akzeptable Stand der Technik ist. Der neue Baumeister lächelt den jungen Bauherren nachsichtig an und meint: „Wir garantieren eh für die Dichtheit." Andreas findet, dass dies sehr beruhigend klingt. Aber was, wenn sich das Grundwasser nicht an die unverbindliche Aussage des Baumeisters hält? Als der Kellerbau halbfertig ist, ruft Andreas mich nochmals als Gutachter hinzu. Um es kurz zu machen: Das Ding wurde gleich wieder abgerissen, denn der Dichtbetonkeller war alles Mögliche, aber nicht dicht.

Mit fast sechs Monaten Verzögerung konnten Andreas und Tanja ihr Haus beziehen. Sie haben einen Keller, der nicht nur trocken ist, sondern auch hoch genug, um darin aufrecht zu stehen. Hätte Andreas während der Bauphase nur *etwas weniger genau hingesehen, hätte er sich von dem Fachlatein der Profis einlullen lassen oder hätte er das Geld für den Generalunternehmer oder den Gutachter sparen wollen, könnte das „gewonnene" Haus leicht den finanziellen Ruin der ganzen Familie Schindl bewirkt haben.*

So aber dürfen er und Tanja sich an ihrem Haus und auf den Nachwuchs freuen, der schon unterwegs ist. Ach ja, und die Schaukel hängt am alten Nussbaum.

Grundlagen des Kellerbaus

Wenn wir über Keller sprechen, müssen wir uns darüber im Klaren sein, dass fast alle Probleme mit Wasser zu tun haben. Dagegen sind statische Probleme eher selten. Der Kampf gegen das Wasser beginnt beim Grund- und Sickerwasser und endet beim frühsommerlichen Kondenswasser an den Innenoberflächen der Kelleraußenwände. Diese sogenannte „Sommerkondensation" tritt auf, wenn die warm-feuchte Außenluft auf die noch winterkalten Kellerwände trifft und kondensiert. Dadurch wird der Keller klamm, und es riecht modrig. In der Regel lüftet man in einem solchen Fall und macht damit den Keller noch feuchter.

Wie können Sie die Sommerkondensation verhindern? Entweder Sie sorgen für einen eigenen Heizkreis im Keller und heizen die kühlen Kellerwände ein paar Wochen länger oder Sie achten genau darauf, nur zu lüften, wenn die Außenluft trockener ist, das ist in der Regel in der Nacht der Fall. Das Beste wäre, die Kellerfenster über das Erdbodenniveau zu bauen, denn nur dann kann die Sonne die Kellerwände erwärmen. Dämmen Sie Kellerwände und Bodenplatte außerdem mit mindestens 20 Zentimeter dicken XPS-Dämmplatten.

Aber es gibt noch eine weitere Möglichkeit: Verzichten Sie einfach auf einen Keller. Wenn Ihr Grundstück groß genug ist, bauen Sie lieber in die Breite statt in die Tiefe. Hobbyräume, Geräteschuppen, Haustechnikräume, Wäschekammer usw., all das, was Sie vielleicht im Keller unterbringen würden, kann ebenso gut über der Erde stehen. Und wenn Sie älter werden, freuen Sie sich über jede Stufe, die Sie nicht stapfen müssen.

Abb. 25: Links oben: Wichtigster Bestandteil neben dem Beton sind die Einbauteile. Dieses Profil wurde nicht verklebt und verkehrt eingebaut.

Abb. 26: Rechts oben: Dichtprofil zwischen Bodenplatte und Wand ohne Lagesicherung und Überlappungsabdichtung.

Abb. 27: Links unten: Beim Betonieren ist das nicht lagegesicherte Dichtprofil umgeknickt und damit undicht!

Abb. 28: Rechts unten: Dichtprofile müssen an der Bewehrung montiert und dürfen nicht erst in den Frischbeton eingedrückt werden. Undicht!

Abb. 29: Übersicht der möglichen Zubehörteile, nicht nur für die weiße Wanne. Quelle: MaxFrank.at

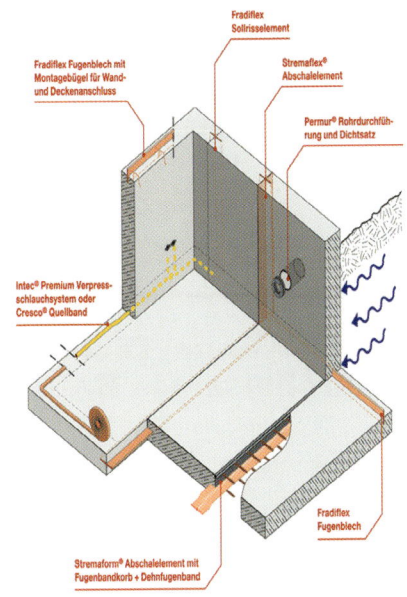

Baugrund ist oft knapp bemessen. Wenn Ihr Grundstück aus diesem Grund eher kleiner ausfällt, bietet die Kellerfläche günstigen Wohnraum. Der Fachplaner muss dann folgende Schritte setzen:

→ *Nutzungsklasse klären:* Wird der Keller als unbeheizter Lager- oder beheizter Wohnkeller genutzt? Die Anforderungen an den Feuchte- und Kondensationsschutz sind beim Lagerkeller geringer.

→ *Beanspruchungsklasse Grundwasser klären:* Höchsten Grundwasserstand – Bemessungswasserstand – durch Bodengutachten klären. Bei hohem Grundwasserstand muss doppelt abgedichtet werden, die Kellerfenster dürfen nicht im Wasser stehen.

→ *Geeigneten Beton wählen:* Zu klären ist die chemische Wasserbelastung, besteht die Gefahr, dass der Beton und die Stahlbewehrung angegriffen werden?

→ *Abdichtungskonzept abhängig vom Kellerbaustoff festlegen:* weiße Wanne (= Bauwerk ohne Abdichtung dicht) oder schwarze Wanne (braucht Abdichtung).

- → *Bauteildicken festlegen:* statische Berechnung, Nachweis über Erddruck, Spannungsnachweis zur Vermeidung von Trennrissen.
- → *Planungsgrundlagen für das Betonieren festlegen:* Bodenplattenlagerung zwängungsfrei auf Magerbetonschichte oder Dämmplatten aufbringen, Betonierabschnitte und Fugen festlegen.
- → *Planungsgrundlagen Durchdringungen, Schächte:* Lage und Art der Rohrdurchdringungen sowie Bodenschächte planen und festlegen.

Weiße Wanne, Dichtbetonkeller, wasserundurchlässiges Bauwerk

„Weiße Wanne" ist die Bezeichnung für einen Keller, der auch ohne Abdichtungslagen dicht ist.

Achtung: In fast jedem Angebot finden sich Begriffe wie „Dichtbetonkeller", „Keller in Dichtbetonausführung", „dichte Wanne" oder zumindest „verwendet wird Dichtbeton". Doch das Wort „dicht" wird beim Kellerbau so leichtfertig und irreführend verwendet wie das Wörtchen „Bio" in der Lebensmittelvermarktung. Die Wahrheit ist, dass fast kein Keller mit dieser Bezeichnung tatsächlich eine „weiße Wanne" ist.

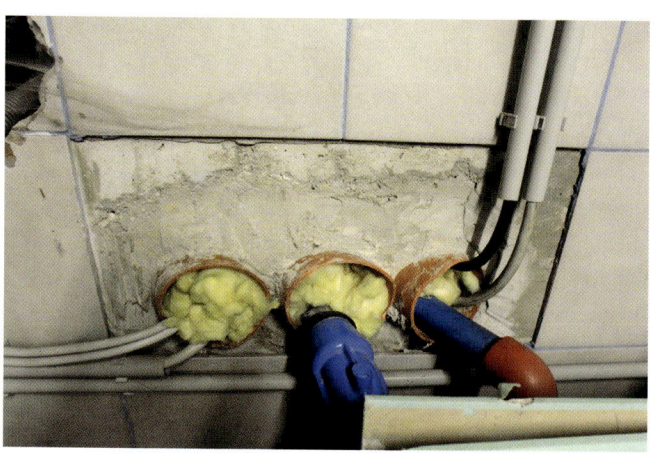

Abb. 30: Wer seine Rohrdurchdringungen so „abdichtet", muss auf den Lastfall „Erdfeuchte" hoffen.

Abb. 31: Den Dichteinsatz wollte man sparen, stattdessen hat man hochwertige Dichtmassen eingespritzt. Ohne Erfolg! Quelle: Doyma.com

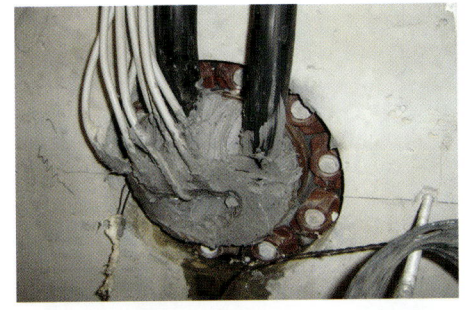

Abb. 32: Mit einem Doyma-Dichteinsatz hält es dann wirklich dicht. Quelle: Doyma.com

Abb. 33: Los-Festflansch-Rohrabdichtung für die schwarze Wanne. Quelle: Doyma.com

Abb. 34: Auf den Festflansch wird die Abdichtung aufgeschweißt, der Losflansch presst diese dicht zusammen. Quelle: Doyma.com

Abb. 35: Faserbeton-Einbauteil für die Rohreinbindung schwarzer Wannen bei Bitumendickbeschichtungen. Quelle: MaxFrank.at

Abb. 36: Achtung: Bodenplatte! Schächte und Durchführungen von Installationsleitungen *immer* druckwasserdicht herstellen.

Ein zuverlässig und dauerhaft dichter Keller ohne Außenabdichtung kann nur bei Einhaltung der „Weiße-Wanne-Richtlinie" (der Österreichischen Vereinigung für Beton- und Bautechnik) respektive der „WU-Beton-Richtlinie" (des Deutschen Ausschusses für Stahlbeton – DAfStb) erwartet werden. Doch auch der beste Dichtbetonkeller hilft nichts, wenn die Durchdringungen für Installationsleitungen und Schächte nicht fachgerecht abgedichtet werden. Billigprodukte sind im Stauwasserbereich jedenfalls zu vermeiden!

Ein fachgerechtes Kellerbauwerk zu errichten bedeutet mehr, als nur Beton in eine Schalung einzufüllen. Hier ein Auszug aus den Richtlinien, prüfen Sie selbst, ob man Ihnen eine echte weiße Wanne oder nur einen „Keller mit Dichtbeton" baut:

PLANUNGSGRUNDLAGEN:

→ Mindestdicke der Wand 24 Zentimeter, der Bodenplatte 25 Zentimeter

→ Liegt ein Bewehrungsplan mit Rissweitenbeschränkung vor?

→ Dichtbeton ist wasserundurchlässig, bei einem beheizten Keller braucht es dennoch eine Dampfbremse.

→ Grundriss der Bodenplatte möglichst einfach halten, vermeiden Sie Vor- und Rücksprünge.

→ Bodenplatte auf Sauberkeitsschichte lagern, bei beheiztem Keller auf XPS-Dämmplatten.

→ Zwischen Bodenplatte und Sauberkeitsschichte Trenn- und Gleichtschichte anordnen: 0,75 Millimeter Folie/Vlies/Folie.

AUSFÜHRUNGSGRUNDLAGEN:

→ Beton mit möglichst geringen Temperatur- und Schwindspannungen verwenden.

→ Nicht betonieren, wenn Temperaturstürze – über Nacht – zu erwarten sind.

→ Fugenbänder und Profile zwischen den Elementen nach Herstellerrichtlinie einbauen – fragen Sie danach.

→ Nachträgliches Eindrücken von Fugenbändern und Profilen in den Beton ist nicht zulässig.

→ Frischbetontemperaturen von 15°C bis maximal 27°C einhalten oder Sondermaßnahmen ergreifen, hohe Temperaturen bewirken hohe Spannungen.

→ Nachweis der Betonqualität: Betonlieferschein verlangen.

→ Untergrund: nicht in stehendes oder fließendes Wasser betonieren.

→ Untergrund: nicht in Schnee, Eis oder Verschmutzungen betonieren.

→ Schalungen mit Holzoberfläche sind wegen der Wasserrückhaltung besser für den Beton.

→ Nur helle Schalung bei Sonneneinwirkung verwenden.

→ Betonfallhöhen beim Einfüllen unter einen Meter halten.

→ Die einzelnen Schüttlagen auf 30 bis 50 Zentimeter begrenzen und mit Flaschenrüttler (Vibrator) verdichten.

→ Bei enger Schalung und unvermeidbar größeren Betonfallhöhen ist ein

Fallpolster 30 Zentimeter hoch mit Größtkorn acht Millimeter einzufüllen.

→ Bei Stahlschalungen unter 5°C Lufttemperatur sind wärmedämmende Maßnahmen zu setzen.

→ Distanz- und Ankersysteme für die Schalung nur mit Zulassung verwenden, fragen Sie danach.

→ Kunststoff-Distanzsysteme nur mit Quellbeschichtung und Zulassung erlauben.

NACHBEHANDLUNG:

→ Rissevermeidung – beim Ausschalen Beton- und Umgebungstemperatur gering halten.

→ Ausschalfrist bei Beton BS1 frühestens 36 Stunden nach dem Betonieren.

→ Ausschalfrist bei Temperaturen unter 0°C mindestens 72 Stunden.

→ Nachbehandlung der Bodenplatte sofort nach dem Betonieren, um frühen Wasserverlust zu verhindern.

→ Frischbeton- und Lufttemperatur dreimal täglich prüfen und dokumentieren.

→ Konsistenz, Rohdichte, Luftgehalt und Wassergehalt des Frischbetons einmal pro Betoniertag prüfen.

→ Beton nach dem Betonieren drei Tage vor rascher Auskühlung schützen.

→ Beton nach dem Betonieren sieben Tage vor starker Austrocknung schützen.

→ Geschalte Betonflächen nach Ausschalen bis zum siebten Tag abdecken, vor Zugluft schützen.

→ Bauwerk zumindest innenseitig zwei bis drei Monate zur Beobachtung frei lassen.

Wenn Sie eine weiße Wanne bauen lassen, ist der Keller zwar gegen flüssiges Wasser abgedichtet, also „wasserundurchlässig", jedoch nicht dicht gegen Wasserdampf. Durch den physikalischen Vorgang der Effusion dringt Wasserdampf durch die Wände. Bei einem unbeheizten Lagerkeller mit offenen Betoninnenoberflächen macht das nichts aus, das Wasser kann entweichen und verdunstet. Bei einem beheizten Wohnkeller muss jedoch an den Kelleraußenwänden eine Dampfbremse angebracht werden, bei der Bodenplatte geschieht dies innen, unter dem Fußbodenaufbau.

Abb. 37: Eine Lage Bewehrungsmatte in der Wandschalung ist für eine weiße Wanne zu wenig.

Abb. 38: So viel Eisen braucht eine vom Statiker berechnete weiße Wanne hier in der Bodenplatte. Quelle: Karner.co.at

Weiße Wanne mit Ortbetonkeller und Stahlbewehrung – Empfehlung

Dabei handelt es sich um die Königsklasse unter den Kellerbauwerken. Der Beton hat wasserundurchlässig zu sein, es darf also keine Risse geben, die Wasser durchlassen. Die Rissbreiten sollten 0,1 Millimeter nicht überschreiten. Sollte das einmal trotz fachgerechter Verarbeitung nicht klappen, kann von innen immer noch dicht „verpresst", also ein Dichtmittel injiziert werden.

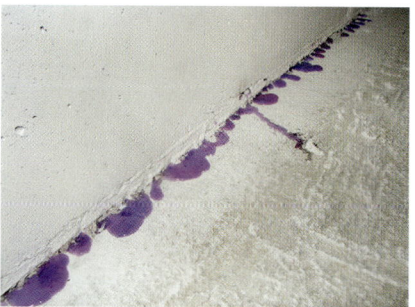
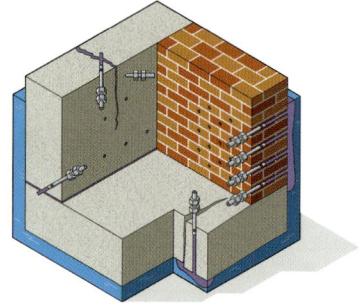

Abb. 39: Links oben: Der Vorteil beim Ortbetonkeller: Wenn er undicht wird, kann sehr einfach „verpresst", also der Riss von innen abgedichtet werden. Quelle: Rascor.at

Abb. 40: Rechts oben: Bei schwierigen Bedingungen kann ein RASCOtec-Injektionskanal zur präventiven Abdichtung von Bauanschlussfugen eingelegt werden. Quelle: Rascor.at

Abb. 41: Übersichtsgrafik: Links und unten gibt es eine Riss- und Fugen-verpressung, rechts eine „Schleierinjektion". Quelle: Rascor.at

Wie schon oben in der kleinen Materialkunde unter „Fundamente" beschrieben, wird bei dieser Bauweise ein vor Ort angefertigter Beton – daher der Name „Ortbeton" – mit üblicherweise zwei Lagen Stahlbewehrung verbaut.

Der Aufwand für die richtige Schalung und Stahlbewehrung ist relativ groß, und es gibt viele Fehlerquellen und mögliche falsche Handhabungen. Schlicht gesagt: Ein Ortbetonkeller ist Profisache. Die heutigen Richtlinien zur weißen Wanne bilden den Stand der Technik und sind unbedingt einzuhalten.

Weiße Wanne mit Ortbeton als Stahlfaserbeton – Empfehlung

Statt der durchgehenden zweilagigen Stahlbewehrung kann man auch Stahlfaserbeton verwenden.

Die schon im Werk eingearbeiteten feinen Stahlfasern verteilen die Belastung im Material und verhindern die Rissbildung. Aber auch ein Stahlfaserbetonkeller braucht zusätzlich eine konventionelle Stahlbewehrung im Bereich der Fenster und Ecken sowie dort, wo besondere Belastungen zu erwarten sind. Zum Beispiel dort, wo ein Kamin oder tragende Säulen verankert werden sollen. Ein Stahlfaserbetonkeller ist als Sonderkonstruktion zu sehen und muss daher gesondert vereinbart und berechnet werden. Außerdem kostet er in der Herstellung weniger Geld, achten Sie darauf, dass der Kostenvorteil an Sie weitergegeben wird.

Nicht zu empfehlen: weiße Wanne mit Elementbetonwänden

Was ist eine Elementbetonwand? Das Werk liefert eine äußere und eine innere „Betonschale", die miteinander durch eine Bewehrung verbunden sind. Der hohle Fertigbetonteil landet auf Ihrer Baustelle und wird nur mehr mit Ortbeton aufgefüllt.

Das klingt einfach und gut, ist aber ein sehr fehleranfälliger Vorgang:

→ Die Innenwände der Betonschalen müssen rau und richtig befeuchtet sein, sonst verbindet sich der Frischbeton nicht mit den vorgefertigten Wänden.
→ Der frische Beton ist nicht mehr kontrollierbar und kann nur schwer verdichtet werden.
→ Die einzelnen Elemente müssen dicht verfugt werden, und jede dieser „Nähte" ist eine Sollbruchstelle.
→ Und schließlich ist auch das Dichtband zwischen Wänden und Bodenplatte heikler anzubringen.

Grundsätzlich ist die Bauweise mit Elementwänden für Dichtkeller nach VÖB-Richtlinie (VÖB = Verband österreichischer Beton- und Fertigteilwerke) zugelassen, aber ganz ehrlich: Ich kann sie für eine weiße Wanne nicht empfehlen. Wenn schon, dann nur für eine schwarze Wanne, die wir uns jetzt genauer ansehen wollen.

> Weiterführende Informationen und Anbieter: www.bauherrenhilfe.org/
> fachbuch_**weissewanne**

Schwarze Wanne

Eine schwarze Wanne ist nichts anderes als ein betonierter oder gemauerter Keller. Da der betonierte Keller nicht wasserundurchlässig sein muss und daher mit weniger Stahlbewehrung und günstigeren Komponenten ausgeführt werden kann, sind die Herstellungskosten entsprechend niedriger. Im Gegenzug ist für den Feuchtigkeitsschutz eine Außenabdichtung notwendig! Diese wird aus Bitumen gemacht und ist schwarz, daher die Namensgebung. Da viele Kellerbauer einen beauftragten Dichtbetonkeller – die weiße Wanne – ohnehin nicht erreichen, bleibt die schwarze Wanne aktuell und kann, wenn sie anständig ausgeführt wird, immer noch empfohlen werden.

Empfohlen: schwarze Wanne mit Ortbetonkeller

Es gilt wie bei der weißen Wanne die Pflicht zur äußersten Sorgfalt. Der Beton soll lageweise eingefüllt und verdichtet werden. Der einzige Unterschied zur weißen Wanne besteht darin, dass eine etwas größere Toleranz bei der Rissbildung herrscht. Wasserführende Risse bis 0,2 Millimeter sind kein Problem, es wird ja an der Außenseite eine Abdichtung angebracht. Es kann also im Vergleich zur weißen Wanne an der Stahlbewehrung gespart werden. In Verbindung mit einer zweilagigen Abdichtung mit Bitumenbahnen ist diese Kellerbauweise nahezu uneingeschränkt empfehlenswert.

Abb. 42: Elementbetonwände bei drückendem Wasser nicht ohne Außenabdichtung ausführen. Zu viele unkontrollierbare Hohlräume ...

Empfohlen: schwarze Wanne mit Elementbetonwänden

Während ich bei einer weißen Wanne von Elementbeton abraten muss, kann man eine schwarze Wanne damit tadellos erbauen. Ein besonderes Augenmerk ist auf die Fuge zwischen Bodenplatte und Wandelement sowie die lotrechten Plattenfugen zu richten. Diese sind glatt zu spachteln und vorzugsweise einmal extra mit einem Streifen abzudichten, dann erst folgt die eigentliche Abdichtung.

Nicht zu empfehlen: schwarze Wanne mit gemauertem Keller

Der gemauerte Keller gehört der Vergangenheit an. Aus technischer Sicht gibt es vielleicht ein einziges Argument für einen gemauerten Keller, und zwar jenes, dass eine Mauer mit Hochlochziegeln einen besseren Wärmeschutz liefert. Ein Vorteil, der allerdings schon beim kleinsten Fehler zunichte gemacht wird.

Sie können einen Ziegelkeller unter Mithilfe fachlich geschickter Freunde und Nachbarn vielleicht selbst bauen. Aber Achtung: Der Erddruck auf die Mauern darf nicht unterschätzt werden. Für die Abdichtung brauchen Sie einen glatten Untergrund, deswegen muss ganz exakt gemauert werden.

Schließlich ist auch die Abdichtung eine trickreiche Sache. Ich erlebe immer wieder, dass Häuslbauer die Sache unterschätzen, im Baumarkt Bahnen kaufen und selber flämmen. Das endet fast immer mit einem massiven Kellerwasserschaden. Eine mit offener Flamme geflämmte Abdichtung ist etwas für Profis.

Und noch etwas sollten Sie bedenken: Wenn Ihr gemauerter Keller später durch Setzungen oder durch Erschütterungen Schäden abbekommt, lassen sich diese nur mehr schwer beheben. Dann muss man die undichte Stelle überhaupt erst einmal finden und freigraben. Beim Ortbetonkeller hingegen können Risse auch von innen gut abgedichtet werden.

Abdichtungsarbeiten

Erdfeuchte und Dampfsperre

Man muss jeden Keller abdichten. Im Idealfall steht Ihr Haus auf dem höchsten Punkt eines Hügels, rundum ist lockere Erde, in die das Regenwasser sofort versickern kann, und es gibt keine „Bergseite", von der sich Regenwasser anstauen kann. In diesem Fall sprechen wir von „Lastfall Erdfeuchte". Das heißt, Sie müssen nur gegen die normale Feuchtigkeit der Erde, die das ganze Jahr über besteht, abdichten. Hier genügt eine Lage Bitumenflämmbahn, diese brauchen Sie allerdings auch bei der weißen Wanne, denn obwohl diese gegen fließendes Wasser dicht ist, benötigt sie eine Dampfbremse.

Abdichtung bei drückendem, anstauendem Wasser

Vergessen Sie das romantische Haus, das einsam auf einem Hügel steht. Das Bauwerk steht normalerweise im Grundwasser oder der Boden rundherum ist so lehmig und wenig versickerungsfähig, dass schon ein einfacher Regen für einen Wasseranstau im Keller sorgt. Es wird daher eine Abdichtungslage mehr benötigt als beim „Lastfall Erdfeuchte". Wir bestellen also zwei vollflächig auf dem Untergrund und miteinander verflämmte Bitumenbahnen. Wohlgemerkt, eine Lage ist genauso dicht wie zwei. Nur berücksichtigt man hier den „Faktor Mensch". Dadurch, dass zwei Schichten übereinander aufgetragen werden, geht das Fehlerrisiko gegen null, am Ende entsteht eine lückenlose Abdichtung.

Ob vollflächig geflämmt wurde, können Sie mithilfe eines harten Gegenstands herausfinden. Klopfen Sie die Abdichtung ab, Sie werden allfällige Hohlstellen hören. Diese sollten zehn Prozent der Gesamtfläche jedoch nicht überschreiten, und der Voranstrich als Haftgrund sollte nicht zu dick aufgetragen werden, sonst bildet sich eine Haut, die wiederum als Trennlage wirken würde. Nach dem Auftragen soll der Untergrund durchschimmern.

Abdichtungsmaterialien

Als Abdichtungsmaterialien kommen für mich nur zwei Systeme infrage: die geflämmte Abdichtung mit kunststoffmodifizierten Bitumenbahnen und die spachtelbare Abdichtung aus dem Kübel mit einer Bitumendickbeschichtung. Wobei eine zweilagige Abdichtung mit Bitumenbahnen zehn Millimeter dick und wesentlich weniger fehleranfällig als die Spachtelabdichtung ist. In beiden Fällen muss der Untergrund glatt und sauber sein, eine Haftgrundierung ist mit Pinsel oder mittels Sprühverfahren aufzubringen.

> Weiterführende Informationen und Anbieter: www.bauherrenhilfe.org/
> fachbuch_**schwarzewanne**

Vorsicht: Fallen!

Abb. 43: Sonderkonstruktion Wandsystem mit integrierter Wärmedämmung, nur für „Lastfall Erdfeuchte", unbedingt Außenabdichtung anbringen!

Falle 1 - Kellerstiegenabgang

Mir war noch nie klar, ob es nun „Abgang" oder „Aufgang" heißt. Sind diese außerhalb des Gebäudes angebauten Kellerstiegen wirklich nur dafür da, um Getränkekisten, ohne die Schuhe ausziehen zu müssen, in den Keller zu bringen?

93

Benötigt man diese Kellerstiegen, um nach einem nächtlichen Umtrunk heimlich ins Haus zu schleichen? Wacht Ihr unbarmherziger Partner nur vor der Eingangstüre?

Es gibt viele Mythen rund um diese Außenstiegen zum Kellergeschoß. Keiner weiß so genau, wozu sie wirklich gut sind. Ich schätze, das ist so, wie mit dem Balkon: Jeder will einen haben, aber viele nützen ihn dann gar nicht. Wenn Sie der Meinung sind, dass Traditionen hinterfragt werden dürfen, beherzigen Sie bitte diesen Tipp: Sparen Sie Geld und Ärger – lassen Sie den Kellerstiegenabgang weg! Gartengeräte können auch in einer Gartenhütte gelagert werden.

Folgende Probleme drohen:

→ Egal, ob weiße oder schwarze Wanne, über die Kellerstiege wird der Keller geflutet.
→ Die Kellertüre ist gut versteckt, Einbrecher können so ungestört werken.
→ Sie benötigen einen Heizkörper, um den durch die Kellertüre verursachten Wärmeverlust zu kompensieren.

Wer dennoch auf diese Stiege besteht, möge bitte sicherstellen, dass sein Keller nur ja niemals im Grundwassersaum steht, beauftragen Sie dafür einen Geotechniker oder Geologen. Wenn nicht auszuschließen ist, dass Ihr Keller jemals mit Wasser zu kämpfen hat, gehen Sie wie folgt vor:

Gliedern Sie den Kellerstiegenabgang in das Kellerbauwerk ein – es gibt also eine gemeinsame Bodenplatte und gemeinsame Außenwände. Damit das nächste Starkregenereignis nicht den Keller flutet, müssen Sie außerdem den Kellerstiegengrundriss überdachen. Verhindern Sie weiters, dass Regenwasser oder Schnee eindringen können, am besten mit einer geschlossenen Bauweise und einer oben liegenden Eingangstüre. Den kleinen Vorplatz vor der Kellertüre mittels Gully zu entwässern, ist keine zuverlässige Lösung, weil:

→ ein Sickerschacht bei Grundwasser und Starkregenereignis voll und wirkungslos ist. Es kann hier sogar zu einem Rückstau in den Keller kommen.

→ eine Entwässerung mit Kanalanschluss wasserrechtlich in der Regel nicht zulässig ist. Und wenn doch: Bei Kanalrückstau wird, wie oben beschrieben, der Keller geflutet.

→ Gullys und sonstige Entwässerungssysteme verstopfen, zufrieren und bei Hagel sowieso kein Wasser mehr aufnehmen können. Der Vorplatz wirkt dann so lange als Rückstaubecken, bis das Wasser über die Türschwelle eintritt.

Wie man es auch dreht und wendet, ein Kellerstiegenabgang bleibt ein Problemfall, ausgenommen bei besagtem Häuschen auf dem Hügel mit gut versickerungsfähigem Boden. Haben Sie so etwas? Oder anders gefragt: Kann man nicht einfach über das innere Stiegenhaus in den Keller gehen?

Abb. 44: Links: Was für Kellerfenster gilt, gilt dreimal mehr für Kellerstiegen, die Türschwelle ist ja immer undicht und knapp über der Bodenplatte!
Abb. 45: Rechts: Wenn es unbedingt sein muss, binden Sie die Kellerstiege in die Dichtwanne ein und schützen Sie sie vor Wind und Regen.

Falle 2 - Kellerfenster

Wenn es die Gebäudehöhe erlaubt, sollten die Kellerfenster unbedingt über dem Erdbodenniveau liegen. Das hat viele Vorteile:

→ Die Sonne erwärmt die Kellerwände; Sommerkondensation wird dadurch verhindert.

→ Die Sonne erwärmt über die Kellerfenster die Kellerräume, und natürliches Licht ist auch nicht schlecht.

→ Es besteht keine Gefahr einer Kellerflutung über die Kellerfenster.

→ Es existieren keine die Außengestaltung störenden und ständig zu reinigenden Lichtschächte.

→ Gegenstände können über das Kellerfenster eingebracht werden.

→ Es gibt eine Fluchtwegmöglichkeit über die Kellerfenster.

Erlaubt die Gebäudehöhe keine Fenster über dem Erdniveau, verschwinden die Kellerfenster unter dem Erdniveau. In diesem Fall halten Lichtschächte die Erde von den Kellerfenstern fern, diese erfordern aber erhöhte Aufmerksamkeit: Lichtschächte sind wartungsintensiv und die Kunststoffabdeckungen brechen leicht und müssen oft repariert werden. In den Lichtschächten sammeln sich außerdem tote Insekten und Unrat, was unhygienisch wird, wenn man nicht regelmäßig sauber macht.

Vor allem aber kann es passieren, dass die Lichtschächte das am Keller anstauende Wasser „sammeln", wodurch es zu einer Kellerflutung über die Fenster kommen kann. Sie müssen daher in der Planungsphase den Bemessungswasserstand ermitteln lassen, also den höchsten während der Nutzungsdauer zu erwartenden Grundwasserstand. Liegt dieser auch nur in der Nähe der Kellerfenster, sollten Sie entweder keine Fenster einbauen oder Hochwasserschutzfenster wählen! Alternativ können Sie die Lichtschächte in die Kellerabdichtung einbinden, dann muss aber verhindert werden, dass Regenwasser oder Schnee von oben in den Schacht gelangt.

Das Problem taucht sehr oft auf: Rund ein Drittel „meiner" jährlich rund 120 Kellerwasserschäden ist immerhin im Zusammenhang mit Kellerfenstern entstanden.

Abb. 46: Feuchtbiotop Kellerfensterlicht-schacht. Wenn möglich rücken Sie mit den Fenstern über die Ge-ländeoberkante.

Abb. 47: Bei Grund-wasserangriff entweder keine oder Hochwasser-schutzfenster ausführen. Kosten rund 1.000 Euro ohne Einbau.

Falle 3 – Baugrubenverfüllung

Die erste Arbeit am Bau ist normalerweise das Ausheben der Baugrube. Aus Platzgründen wird die herausgebaggerte Erde, der „Aushub", meistens weg-gebracht und entsorgt. Nach dem Kellerbau brauchen Sie aber wieder Mate-rial, um die Arbeitsschächte rund um den Keller aufzufüllen. Wenn dieses extra hergeschafft werden muss, kostet das zweimal Ihr Geld. Solche Aktio-nen kennzeichnen schlechte Planung.

Manchmal ist es am besten, man lagert das Material am Rande des Grundstücks, um es dann wiederzuverwenden. Ob das möglich ist, hängt allerdings von der Beschaffenheit der Erde ab, die Sie hoffentlich schon im Vorfeld von einem Geotechniker bestimmen haben lassen.

Wenn die eigene Erde weggeschafft wurde oder ungeeignet ist, droht – übrigens viel zu spät – die Frage des Bauunternehmers: Womit füllen wir den Arbeitsgraben? Die Beantwortung dieser scheinbar einfachen Frage bringt Sie in Bedrängnis. Üblicherweise steht in der Vereinbarung, dass dies Sache des Bauunternehmers ist, aber lassen Sie das ja nicht zu, denn da kann viel falsch gemacht werden.

„Bindiger, feinkörniger Boden aus Ton, Lehm mit einer Korngröße kleiner 0,06 Millimeter" wäre die Definition eines Bodens, der wenig bis gar nicht versickerungsfähig ist und den man zum Auffüllen der Gräben benutzen könnte. Ist der Boden zu locker, zu grobkörnig, also „nicht bindig" (nicht lehmig), zieht er bei einem umgebenden bindigen Boden schnell das Wasser an. Wenn Sie den Graben solcherart mit gut versickerungsfähigem, grobkörnigen Sand oder Kies zuschütten, ziehen Sie Schicht- und Regenwasser zum Haus hin. Dann entsteht rund um Ihr Haus eine Art Schlossgraben. Noch stärker wird der Effekt, wenn Ihr Haus an einem Hang liegt. Bei leichter Bauweise kann das Haus geradezu „aufschwimmen", es entstehen womöglich Fundamentunterspülungen. Hier kann eine Drainage helfen, aber Achtung: Diese kann auch gegenteilig wirken. Nämlich dann, wenn durch die Drainage erst recht Wasser zum Fundament gebracht wird. Das geschieht beispielsweise, wenn die Entwässerung der Drainage nicht sichergestellt werden kann. Schlimmstenfalls führt das sogar dazu, dass der stete Wasserfluss das Haus zum Kippen bringt.

Ein weiteres Problem kann auftreten, wenn die Arbeitsgräben mit ungeeignetem, nicht verdichtbarem Material zugeschüttet wurden. Das Schüttmaterial setzt sich dann nämlich entweder später nach oder es hebt und senkt sich je nach Feuchtigkeit, Setzungsschäden inklusive. Besonders schluffiglehmige Erde setzt sich auf jeden Fall um einige Zentimeter, dabei gilt: Setzungen bis zu drei Prozent der Schütthöhe sind tolerabel, alles darüber hinaus kann Schäden an der Fassade und der Außengestaltung bewirken.

Ich habe einige Fälle erlebt, in denen die Bauunternehmer auf scheinbar feste Tonerde vertrauten, die sich dann aber über die Maßen setzte und gleich die Fassade mitriss. Dafür gibt es mehrere Ursachen: Der Boden direkt am Haus trocknet durch das Heizen stark aus und schrumpft dadurch, und auch die Bepflanzung kann eine Rolle spielen. Verzichten Sie daher bei einem lehmigen Boden rund um das Haus auf Pflanzen, die zu viel Wasser ziehen. Die beste Lösung ist, die Arbeitsgräben rund um das Haus mit Kiessand und Recyclingmaterial aufzufüllen, das wird lagenweise eingebracht und gut verdichtet. So kann sich später nichts mehr nachsetzen.

NOCH EIN TIPP:

Die oberste Bodenschicht ist meist gut mit Kleinstlebewesen durchsetzt, locker und humushaltig. Heben Sie diese „Muttererde" auf jeden Fall gut auf. Sonst kaufen Sie sie später im Baumarkt für teures Geld nach.

Falle 4 – Dränung, Drainage, Sickeranlage

Ein Wasseranstau rund um Ihr Haus sollte jedenfalls verhindert werden, denn der Auftrieb könnte Schäden am Baukörper, aber auch ein Aufschwimmen der Kellerdämmung verursachen. Und wenn die Abdichtung nicht auf den Lastfall „drückendes Wasser" ausgelegt wurde, säuft der Keller ab. Schlussendlich werden nur selten Hochwasserschutzkellerfenster eingebaut, die üblichen Kellerfenster würden dem Wasserdruck einfach nachgeben.

Da eine Drainage die Aufgabe hat, einen Wasseranstau zu verhindern, werden dafür geschlitzte Rohre im Bereich der Bodenplatte in die Erde gelegt, diese sammeln das Wasser und leiten es beispielsweise in einen Sickerschacht ab.

Ob eine Dränung oder Sickeranlage nun Sinn macht, ist im Einzelfall durch einen Planer zu ermitteln, der auch durch die ausführende Baufirma gestellt werden kann. Leider ist festzuhalten, dass 90 Prozent aller als „Drainage" verkauften Sickeranlagen das Materialgeld nicht wert sind. Zu oft werden Dränleitungen mit billigen Flexschläuchen und ohne Gefälle statt mit im Gefälle verlegten Stangenrohren eingebaut. Fast immer fehlen Spülschächte zur späteren Wartung. Derartige Drainagen sind dann auch wenige Jahre später wirkungslos und damit jedenfalls keine gute Investition.

Mancherorts wird eine Sickeranlage noch als Wunderding und Alternative zur Kellerabdichtung verstanden, nach dem Motto: Auch wenn man nicht genau weiß, was so etwas bewirkt, schaden kann es ja nicht. Also rein in die

Arbeitsgräben damit, Schotter drauf, Vlies rein, fertig. Wer dann auch noch das Regenwasser in die Drainage einleitet, darf sich nicht wundern, wenn es zu einer Fundamentunterspülung kommt. Aufgrund der Gefahr der Fundamentunterspülung sollte auch ein Sickerschacht immer mindestens drei Meter vom Haus entfernt eingegraben werden. Für alle Sickeranlagen gilt, dass eine ausreichende Sicker- und Ableitungsfähigkeit des Untergrundes vorliegen muss, diese ist schon im Planungsstadium nachzuweisen. Wenn beispielsweise der Sickerschacht im Grundwasser steht, liegt ein Planungsfehler vor. Da versickert nichts!

Für Regenwasser bleibt dann noch die ohnehin ökologisch bessere Versickerung in eine Oberflächenmulde. Dazu wird das Dachwasser in eine entsprechend dimensionierte Mulde geführt. Man kann eine Sickermulde auch als Feuchtbiotop anlegen. Allenfalls verschmutztes Dachwasser wird durch den Boden gut gefiltert. Sickeranlagen müssen den Normen entsprechend dimensioniert werden. Im Wesentlichen wird unterschieden zwischen zwei Arten von Sickeranlagen:

Regenwasser-Sickeranlage für Dach- und Oberflächenwässer: Bei der Regenwassersickeranlage sind geschlossene Abwasserrohre fachgerecht in den frostsicheren Boden zu verlegen. Der Anschluss an die Regenfallrohre erfolgt in der Regel über einen Regensinkkasten, dieser beinhaltet einen Laubfangkorb und kann gewartet werden. Die geschlossenen Abwasserrohre transportieren das Regenwasser in einen Vorfluter, meist ein Sickerschacht oder eben eine Oberflächenmulde. In wasserrechtlichen Ausnahmefällen kann auch direkt in den Kanal geflutet werden. Dazu muss aber eine behördliche Genehmigung eingeholt werden. Denken Sie daran, es muss die Möglichkeit bestehen, die Rohranlage zu prüfen und mit Hochdruck zu reinigen. Das gilt auch für Sickerschächte oder Sickerboxen: Eine Wartung und Reinigung bei Verschlammung soll allenfalls möglich sein.

Sickeranlage im Kellerbereich zur Verhinderung von Stauwasser: Die Aufgaben einer Sickeranlage im Fundamentbereich, oft auch Drainung, Dränung, Drainage genannt, sind wie folgt zusammenzufassen:

→ *Wasseranstau vermeiden, um ein Aufschwimmen des Gebäudes zu verhindern:* Kann rund um das Haus schlossgrabenartig Wasser anstauen und ist das Gebäudegewicht kleiner als die Kraft des Auftriebs, macht eine Sickeranlage Sinn. Vorausgesetzt, die Funktionssicherheit kann dauerhaft sichergestellt werden.

→ *Unterspülung der Fundamente vermeiden:* Bei einem nicht gut versickerungsfähigen Boden und anfallenden Oberflächenwässern oder wenn durch die Baugrube Schichtenwasser (eine Quelle) angeschnitten wurde, kann es zeitweilig oder dauerhaft zu einem Wasseranstau und infolgedessen zu einer Fundamentunterspülung kommen. Die Sickeranlage soll besonders bei hanglagigen Gebäuden die anfallenden Wassermengen sicher abführen.

→ *Wasseranstau an der Wärmedämmung vermeiden:* Auf einen Quadratmeter Dämmplatte mit 20 Zentimeter Dicke könnte man wie auf einem Floß das Mittelmeer überqueren. Eine gedämmte 100-Quadratmeter-Wand kann bei einem Wasseranstau einen derartigen Auftrieb bekommen, dass bei nur punktweiser Verklebung auf der Kellerwand Schäden zu erwarten wären. Die Dämmung reißt von der Wand ab! Daher besteht die Forderung, Dämmplatten im drückenden Wasser vollflächig auf die Wand zu kleben. Dies geschieht aber auch, um zu verhindern, dass kaltes Grundwasser die Kellerwand abkühlt. Der Schutz der Wärmedämmung selbst spielt eine untergeordnete Rolle; es sollte bei anstauendem Wasser ohnehin nur eine XPS-Plattendämmung aus extrudiertem Polystyrol (Markenname Styrodur von BASF) Verwendung finden. Diesem Dämmstoff kann zeitweilig anstauendes Wasser nichts anhaben.

→ *Wasseranstau an der Abdichtung vermeiden.*

Die Planungsgrundlagen zu einer Sickeranlage sprengen den vorgegebenen Rahmen. Zur Kontrolle, ob auf Ihrem Bauvorhaben alles rund läuft, werden hier auszugsweise die Planungsgrundsätze zu Sickeranlagen in Grund und Boden aufgelistet. Die Planungspflicht trifft den beauftragten Planer, wenn es keinen gibt, die ausführende Firma:

- Eine Sickeranlage ist zu planen und zeichnerisch festzulegen.
- Die zu erwartenden Wassermengen sind zu ermitteln.
- Wasserrechtlich klären: Versickerung im Kanalnetz oder eigenen Grund möglich?
- Die verwendeten Produkte sollen systemkonform und zertifiziert sein.
- Es sind Dränrohre in Stangenware zu verwenden und mit mindestens 0,5-Prozent-Gefälle zu verlegen.
- Kontroll-Spülschacht mit 300 Millimeter Durchmesser bei wesentlichen Richtungswechseln. Alternativ: Kontrollschacht mit 100 Millimeter Durchmesser zu reinen Kontrollzwecken.
- Ein Kontrollschacht mit 300 Millimeter Durchmesser sollte mindestens alle 50 Meter vorliegen.
- Das verwendete Filtervlies nur mit Nachweis zur Filterstabilität zulassen.
- Die Dränleitung muss alle erdberührten Wände als Ringleitung umfassen.
- Dränleitungen sind allseits mit einer 15 Zentimeter Kiespackung 0/32 Sieblinie auszuführen.
- Die Rohrsohle der Dränleitungen mindestens 20 Zentimeter unter Oberkante Bodenplatte legen, sie darf aber nicht unter dem Fundament liegen.
- Rohrdurchmesser bei 50-Meter-Leitung ohne Stauwasser 100 Millimeter.
- Rohrdurchmesser bei 50-Meter-Leitung mit Stauwasser 200 Millimeter.

Abb. 48: Der Großteil der Sickeranlagen ist fehlerhaft ausgeführt. Ein funktionierender Sickerschacht ist wichtig. Die Stormbox ist eine innovative neue Art Sickerschacht. Quelle: Pipelife.at

Abb. 49: Sickeranlagen müssen immer berechnet werden. Die Stormbox kann auf jeden Wasserandrang dimensioniert werden.
Quelle: Pipelife.at

Abb. 50: Dränleitungen wie auch Sickerschächte benötigen Filtervliese als Schutz vor frühzeitiger Verschlämmung.
Quelle: Pipelife.at

Falle 5 – Wärmedämmung mit Noppenbahnen als Schutzlage

Klar ist, ein Keller ohne Wärmedämmung macht wenig Sinn. Schon allein zum Schutz vor der Sommerkondensation sollten die Kellerwände von der feuchtkühlen Erde entkoppelt werden. Außerdem steigert es, selbst wenn Sie Ihren Keller nur als Lager verwenden, den Wiederverkaufswert des Hauses, wenn der Keller auch bewohnbar ist.

Noppenbahnen bestehen aus Kunststoff und werden in Rollen auf die Baustelle gebracht; sie bilden eine weitere Schicht zwischen den Außendämmplatten und der Erde. Wie bereits besprochen, empfehle ich, XPS-

Dämmplatten (und nur diese!) als Dämmung auf den Außenwänden des Kellers anzubringen.

Die Hersteller der Dämmplatten geben an, dass keine Noppenbahnen gebraucht werden, da die XPS-Platten nicht mehr als 0,2 Prozent Wasser aufnehmen. Um ehrlich zu sein: Das mag bei Normprüfungen zutreffen, die Praxis zeigt aber etwas anderes. Deshalb empfehle ich auf jeden Fall, eine Schutzlage zwischen der Dämmung und dem feuchten Erdreich anzubringen.

Nun kommen die handelsüblichen Noppenbahnen ins Spiel. Erstaunlicherweise werden beinahe immer die falschen Bahnen aufgebracht und dann bewirken sie vor allem eines: Sie beschädigen die Dämmung! Warum? Auf einer Seite stehen die Noppen hervor, auf der anderen zeigt sich der flache Negativabdruck mit Hohlstellen. Selbst wenn die flache Seite zur Dämmplatte gelegt wird, kann das Erdreich die Noppenbahn in die Dämmung drücken. So verkrallt sich die Noppenbahn mit Dämmstoff und Erde. Dann ist klar, was passiert, wenn sich das Erdreich setzt. Die Dämmmatten werden quasi aufgerissen.

Die Lösung? Es gibt auch linienförmig-glatte Drän- und Schutzmatten, die man verwenden kann, oder es wird einfach eine Vlieskaschierung auf beiden Seiten der Noppenbahn gelegt. Das ist normale Handelsware, warum sich diese auf Baustellen so selten einfindet, ist ein weiteres Mysterium der Bauwirtschaft.

Falle 6 – Perimeterdämmung extrudiert oder expandiert

Als ich vor 20 Jahren noch selbst Keller abgedichtet habe, war das Leben einfach. Es gab weiße Dämmplatten für Wände und Decken, und grüne Dämmplatten für Keller und Dach. Oder, etwas fachmännischer ausgedrückt: Bei den weißen Platten handelt es sich um expandiertes Polystyrol oder EPS, mittlerweile umgangssprachlich nach dem Erfinder „Styropor" genannt. Sie dämmen gut, werden aber schnell nass, und dann dämmen sie gar nicht mehr.

Die grünen (jeder Hersteller färbt sie anders ein) Platten sind extrudiertes Polystyrol oder XPS. Sie sind „geschlossenzellig" und wesentlich wasserabstoßender, dafür aber auch teurer. Die Bauleute wussten also: bunt = gutes XPS!

Ein Schweizer Hersteller ging sogar so weit, hydrophobierte EPS-Platten einzufärben. Die Platten wurden einfach als „Perimeterdämmung" verkauft, was den Irrglauben verstärkte, es handle sich um XPS und sie wären damit uneingeschränkt für „unter der Erde" geeignet. Tatsächlich erkennt man den Unterschied zwischen EPS und XPS an den Kügelchen. Während XPS geschlossenzellig und daher kaum wasseraufnahmefähig ist, besteht EPS aus kleinen Polystyrolkügelchen. Da nützt auch die Hydrophobierung der Platten durch einen Chemikalienzusatz wenig. Das Produkt nennt sich EPS-h-Platten oder „hydrophobiertes Polystyrol". Um eine technische Beschreibung zu finden, braucht man Geduld, erst auf Anfrage bekommt man ein Datenblatt mit der Info, dass diese Platten nicht im Grundwasser stehen dürfen. Blöd nur, dass dies kaum ein Verarbeiter liest. Noch blöder, wenn Sie XPS-Platten zur Verlegung beauftragen und nur EPS-h bekommen. Dann haben Sie das Recht, eine Neuverlegung zu verlangen, auch wenn der Arbeitsgraben schon zugeschüttet wurde. Bei Wasseranstau bleibt dies die einzig empfehlenswerte Vorgehensweise, bei nur „erdfeuchtem" Keller verlangen Sie eine Preisminderung.

Abb. 51: Keller- oder Perimeterdämmplatten nicht „hinterlüftet" montieren, sonst bleibt die Wirkung aus. Der Kleber muss auf den Untergrund abgestimmt werden.

Kellersysteme - Topempfehlung!

Abschließend zu diesem Kapitel finden Sie meine Bauempfehlungen kurz zusammengefasst. Die genaue Stärke der Dämmung, die Notwendigkeit einer Versickerungsanlage und viele andere Baudetails muss Ihr Planer festlegen!

Wählen Sie folgende Bauvarianten:

→ Ortbetonkeller in Weiße-Wanne-Ausführung
→ Kellerwände – Außenabdichtung: EKV-5 Bitumenflämmbahn als Dampfsperre
→ Bodenplatte – Innenabdichtung: EKV-AL5 Bitumenflämmbahn mit Alu-Einlage als Dampfsperre vor Innenwandaufstellung
→ Kellerfenster über Bodenniveau positionieren
→ Kellerwanddämmung 24 Zentimeter XPS vollflächig auf Kellerwände geklebt
→ Bodenplattendämmung 24 Zentimeter XPS unter Bodenplatte anbringen

Kapitel 5

Untrennbar und doch zerstritten - Wände und Fassaden

Eine Geschichte von Betroffenen

Hilde und Werner Hofer haben sich in der Pension einen großen Traum erfüllt. Auf einem idyllisch gelegenen Wiesengrundstück, für das sie eine hübsche Stange Geld hinlegen mussten, haben sich die beiden ein echtes Blockhaus hinstellen lassen. Sie haben nicht geknausert und das Superiormodell eines bekannten Fertighausherstellers gewählt. Sie wollten die Atmosphäre leben, die ihnen die Filme und Serien der 70er-Jahre vermittelt haben. Offenes Kaminfeuer, Veranda, Wäscheleine hinter dem Haus und ein Hackstock vor der Tür. Hilde besorgt rot-weiß karierte Wäscheteile, um sie malerisch auf die Leine zu hängen, Werner steckt eine Axt gekonnt schräg in den Hackstock und drapiert Holzscheite vom Baumarkt daneben. Fertig ist das Trapper-Idyll, man fühlt sich fast wie in Kanada. Leider gehen die Pensionsträume in Rauch auf, beinahe im wörtlichen Sinn.

Es wird Herbst, die Nächte kühlen ab, und im Haus wird es ungemütlich. „Werner, es zieht", wird einer der häufigsten Sätze, mit denen Hilde ihren Mann anspricht. Werner und Hilde bemerken, dass es in einer der Wohnzimmerecken besonders kalt hereinzieht. Sie stellen das Sofa davor.

Aber im Haus bleibt es kühl, egal, wie idyllisch das Feuer im Kamin bullert. Gegen Weihnachten haben sie den Wintervorrat an Holz bereits verheizt. Werner bestellt eine Lieferung nach.

Die Tochter und der Schwiegersohn der Hofers brechen den Weihnachtsbesuch vorzeitig ab, weil die sechs Monate alte Leah sich verkühlt.

Es wird Jänner, und es wird frostig. Draußen wie drinnen. „Werner, mir ist kalt", erklärt Hilde zum x-ten Mal und geht heiß duschen. Das tut sie derzeit oft, aber auch das Badezimmer ist eiskalt. Werner dreht die Heizung höher und rechnet durch, was das kosten wird.

Hilde dreht die Heizung noch höher und kauft ein Thermometer. Im Badezimmer hat es bei voll aufgedrehter Heizung 15 Grad. Werner sträubt sich, einzugestehen, dass hier etwas nicht stimmen kann. Auch Hilde hat den redlichen Vorsatz, sich einzuleben. Sie kauft Fleecewesten für sich und Werner und erklärt, dass man eben romantisch leben wolle und da gehöre es dazu, abgehärtet zu sein.

Aus dem Winter wird Frühling. Das Haus bleibt kalt und zugig. Die Tochter der Hofers hat schon verkündet, dass sie gerne im Sommer wieder auf Besuch kommen würde, aber bis dahin eher nicht.

Auch im Juni sind die Nächte auf dem Wiesengrund noch kühl, das Haus erwärmt sich kaum. Hilde kommt bibbernd mit blauen Lippen aus dem Badezimmer. „Werner, ich glaube nicht, dass ich zehn Monate im Jahr in Fleecewesten leben möchte." Endlich gibt Werner zu, dass man etwas unternehmen muss. Er ruft die Fertighausfirma an, ein Techniker kommt und geht mit einem Feuerzeug auf die Suche nach Wind- und Luftundichtheiten. Dabei geht eine Wand gleich in Flammen auf! Es wird gelöscht und die Undichtheit saniert. Und dann wird gleich nochmals saniert.

Immer noch zieht es. Ich werde dazugerufen und finde, trotz zweier Sanierungsversuche, immer noch zahlreiche Strömungsundichtheiten, der kalte Wind bläst teilweise ungehindert durch die Wände. Die Mineralfaserdämmung zwischen Außen- und Innenwänden beginnt schon nach einem Jahr zu schimmeln.

Die Wahrheit ist, dass man die urige Blockhausbauweise mit dicken Holzbohlen heute nicht mehr umsetzen kann. Das ging vielleicht zu Zeiten, wo man aus Tausenden Bäumen die besten paar Bohlen auswählen konnte, die ohne Astloch, Verdrehung und Schwachstellen gewachsen waren. Aber das ist heute unbezahlbar. Man hat damals auch hemmungsloser mit Holz geheizt bzw. hat *man zugige, kühle Räume eben ertragen. Das will man heute zu Recht nicht. Heutige Blockhäuser baut man mit Zusatzdämmung und Dampfbremsfolien, die sind aber anfällig. Als ich den Hofers das erkläre, wirken sie geknickt. Schluss mit Romantik. Doch schließlich werden das ganze Dach und alle Außenwände erfolgreich saniert, und allmählich kehrt bei den Hofers die Freude an ihrem Haus zurück.*

Atmen Wände?

Wie kein anderer Bauteil beeinflussen Wände unser Wohlbefinden. Sie bilden im Haus die größten Oberflächen, dadurch sind sie nicht nur für die Optik, sondern auch für die Atmosphäre des Hauses entscheidend. Im besten Fall spenden sie ein gutes Raumklima, im schlimmsten Fall geben sie mikrobiellem Befall (Schimmel, Milben) ein Zuhause.

Bevor wir uns mit den verschiedenen Bauweisen für Wände und mit der Chemie von Wandfarben auseinandersetzen, müssen wir darüber sprechen, welche Ansprüche wir an unsere Wände stellen. Diese haben sich nämlich im Laufe der letzten Jahrzehnte deutlich verändert.

Wir steigern den Wassergehalt unserer Raumluft durch Schwitzen, Waschen, Kochen und Atmen sowie dadurch, dass wir zeitweise Baufeuchte, Innenputz, Nassestriche und dergleichen hineinbringen. Dieser Wassergehalt muss aus unseren Räumen wieder verschwinden, sonst schadet er der Bausubstanz und den Bewohnern. Wie viel volkswirtschaftlicher Schaden durch Schimmel und Pilzbefall, durch Erkrankungen der Atemwege, Allergien und Streitereien jährlich entstehen, lässt sich gar nicht bemessen. Durch Lüften reduziert man den Wassergehalt der Raumluft. Aber man kann und soll ja nicht ständig die Fenster aufreißen.

Eine wichtige Frage in diesem Zusammenhang lautet: Können auch Wände atmungsaktiv sein? Noch 1858 hat Max von Pettenkofer daran geglaubt, dass ein Luftaustausch mit der Außenluft auch über verputzte Wände stattfindet. E. Raisch korrigierte diese Ansicht 1928 mit der Aussage, dass über eine verputzte Außenwand weniger Luft durchgehe als durch ein Schlüsselloch. 1952 legte die erste Ausgabe der Deutschen Industrienorm DIN 4108

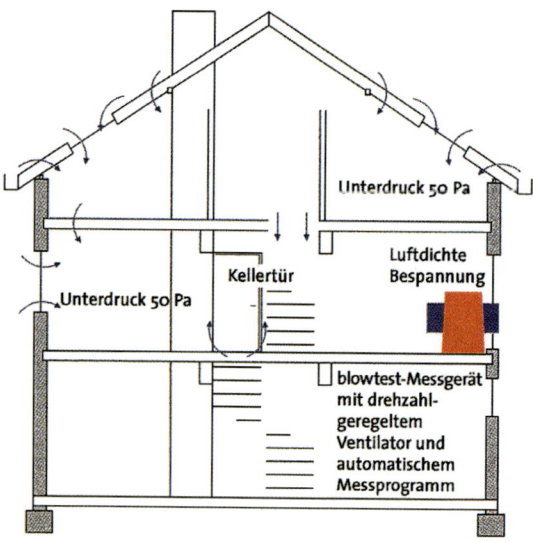

Abb. 52: Luftdichtheitsprüfungen auch und im Besonderen bei Nicht-Passivhäusern zur Schadensvermeidung. Häuser müssen luft- und winddicht sein. Quelle: Isocell.at

wenig sachbezogen eine falsche Spur: „Atmende Wände kommen kaum infrage". Dann kam die Energiekrise von 1973, deren Nachwehen noch immer vielen Menschen, die in Neubauten leben, zu schaffen machen. Man begann damals, Gebäudehüllen immer luftdichter zu bauen, um Wärmeverluste zu vermeiden und den Heizaufwand zu reduzieren. Mit Beginn des Plastikzeitalters wurden die Fenster und Wände immer dichter. Die Fähigkeit der Wände, Wasser aufzunehmen und nach außen durch Diffusion abzugeben, wurde und wird durch Farbanstriche auf Kunstharzbasis im Innenbereich und auf Wärmedämmverbundsystemfassaden mit Polystyrol-Dämmplatten im Außenbereich erfolgreich verhindert.

Damit wurden die Räume praktisch luftdicht, zugleich aber leider auch wasserdampfdicht. Sie ließen die Feuchtigkeit nicht mehr hinaus. Die DIN-Norm von 1952 hat die Bauwirtschaft vermutlich auf den falschen Weg gebracht. Was „eh nicht atmet", muss nur das Haus und die Dämmstoffe tragen. Innen Plastikfolien mit Plastikfarben, außen Plastikdämmstoffe mit Plastikverputz, wen kümmert das schon? Schimmel breitet sich seither aus. Nur wer fleißig lüftet und heizt, bleibt davon verschont, dafür erwarten ihn leicht gesundheitliche Probleme als Folge der meist sogar dem Hersteller unbekannten chemischen Zusammensetzungen der Baumaterialien.

Heute weiß man: Wände atmen eben doch! Sie nehmen Feuchtigkeit auf, geben sie wieder ab, regulieren das Raumklima und filtern sogar Schadstoffe aus der Raumluft! Aber nur wenn sie aus natürlichen Materialien gebaut wurden. Das können mineralische Materialien sein (Stein, Ziegel, Kalk) oder pflanzliche (Holz), auf jeden Fall aber nicht Materialien auf Kunststoffbasis.

Trotz schlechter Dämmung liegt der Altbau mit seinem speicherfähigen und beidseitig mit Kalkzementputz und Mineralfarbe versehenen Vollziegelmauerwerk beim wohngesunden Raumklima weit vorne. Der mineralische Wandaufbau nimmt geduldig Wasser aus schlecht gelüfteter und damit feuchter Raumluft auf.

Anders gestaltet sich das beim mit Kunststoffen versiegelten Neubau. Das ist nun beileibe kein Aufruf, nicht zu dämmen. Wer heute nicht passiv, also hochwärmegedämmt baut, betrügt sich um ein Stück Lebensqualität. Allerdings darf man heutzutage erwarten, dass die Vorzüge moderner Dämmung und die Vorzüge einer atmungsaktiven Altbauweise miteinander verbunden werden. Die Forderung lautet also, dass mit mineralischen Materialien oder Holz gebaut werden soll; das gilt auch für die Beschichtung innen und außen. Das Ziel dieser Bauweise ist: luftdurchlässig: nein – wasserdampfdurchlässig: ja, bitte!

Doch die Realität ist meist eine andere: Der Antichrist der Wandsysteme ist gängiger Baustandard. Ich begutachte jedes Jahr rund 100 Fälle zu Luftschadstoffen und Schimmelpilzbefall und kann Ihnen sagen: Wenn zwei Dinge nicht zusammenpassen, dann ist das eine Stahlbetonwand mit EPS-Wärmedämmung und Silikon- oder Kunstharzputz. Der Stahlbeton ist aufgrund seiner Dichte und seines Porengefüges ohnehin kaum wasseraufnahmefähig. Üblicherweise wird darüber innen nur ein dünner Gipsputz (der schimmelanfällig ist) als Untergrund für den kunstharzbasierten Dispersionsanstrich aufgebracht.

Stahlbeton alleine kann durchaus empfohlen werden, ebenso – aus Kostengründen – Wärmedämmverbundsysteme (früher Vollwärmeschutzfassaden) aus Polystyrol-Schaumstoffen. Von Kunststofffarben in Innenräumen profitiert allerdings nur der Hersteller, aber synthetisch hergestellte Produkte sind billig und daher beliebt. Hier fehlt es an Aufklärung:

Wenn bei zwei Kübeln Farbe, von denen einer 35 Euro und der andere 50 Euro kostet, beim billigeren darauf hingewiesen würde, dass leicht flüchtige organische Verbindungen (VOC) die Gesundheit belasten, würden die meisten Menschen gerne 15 Euro mehr bezahlen. Doch vermutlich bleibt es ein Traum: wohngesunde Häuser, die Rückkehr von Glasflaschen und ein Verbot, Lebensmittel in Plastik zu verpacken.

Wer nur 500 Euro für die Renovierung seiner Wohnung übrig hat, wird sich an Öko-Reden wenig erfreuen. Er möge jedoch wissen, welche Risiken bestehen und gegensteuern:

→ Renovieren Sie in der warmen Jahreszeit und lassen Sie die Fenster offen.
→ Renovieren Sie kurz vor der Urlaubszeit, fahren Sie anschließend gleich in Urlaub.
→ Schützen Sie Ihre Kinder, schicken Sie sie zur Oma.

U-Wert und TAD

Der *U-Wert* ist der Wärmedurchgangskoeffizient oder auch Wärmedämmwert. Das ist das Maß für den Wärmestromdurchgang durch eine Materialschicht, wenn auf beiden Seiten verschiedene Temperaturen herrschen. Die Bauordnung fordert aktuell für Wände gegen Außenluft einen U-Wert von 0,35 W/m2K.

Dieser Wert gibt an, dass 0,35 Watt Wärme durch einen Quadratmeter Außenwand fließt, wenn es draußen um 1° C kälter ist. Bei einer Raumtemperatur von 20° C und einer Außentemperatur von -10° C liegt rechnerisch ein Temperaturdelta von 30° C vor (eigentlich Kelvin, aber 1 Kelvin = 1° C). Demnach gehen durch einen Quadratmeter (30 x 0,35) 10,50 Watt Wärmeleistung verloren. Bei 240 Quadratmeter Fassadenfläche und -10°C braucht es immerhin schon 2.520 Watt oder 2,52 KW/h, um die Raumtemperatur zu halten (Innen- und Außenputz unberücksichtigt). Da werden nur die Außenwände und keine Wärmeübergangswiderstände berücksichtigt. Kein Dach, keine Fenster, keine Türen und keine Kellerdecke. 2.520 Watt entsprechen 42 Glühbirnen mit 60 Watt Leistung oder 229 LED-Lampen (eine LED-Lampe verbraucht im Vergleich zu einer 60-Watt-Glühbirne nur mehr elf Watt Leistung).

Beispiele:

→ Eine verputzte Wand mit 50 Zentimeter Hochlochziegel schafft einen U-Wert von 0,19 W/m²K. Das wären nur mehr knapp 23 Glühbirnen à 60 Watt, die man bräuchte, um die Raumtemperatur zu halten.

→ Ein mit Steinwolle gedämmter Hochlochziegel mit einer Stärke von 49 Zentimetern trumpft mit einem mehr als passivhaustauglichen U-Wert von 0,12 W/m²K auf. Damit wären wir also bei 14,4 Glühbirnen.

→ Die gute alte Vollziegelwand verputzt und in einer Stärke von 50 Zentimetern weist einen U-Wert von 1,11 W/m²K auf, das sind immerhin 133 Glühbirnen. Das wohngesunde Altbau-Vollziegelmauerwerk ist also eine ganz schöne Energieschleuder.

Die *TAD* (= Temperatur-Amplituden-Dämpfung) beschreibt, wie stark die Temperatur an der Innenoberfläche im Vergleich zur Außenoberfläche schwankt. Dabei gilt: Bei leichten Baustoffen schlägt das Außenklima rascher durch als bei schweren. Die Außenoberfläche folgt dem Tagestemperaturverlauf nahezu ungefiltert, während die innere Oberflächentemperatur vom Material abhängig möglichst wenig schwanken sollte.

Bei 15°C frühmorgens und 35°C gegen mittags ergibt sich an einem Tag eine Differenz von 20°C. Wenn zeitgleich an der raumseitigen Innenoberfläche die Schwankung zwischen 24°C und 26°C liegt, ergibt sich eine Differenz von 2°C. 20 Grad außen zu zwei Grad innen ergeben den Faktor 10. Das ist ein sehr guter Wert.

Eine Blechhütte würde dagegen den schlechtesten Wert liefern. Beide Werte – die des Außen- und des Innenklimas – wären gleich, der Faktor betrüge 1, die Hütte wäre praktisch unbewohnbar. Aus diesem Grund war sie auch die Namensgeberin für den Begriff „Barackenklima".

An dieser Stelle sei auch darauf hingewiesen, dass alle diese Zahlen zur Makulatur werden, wenn Fenster und Türen ohne Außenbeschattung bleiben, der Gewalt der Sonneneinstrahlung können die obigen Rechenspielereien nichts entgegenhalten.

Die Sonnenstrahlung wandert kalt und „kurzwellig" durch das All, erst beim stofflichen Kontakt wandelt sich diese in eine „langwellige" Wärmestrahlung um. Das heißt, die Sonnenstrahlung trifft auf die Glasscheibe und entfaltet ihre volle Kraft erst nach dem Kontakt mit den raumseitigen Oberflächen. Der innenliegende Sonnenschutz wird also kaum Wirkung haben, vor allem wenn er schön dunkel ist, denn dann wärmt sich dieser nämlich auf und strahlt seine Wärme erst recht in den Raum, und durch die Wärmeschutzverglasung kann die Wärme nicht mehr hinaus, das beschreibt in etwa den aus der Klimaforschung bekannten Treibhauseffekt.

Wasserdampf

Die Berufsgruppen Spengler, Dachdecker wie auch Zimmermann agieren hochprofessionell, wenn es um den Witterungsschutz eines Gebäudes geht. Aber für die an der Dampfbremse beteiligten Baufirmen, Elektriker und Installateure ist der Begriff „Wasserdampf" immer noch ein baupraktisch abstrakter Begriff. Vermutlich muss jeder Baubeteiligte erst einen ordentlichen Schaden verursachen, um vorsichtiger mit der „Luftdichtheitsebene" umzugehen.

Um es so simpel wie möglich zu sagen: Wasserdampf ist der gasförmige Zustand von Wasser. Das bedeutet, aus Wasserdampf kann Wasser werden. Überall und jederzeit. Und dann ist es nass.

Man muss wissen, dass warme Luft wesentlich mehr Wasser aufnehmen kann als kalte. Beispielsweise kann Luft bei 0°C 4,8 Gramm pro Kubikmeter Wasser aufnehmen. 10°C warme Luft schafft bereits 9,4 Gramm, und bei 20°C sind es 17,3 Gramm und bei 30°C schon 30,4 Gramm! Also ist die Wasseraufnahmefähigkeit bei 30°C im Vergleich zu 0°C sechsmal höher!

Das bedeutet, wann immer warme, feuchte Luft abkühlt oder auf eine kalte Schicht trifft, kann die plötzlich kühlere Luft das Wasser nicht mehr halten und es entstehen Tröpfchen. In der Natur kennen wir das als Tau. Nehmen wir eine Bierflasche aus dem Kühlschrank und wird diese plötzlich feucht, nennen wir es Kondenswasser. Wenn wir im Winter ein Lokal betreten und die plötzlich trübe Brille abnehmen müssen, sagen wir, sie habe sich beschlagen. Dasselbe geschieht auch in Ihrem Haus.

Ein Beispiel: Es ist Sommer, es hat 30°C bei einer relativen Luftfeuchtigkeit von 45 Prozent. Sie öffnen die Kellerfenster, und die warme, feuchte Luft strömt herein. Der Kellerboden hat auch im Sommer kaum mehr als 16°C. Nun kühlt die ursprünglich 30°C warme Außenluft am Boden auf 16°C ab, die Kellerwände und Böden „schwitzen" und es kommt zur Sommerkondensation und mikrobiellem Befall. Es beginnt modrig zu riechen und schimmelt.

Im Winter ist es umgekehrt, nun ist es draußen kalt und die Außenluft nimmt kaum Wasser auf. Durch Waschen, Kochen, Schwitzen, Pflanzengießen und Wäschetrocknen wird die Raumluft mit Wasser angereichert. Die relative Luftfeuchtigkeit steigt nicht selten auf 60 bis 80 Prozent.

Dadurch strömt feucht-warme Raumluft in die Wände. Früher waren diese nach außen hin so windundicht, dass Kondensat schnell wieder abtrocknen konnte, aber seit aus Energiespargründen unsere Bauteile immer dichter werden, wirken sich einzelne Leckagen wesentlich schlimmer aus. Es kann durch das Kondenswasser zur Durchfeuchtung der Wände kommen. Das merken Sie lange nicht, oft erst dann, wenn sich entweder Schimmel oder ein holzzerstörender Pilz ausbreitet. Dann reicht Abwischen nicht mehr, meist muss umfangreich saniert werden.

Die Ziegelwand

Der alte Vollziegel, der – siehe weiter oben – keinen guten U-Wert erzielt, hat heute ausgedient. Schließlich dämmt die Luft und nicht der feste Baustoff. Daher hat man in logischer Konsequenz den Vollziegel durch Hohlräume leichter gemacht.

Wir verwenden Hochlochziegel, die außerdem sehr „plan", also eben abgeschliffen, werden, sodass sie sich ohne dicke Mörtelfugen nahtlos aneinanderfügen lassen, genannt werden diese Ziegel einfach „Planziegel". Heutige hochwärmedämmende Planziegel erfüllen die baurechtlichen Ansprüche zum Wärmeschutz locker ohne Fassadendämmung. Es soll aber

Abb. 53: Hochlochziegel
mit Steinwolledämmung
– ein schadstoff- und
problemfreies Mauerwerk
ohne Außendämmung.
Quelle: Wienerberger.at

Abb. 54: Dämmstoff-
verfüllung direkt auf der
Baustelle.
Quelle: Heluz.at

nicht nur entsprechend der Bauordnung gebaut werden, wenn es sogar besser geht.

Lange, mit Luft gefüllte Löcher in den Ziegeln sorgen für „bewegte Luft", und durch die Konvektion wird der Dämmwert trotz des mit Luft gefüllten Hohlraums herabgesetzt. Mit Dämmstoffverfüllung in den Hohlräumen wird auch das Problem gelöst, der mit Steinwolle verfüllte Hochlochziegel erreicht Passivhausstandard.

Im Vergleich zu *leichten* Holzkonstruktionen hat der Ziegel bei gleichem Dämmwert deutlich mehr Masse, damit ist es im Sommer angenehm kühl und im Winter warm. Das Mauerwerk speichert auch die Wärme der Win-

Abb. 55: Links: Die Entwicklung hat uns leichte Mauerziegel gebracht, Zuschnitte mit der Handsäge sind dadurch möglich. Quelle: Heluz.at

Abb. 56: Rechts: Die erste Reihe ist die wichtigste, Planziegel müssen exakter verlegt werden. Quelle: Heluz.at

tersonne, und es kommt in Verbindung mit mineralischen Putzen de facto auch zu keiner Durchnässung und Algenbildung auf der Fassade. Das sind positive Effekte, die in der U-Wert-Rechnerei nicht ankommen.

Dünnbett oder Klebesystem

Was liegt zwischen den Ziegeln? In alter Vollziegelbauweise verwendete man Mörtel. Je unebener der Ziegel beschaffen ist, desto dicker muss man Mörtel auftragen, um die Unebenheiten auszugleichen. Doch die Mörtelfugen bilden Schwachstellen und Wärmebrücken, das heißt, durch die Mörtelfugen geht Wärme nach außen verloren. Man trachtete also danach, das Mörtelbett, in dem der Ziegel gelagert wird, immer dünner zu machen. Je plan-

Abb. 57: Systemvergleich: geklebtes Mauerwerk vom Systemgeber Wienerberger. Quelle: Wienerberger.at

Abb. 58: Vorteil Klebesystem: trocken, schnell. Quelle: Wienerberger.at

ebener die Ziegeloberfläche ist, desto weniger Mörtel braucht man, daher
auch der Name „Dünnbett". Für einen Kubikmeter Mauerwerk aus Planzie-
geln werden nur mehr rund zehn Liter Dünnbettmörtel gebraucht.

Noch einen Schritt weiter geht der Ziegelhersteller Wienerberger mit dem
„Dryfix extra Kleber", wo der Mörtel durch einen Polyurethan-Kleber ersetzt
wird. Argumentiert wird mit 50 Prozent Zeitersparnis bei der Verarbeitung
und einer möglichen Verarbeitungstemperatur von bis zu –5° Celsius. Man
kann also auch im Winter bauen.

Nachteilig empfinde ich, dass dieses System laut österreichisch technischer
Zulassung (ÖTZ) nur von zertifizierten Wienerberger-Partnern verarbeitet
werden darf. Da liegt die Vermutung nahe, dass man verhindern möchte,
dass Private vermehrt in Eigenleistung mauern.

Jedenfalls begeistern die technischen Daten zum geklebten Mauerwerk,
wie Fugen- und Druckfestigkeit, Wärmeleitung usw. Lediglich die sogenannte Haftscherfestigkeit (ein Maß, dessen Name sich aus den Worten „Haften"
und „Scheren" zusammensetzt) weist einen etwas geringeren Wert auf, das
sollte aber für Einfamilienhäuser auch im Erdbebenfall kein Problem sein.
Vertrauen schaffen auch zwei Ziegelfertigteilhersteller (aus Wels und Retz),

Abb. 59: Systemvergleich: Mauerwerk mit Dünnbettmörtel. Quelle: Wienerberger.at

Abb. 60: Vorteil Klebesystem: ökologisch, luftdicht verschließend. Quelle: Wienerberger.at

die mit diesem Kleber (eine Erfindung aus den USA) ganze Wände zusammenkleben. Fenster und Elektroinstallationen werden maschinell aus dem fertig verklebten Wandsystem ausgeschnitten, und selbst der Kran, der die fertige Wand auf die Baustelle schupft, kann die Planziegel nicht voneinander lösen.

Die Vorteile eines Planziegelmauerwerks ohne Wärmedämmverbundsystem:

→ bester Feuchtehaushalt, diffusionsoffene Konstruktion
→ Klimapuffer, positiver Einfluss auf das Raumklima
→ sommerlicher Überhitzungsschutz
→ schädlingsresistent
→ fehlerverzeihendes System
→ keine Rauchentwicklung im Brandfall
→ gute Wiederverwertung, kein Sondermüll
→ höchster Wiederverkaufswert
→ geringste L.EBIRS-Kosten

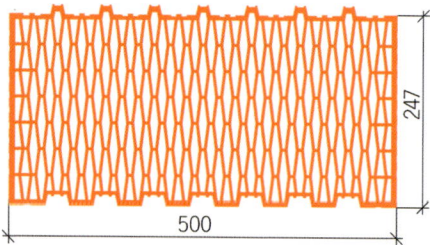

Abb. 61: Exakte Ziegelmaße sind für ein direktes Verputzen *ohne* Wärmedämmverbundsystem wichtig. Quelle: Heluz.at

Die Nachteile eines Planziegelmauerwerks:

→ Ziegel bricht bei unbedachter Nachbearbeitung leichter aus
→ Bohrlöcher sind unbedingt ohne Schlagwerk auszuführen
→ verstärkte Schalllängsleitung durch offenes Lochsystem
→ höchste Sorgfalt in Bezug auf Luftdichtheit nötig
→ hohe Sorgfalt in Bezug auf Winddichtheit nötig
→ höchste Sorgfalt in Bezug auf Wärmebrücken bei An- und Abschlüssen nötig
→ geringe Haftscherfestigkeit bei Dünnbettmörtel oder Klebesystem

Abb. 62: Mauerwerksfehler: Lotrechte Stoßfugen durchschneiden den stabilen Mauerwerksverband.

Abb. 63: Mauerwerksfehler: Schlitze dürfen nur gefräst und ohne statischen Nachweis nur 20 Millimeter (bis 1,25 m Länge 30 mm) tief sein.

Abb. 64: Hier hat man auf die Fassadendämmung vergessen. Die massive Wärmebrücke kann nur nach Demontage entfernt werden.

Abb. 65: Verklebung und Konstruktion nicht luftdicht: Kondensationsschäden sind zu erwarten.

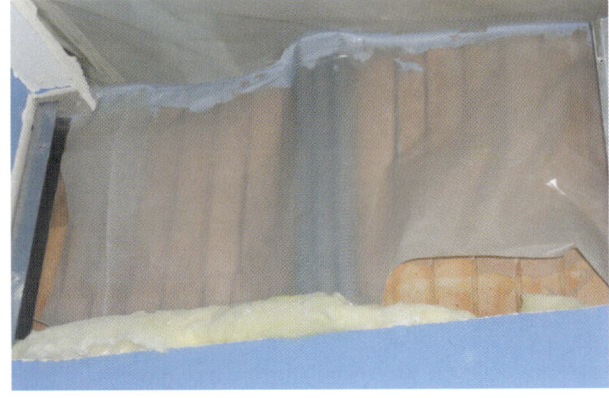

Dämmung

Der oben genannte Nachteil der geringeren Haftscherfestigkeit kann mit einer Glasvlieseinlage in der Lagerfuge behoben werden. Damit wird ein „bewehrtes Mauerwerk" aus der Ziegelwand. Auch alle sonstigen Nachteile können mit einer genialen Idee behoben werden: Mann füllt die Hohlräume wie oben erwähnt zum Beispiel mit Styropor oder Steinwolledämmstoff. Unverfüllte Hochlöcher beim Planziegel sorgen immer wieder für schlimme Bauschäden. Gleich, ob geklebt oder mit Dünnbettmörtel verfugt, in beiden Fällen bleiben offene Löcher im Mauerwerk, und das vom Boden bis zur Decke. Die Luftdichtheit wird zwar mit dem Innenputz hergestellt, nur wird dieser für Steckdosen und Einbauteile immer wieder unterbrochen.

Hauptursachen für Kondensationsschäden sind:

→ Der Elektriker vergisst auf luftdichte E-Installationen an der Außenmauer.
→ Der Installateur dichtet seine Leitungsinstallationen nicht luftdicht ab.
→ Der Installateur setzt WC-Spülkasten vor die unverputzte Außenwand.
→ Der Installateur setzt das Lüftungsrohr vor ein unverputztes Außenwandeck.
→ Der Trockenbauer montiert eine vorgesetzte Installationsebene auf die unverputzte Außenwand.
→ Der Kaminbauer versetzt den Innenkamin vor die unverputzte Außenwand.

Die Liste ließe sich fortsetzen. Jedenfalls hat jeder einzelne der oben beschriebenen Baufehler schon für Bauschäden in fünfstelliger Eurohöhe gesorgt. Mit Dämmstoff gefüllte Hochlochziegel sind wesentlich weniger fehleranfällig. Die Richtlinien sind selbstverständlich dennoch einzuhalten, aber die Wand wird mit einer Dämmstoffverfüllung zu einem fehlerverzeihenden System.

Aus ökologischer Sicht wären Dämmstoffverfüllungen mit Steinwolle denen aus Polystyrol vorzuziehen. In allen Fällen ist aber davon auszugehen, dass die Schalllängsleitung, die Luft- und Winddichtheit und die Kondensationsanfälligkeit wesentlich verbessert werden.

Zugegeben, Geld wächst nicht auf Bäumen, es sei denn, Sie sind Obstbauer. Wenn Sie nicht umhin kommen, eine Sparvariante zu bauen, achten Sie zumindest auf eine Bauweise nahe dem Passivhaus. Für das persönliche Wohlbefinden zählt vorwiegend, was Sie an der Innenraumseite verbauen lassen. Wenn Sie nicht gerade Polystyrol-Wandelemente (und massenweise Klebeparkett) verwenden lassen, können Sie durchaus sparen und dennoch wohngesund leben. Achten Sie beim Wärmedämmverbundsystem auf eine fachgerechte Verarbeitung nach allen Regeln der Technik. Verwenden Sie zumindest an der Innenraumseite mineralische Baustoffe und meiden Sie problematische Wandfarben. Sparen Sie auf eine Wohnraumlüftung, dann bleibt Ihnen auch bei billiger Bauweise eine erhöhte Schadstoffbelastung der Raumluft erspart.

Abb. 66: Sockeldämmung zu Terrasse mit feuchtempfindlichen EPS-Platten ohne Trennung nicht zulässig – Frost- und Pilzschäden.

Abb. 67: Frostschäden am Dünnputzsystem durch fehlenden Feuchteschutz zum Sockelputz.

Abb. 68: Leitungen dürfen nicht in das Wärmedämmverbundsystem verlegt werden. Hier muss ein Schacht angebaut und gedämmt werden.

Abb. 69: Mauerwerksfehler: Beschädigte Ziegel müssen entsorgt werden, PU-Schaum hat am Mauerwerk nichts verloren.

Wände aus Holz

Bei Wänden aus Holz unterscheiden wir grundsätzlich zwischen zwei Bauweisen: die mit Massivholzplatten und die Holzleichtbauweise. Der Aufbau der Holzleichtbauweise ist komplexer als jener einer Ziegelwand oder einer massiven Holzplatte. Daher ist die Gefahr einer Luftundichtheit und somit von Kondensationswasserschäden höher. Jeder Laufmeter Klebenaht, jede Rohrdurchdringung, jede Steckdose enthält das Risiko von bauschädlichen Leckagen. Gerade deswegen ist es interessant festzustellen, dass im Holzleichtbau weniger Schadensfälle auftreten als beim Ziegelmassivhaus. Wie kann das sein?

Meiner Erfahrung nach liegt es daran, dass Zimmerleute die hohen Anforderungen an die Luftdichtheit seit 20 Jahren gewohnt sind, während Baufirmen erst seit wenigen Jahren damit konfrontiert sind. „Das ist ja kein Passivhaus, da brauchen wir das nicht", ist die ständige falsche Antwort von Baufirmen nach aufgetretenem Schaden. Das gilt auch für Elektriker und Installateure. Wenn diese Handwerker eine dünne Folie vor der Nase haben, die als Dampfbremse fungieren muss, wissen sie auch ohne besonderen Hinweis, dass sie sorgfältig damit umgehen müssen. Dagegen hämmern und schneiden sie allesamt bei einer Ziegelwand unbedacht drauf los.

Grundlagen zum Baumaterial

Abb. 70: Luftdichte Unterputzdose! Wie beim Keller gegen Stauwasser muss jedes Loch in der ungedämmten Hochlochziegelwand gegen Wasserdampf dicht ausgeführt werden. Quelle: Kaiser-Elektro.de

Holz

Vollholz ist ein lebendiger Baustoff mit „Wohlfühlgarantie", die Massivholzwand liefert sich, was die Qualität betrifft, mit der Massivziegelwand ein Kopf-an-Kopf-Rennen.

Wie immer spielt Feuchtigkeit eine große Rolle, denn Holz verändert die Form, während es trocknet. Das Quellen und Schwinden innerhalb des normalen Feuchtigkeitsbereiches wird auch als „Arbeiten des Holzes" bezeichnet. Der Nachteil beim Werkstoff Holz ist zeitgleich der große Vorteil. Unbehandeltes Holz ist ein hygroskopischer Werkstoff, es kann Feuchtigkeit aus der Raumluft aufnehmen und bei trockenem Raumklima wieder abgeben.

Wer hat nicht schon sein zerklüftetes Holz-Schneidebrett in der Küche gegen eines aus Kunststoff getauscht, in der Meinung, das sei hygienischer? Aber genau das Gegenteil ist der Fall, bestimmte Holzarten wie zum Beispiel Eiche oder Kiefer wirken durch ihre Gerb- und Harzsäuren antibakteriell. Und allen Holzarten ist gemeinsam, dass sie Feuchtigkeit aufsaugen und damit ein Absterben von Keimen durch Feuchtigkeitsentzug bewirken. Beim Kunststoff-Schneidbrett dagegen entstehen tiefe Schnittfurchen, in denen sich die Keime festhalten, hier wirkt jedoch nichts antiseptisch.

Holz im Wandsystem puffert Feuchtespitzen und wirkt positiv klimaregulierend. Besonders bei schlecht gedämmten Bade-, Werkzeug- und Gerätehütten hält Holz gegen mikrobiellen Befall am längsten aus. Vorausgesetzt, es wird nicht schon vorbelastet und vor allem nicht nass eingebaut. Viele der Schadensfälle mit holzzerstörenden Pilzen haben ihren Ursprung in schon vorbelasteten, feucht eingebauten Holzteilen. Kein Wunder: Man muss sich nur einmal auf Baustellen anschauen, wie stapelweise Bretter ohne Witterungsschutz herumliegen.

Holz arbeitet

Die Grundlage für gutes Bauen mit Holz besteht darin zu wissen, wie sehr Holz seine Form verändert, wenn es trocknet. Um die Auswirkungen der Dimensionsänderungen beherrschbar zu machen, sollte Holz mit der späteren Ausgleichsfeuchte eingebaut werden, also mit dem Wassergehalt, der im eingebauten Zustand am Einbauort zu erwarten ist. Oder anders formuliert: Wer ein zehn Meter langes Holz mit 24 Masseprozent Wasser in ein Haus einbaut, darf sich nicht wundern, wenn es durch die Längenminderung beim Trocknungsvorgang auf zwölf bis 15 Prozent Ausgleichsfeuchte zu Schäden kommt. Beispielsweise stellt sich bei 20° C Raumtemperatur und 50 Prozent relativer Luftfeuchte eine Ausgleichsfeuchte von 9,2 Prozent ein. Eingebaut wird oft mit 15 bis 20 Prozent!

Eine wichtige Maßeinheit in diesem Zusammenhang lautet „Masseprozent". Dazu ein Beispiel zu fällfrischem Holz: Wenn einer 100-Gramm-Probe noch 50 Gramm Wasser entzogen werden, nennt man den trockenen Zustand „darrtrocken". 50 von 100 Gramm Wasser beschreibt ein Verhältnis 1:1. Somit beträgt der Wassergehalt bei dieser Probe 100 Prozent der Masse. Hier finden Sie eine Auflistung der Ausgleichs- oder Gleichgewichtsfeuchten verschiedener Baustoffe:

→ Fällfrisches Holz (Splintholz feuchter als Kernholz): >100 Masseprozent
→ Dachstuhlkonstruktion, direkt beregnet (= Gefahr von Pilzschäden): 20 bis 30 Masseprozent
→ Frei bewitterte, aber überdachte Holz-Stuhlsäule für Vordach: 18 Masseprozent
→ Dachstuhlholz, nicht ausgebaut, luftumspült: 15 Masseprozent
→ Holzfußboden im beheiztem Innenraum: 8 bis 12 Masseprozent
→ Porenbeton: 3,5 Masseprozent
→ Zementestrich: 1,5 bis 2,5 Masseprozent (CM-Messung in Prozent 0,7 bis 1,5)
→ Calciumsulfatestrich: 0,5 bis 0,7 Masseprozent / 2,0 bis 2,2 Vol.-Prozent (CM-Messung 0,4 bis 0,7)
→ Ziegel: 0,7 bis 1,5 Prozent Vol.-Prozent
→ Beton: 1,4 bis 2,2 Masseprozent

Neben dem massebezogenen Feuchtegehalt beschreibt der volumenbezogene das Verhältnis des Volumens des in der Probe enthaltenen Wassers zum Trockenvolumen der Probe.

Abgesehen von feuchtebedingten Formänderungen ist es wichtig, nur gut sortiertes Holz zu verwenden. Es gibt viele „Strukturstörungen", die einen Einfluss auf die spätere Bauqualität haben:

- → Astigkeit inklusive Faserabweichungen im Astbereich
- → Jahresringstruktur und Position
- → biologische Schädlinge
- → mechanische Schäden
- → Verformungen, Wuchs
- → Deformationen und Verdrehungen

Um eine gute Qualität sicherzustellen, sollte Kantholz KVH®, also Konstruktionsvollholz, mit oder ohne Keilzinkenverbindung gewählt werden. Unter dieser geschützten Marke (Überwachungsgemeinschaft Konstruktionsvollholz e.V.) wird vorsortiertes Holz verarbeitet und auf 15-Masseprozent (+/-3 Prozent) heruntergetrocknet. KVH® gibt es in den Dimensionen zwischen 60/160 x 100/240 Millimeter.

Massivholzplatte

Das ist die Königsklasse im Holzhausbau, und das gleichwertige Gegenstück zur oben beschriebenen Ziegelwand. Eine vollflächige Brettschichtholz- bzw. Brettstapelplatte besteht aus miteinander verleimten und vorsortierten Holzplatten. Festigkeitsreduzierende Merkmale von Vollholz wie Wachstumsfehler werden in der Produktion entfernt oder gleichmäßig verteilt. Dadurch haben diese Massivholzplatten größere Festigkeiten und Steifigkeiten als vergleichbares Vollholz. Das wirkt sich auch positiv auf die Erdbebensicherheit aus. Massivholzplatten sind wasserdampfdurchlässig und wärmespeichernd.

• •

ACHTUNG BEI ÖKO-LABELS

Oft werden auch in Öko-Produkten Bindemittel aus Polyurethan-Klebern, kurz: PUR-Kleber, eingesetzt. Diese werden aus Isocyanaten hergestellt; das sind Gefahrstoffe, die teilweise krebserregend sind. Blindes Vertrauen ist demnach auch hier nicht zu empfehlen, vor allem weil auch Öko-Labels wirtschaftlichen Anforderungen genügen und Geld verdienen müssen. Mit dem Hersteller einer echten Öko-Wand, wo einzelne Holzplattenlagen wiederum mit Holznägeln absolut leimfrei verbunden werden, lässt sich keine Zertifizierungsstelle am Leben erhalten. Deshalb werden Begriffe wie „formaldehydfrei" erfunden, die dem Verbraucher vorgaukeln, dass das Produkt kein FDH enthalte. Richtig müsste es „formaldehydarm" heißen, denn von „frei" kann oft keine Rede sein. Wer es durch und durch Öko haben will, greift auf Vollholz zurück, das in kreuzweise versetzten Lagen leimfrei miteinander vernagelt wird. Wer „metallfrei" bauen will, greift zu „leim- und metallfreien Vollholz-Elementen". Persönlich gehe ich davon aus, dass speziell in Verbindung mit einer Wohnraumlüftung eine bei heutigen Platten ohnehin schon geringe Belastung in Kauf genommen werden kann. Die technische Lüftung garantiert ja eine permanente Frischluftzu- und Schadstoffabfuhr. Die völlig leim- und metallfreie Holzwand muss daher nicht als einzige Lösung empfohlen werden.

Bei Massivholz unterscheiden wir zwischen Drei- und Fünf-Schichtplatten. Aus Brandschutzgründen und teilweise auch aus statischen Gründen sollten vorzugsweise Fünf-Schichtplatten verwendet werden. Diese sind gegenüber üblichen Drei-Schichtplatten in jede Richtung verlegefähig. Holz ist parallel zur Holzfaser wesentlich geringer belastbar als quer dazu. Bei drei verleimten sind immer nur zwei Schichten voll belastbar. Vor allem bei auskragenden (vorstehenden) Platten, die zum Beispiel eine Galerie bilden sollen, muss man schon darauf achten, wie die mittlere Schicht zu liegen kommt.

Holz ist ein hervorragender Dämmstoff und erfüllt auch alle Anforderungen an den sommerlichen Hitzeschutz. Im Gegensatz zum Hochlochziegelmauerwerk ist das Wandsystem sofort nach Aufstellung wind- und luftdicht, vorausgesetzt, die Stoßfugen wurden dauerhaft dicht verklebt. Leimfreie Natur-Massivholzplatten können diesen Vorteil nicht bieten, hier muss eine Dampfbremse angebracht werden.

Wer die Holzoptik liebt, bestellt Platten in Sichtholzqualität. Das funktioniert für die Raumseite, aber nicht für die Außenfassade, hier brauchen Sie einen zuverlässigen Witterungsschutz, und in der Regel sind auch eine Zusatzdämmung und eine Fassadenverkleidung als Wetterschutz erforderlich. Für die Dämmung empfehle ich Holzfaserdämmstoff oder Steinwolle. Günstigere Polystyrol-Dämmstoffe als Außenwanddämmung werden das Raumklima zwar kaum negativ beeinflussen, aber das Material ist leicht und kann daher auch keine winterliche Sonnenwärme speichern.

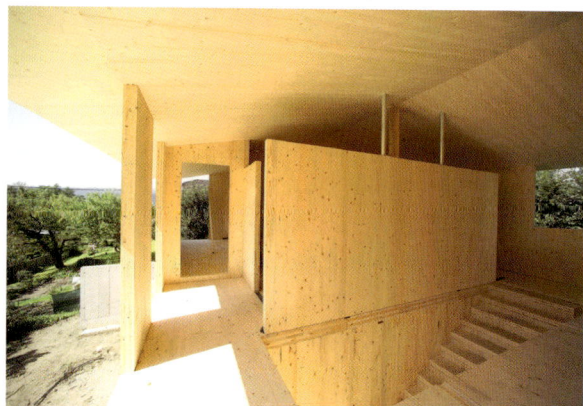

Abb. 71: Holzmassivwände erlauben schlanke Konstruktionen der besonderen Art, und das – fast – schadstofffrei. Quelle: KLH.at

Abb. 72: Links: Bei Sichtqualität kann eine Dampfbremse außen (!) angeordnet werden. Quelle: KLH.at

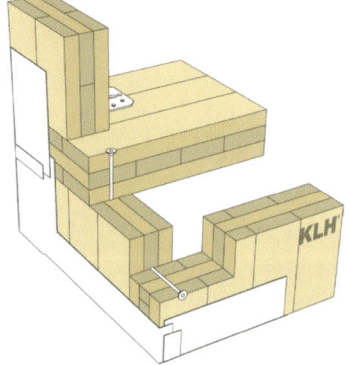

Baupraktische Vorteile der Massivholzplatte sind:

→ schlanker Konstruktionsaufbau, hohe Tragfähigkeit
→ große Spannweiten ohne Auflager und Säulen
→ Platten sind luftdicht, nur die Stöße müssen dicht ausgeführt werden, keine Folien!
→ Öko-Bonus, CO_2-neutral
→ maximaler Vorfertigungsgrad = kurze Bauzeiten
→ keine Trocknungszeiten
→ Trockenbau, problemlose Winterbaustelle
→ problemlos nachträgliche Öffnungen herstellbar

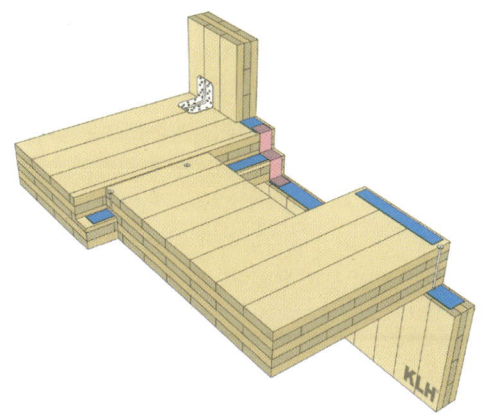

Abb. 73: Rechts: Die Elemente sind luftdicht, nur die Stöße müssen abgedichtet werden. Quelle: KLH.at

Weiterführende Informationen und Anbieter: www.bauherrenhilfe.org/
fachbuch_**massivholz**

Der Holzleichtbau oder die Holzständerbauweise

Die gebräuchlichste Bauweise bei Häusern vom Zimmermann oder Fertighausanbieter ist die Holzständerbauweise. Hier unterscheiden wir zwischen dem Holzrahmen- und dem Holzriegelbau.

Bei der Holzrahmenbauweise werden Holzrahmen gebaut (oder vorgefertigt) und miteinander verschraubt und verbunden. Außen wird eine Platte auf den Rahmen geschraubt, dadurch wird der Rahmen „schubsteif", er kann sich also nicht mehr in der Diagonale verschieben. Bei der Holzriegelbauweise werden zusätzlich diagonale Verstrebungen angeschraubt, sodass der Rahmen allein schon schubsteif wird. Die Holzständerbauweise lässt der Qualität den größten Spielraum hinsichtlich Fassade, Dämmung, Dampfbremse und Innenoberflächen – alles ist möglich. Daher wird dieses Wandsystem auch überwiegend in der Fertigbauweise eingesetzt, von billig bis hochwertig, alles ist hier möglich.

Holzständerwand, untere Preisklasse

Beim Immobilien-Ankaufstest treffe ich immer wieder einmal auf 35 Jahre alte Fertighäuser dieser Art, die die Jahre schadensfrei überstanden haben (und immer noch gekauft werden können). Ein Fertighaus von einem renommierten Anbieter kann also auch in der Billigliga durchaus zum Kauf empfohlen werden. Hohe Ansprüche an biologische Baustoffe und das Raumklima sollte man aber nicht stellen.

Wenn Sie kein Fertighaus kaufen, sondern ein Haus in Leichtbauweise errichten lassen wollen, gibt es doch einige Elemente, durch die man mit ein bisschen mehr Investition sehr viel mehr an Lebensqualität erwirbt. Deshalb sehen wir uns die günstige Variante einer Holzleichtbauwand genauer an, von außen beginnend:

1) Silikonharzputz

Besonders Fertighaushersteller verwenden gerne Silikonharzputz, weil er sehr flexibel und rissüberbrückend ist. Bei der Beanspruchung, die die Wände vom Werk bis zur Baustelle überstehen müssen, ist das eine für den Hersteller logische Entscheidung. Aber besser für die Bewohner ist es allemal, den Oberputz vor Ort anzubringen und dabei Silikatputze zu verwenden.

2) Wärmedämmverbundsystem mit Styroporplatten

Styroporplatten unterliegen je nach Qualität einer Schrumpfung und zudem einer sehr hohen temperaturbedingten Längenänderung. Es kommt auch vor, dass sie nicht sauber verlegt werden. In beiden Fällen entstehen Dämmplattenfugen, durch die teure Wärme und die Langzeithaltbarkeit verloren gehen. Ein Faserdämmstoff weist diese Ungenauigkeiten nicht auf. Außerdem ist ein „schwerer" Dämmstoff aufgrund der Möglichkeit der Speicherung der winterlichen Sonnenwärme zu bevorzugen.

3) Holzwerkstoffplatte auf Ständerwand verschraubt

Hier handelt es sich um jene Holzplatten, die man auf die Rahmen schraubt, um Winddichtheit und Schubsteife zu erhalten. Das sind vorgefertigte, geleimte Holzplatten, von denen es eine große Bandbreite an Produkten gibt. Viele werden mit PUR-Klebstoffen sowie Klebstoffen auf Basis von Formaldehyd oder Isocyanaten erzeugt. Diese sollten Sie vermeiden. Ich empfehle OSB-Platten (Grobspanplatten), Drei-Schichtplatten oder zementgebundene Spanplatten.

4) Die eigentliche Holzständerwand

Das ist das Tragewerk mit der Mineralfaserdämmung dazwischen.

5) Dampfbremse mit PE-Folie (Polyethylen-Folie)

PE-Folien sind noch als Dampfbremse zulässig, aus meiner Sicht aber untauglich. Sie lassen sich de facto kaum fehlerfrei verkleben. Die „Oberflächenenergie" (eine wichtige Kennzahl, die in nahezu allen technischen Beschreibungen fehlt) ist bei PE-Folien sehr gering, zudem fehlt ein fester Untergrund, um ein Klebeband sicher andrücken zu können. Daher bitte: auf Polyethylen-Folien verzichten.

6) Gipsplatte verspachtelt

Leider wird oft die Gipsplatte direkt auf der Dampfbremse befestigt. Eine Installationsebene fehlt, wodurch es den nächsten Handwerkern (Elektriker, Installateur) kaum möglich ist, die Dampfbremse unbeschädigt zu lassen. Auch jedes später aufgehängte Bild oder Regal wird die Dampfbremse durchbohren.

Abb. 74: Die Trockenbauwand durchbricht die spätere Dampfbrems- und Dämmlage unzulässig. Es entsteht eine bauschädliche Wärmebrücke.

Abb. 75: So geht das richtig: Trockenbauwand mit Dampfbremsstreifen für späteren Anschluss außerhalb der Dämmebene.

7) Dispersionsfarbe

Man könnte meinen, es sei nun schon egal, ob man die Innenoberfläche mit Kunstharzfarben versiegelt oder nicht. Liegt doch kurz danach sowieso bereits die Dampfbremsfolie. Aber das stimmt nicht ganz: Schon die Gipsplatten haben positive feuchtepuffernde Eigenschaften. Warum diese also nicht nutzen? Wenn Sie „offene" Farben verwenden, kann auch der Gips seine positive Eigenschaft entfalten.

Holzständerwand, obere Preisklasse

Mit „oberer Preisklasse" meine ich hier nicht unbedingt den Verkaufspreis des Anbieters, sondern den theoretisch teureren Aufbau aufgrund der verwendeten Bauweise und Materialien. Diese Mehrkosten können speziell bei hinterlüfteten Fassadensystemen beträchtlich sein. Wärmedämmverbundsysteme werden nicht angeboten, weil sie so gut, sondern weil sie so günstig sind. Der ideale Wandaufbau, wieder von außen nach innen beginnend, diesmal aber mit zwei Varianten:

1 bis 2) Fassade Variante 1: Ein hinterlüftetes Fassadensystem mit vorgesetzten Fassadenplatten (Beispielsweise Eternit)

Bauphysikalisch ist es vorteilhaft, die der Witterung ausgesetzte Fassadenoberfläche vom Untergrund abzukoppeln. Das wirkt sich positiv auf den oben beschriebenen TAD-Wert aus. Die Hitze der Sonne erwärmt zwar die vordere Fassadenplatte, aber die ist vom Wandsystem entkoppelt. Dahinter ist nun ein Luftspalt, der diese Wärme wie auch den Wasserdampf aus der Raumluft und Schadwasser schadensfrei abführen kann. Früher waren diese Fassadensysteme vor allem als „Eternitfassaden" bekannt. Eternitfassaden gibt es auch heute noch mit moderneren Oberflächen, aber auch Metallfassaden wie die von VMZINC erhöhen die Haltbarkeit und geben dem Haus eine moderne Optik. Holzfassaden aus witterungsbeständigem Holz sind ebenfalls empfehlenswert. Eine Grundregel gilt es zu berücksichtigen: Je weniger dicht die Fassadenverkleidung ist, desto genauer muss die Unterkonstruktion wetterfest ausgeführt werden. Im Vergleich zu Eternit- und Metallfassaden regnet es bei Holzfassaden öfter einmal durch. Achten Sie daher auf die Planung und Ausführung der dahinterliegenden Unterkonstruktion. Prüfen Sie, bevor verkleidet wird!

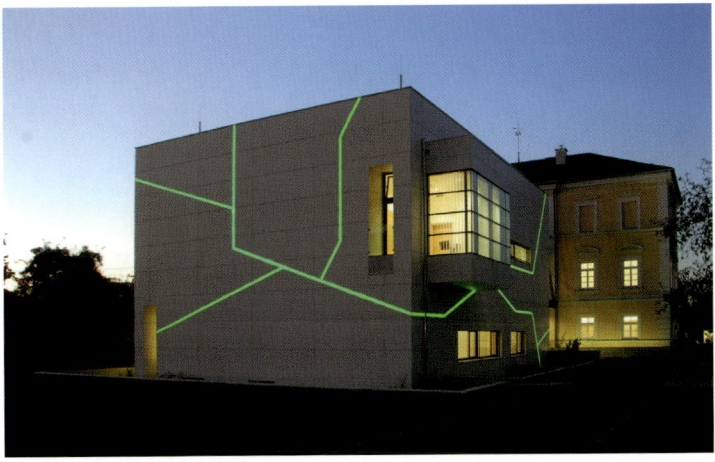

Abb. 76: Bautechnik kann auch verspielt sein, mit LEDs leuchtet das Haus in wahlweise bunten Farben. Quelle: Eternit.at

1 bis 2) Fassade Variante 2: Verputztes Wärmedämmverbundsystem (WDVS)

Die gängigere und sicher günstigere Variante stellt das WDVS dar. Hier ist einfach eine Dämmplatte vollflächig auf die Holzwerkstoffplatten-Unterkonstruktion zu kleben, zu verschrauben und darauf ein Putzsystem aufzubringen. Schwerere Holzweichfaserdämmplatten mit Silikatputz behindern den Wasserdampfdurchgang kaum. Aufgrund der Wärmespeicherung bleibt eine Algenbildung am Putz aus. Ausgenommen die Fassade ist nordseitig direkt an einem Waldrand mit Bachlauf gelegen, dann hat die Sonne keinen Einfluss und eine Algenbildung kann auch beim mineralischen Putz nicht ausgeschlossen werden.

3) Unterbau: Holzwerkstoffplatte, diffusionsoffen auf die Holzständerwand

4) Die eigentliche Holzständerwand, dazwischen Holzweichfaserdämmung

5) Dampfbremse: OSB-Plattenlage (statt Folien), die Stöße gut verklebt *plus*

Unterkonstruktion: fünf Zentimeter Installationsebene, dazwischen mit Holzweichfaserplatten gedämmt

6 bis 7) Innenwand Variante 1: Gipsplatte verspachtelt und mineralisch gemalt

6 bis 7) Innenwand Variante 2: Putzträgerplatte aus Holzweichfaser, mineralisch verputzt

Das Blockhaus, Blockbohlenbauweise

Die Blockbauweise ist den heutigen Anforderungen nur mehr bedingt gewachsen. Sie ist nur möglich, wenn hohe handwerkliche Qualität bezahlt werden kann, doch auch in diesem Fall muss der Häuslbauer später noch mit Setzungen rechnen. Zudem muss wie beim Holzleichtbau raumseitig eine strömungsdichte Ebene (Dampfbremse) und außen eine den Wärmeschutzvorgaben entsprechende Dämmung angebracht werden. Mit einem urigen Blockhaus hat das nichts mehr zu tun. Ich empfehle daher, diese Bauweise nur für Garten- oder Fischerhütten als untergeordnete Bauwerke und nicht zur ganzjährigen Nutzung.

Andere Wandsysteme

Es gibt noch viele andere Wandsysteme, beispielsweise die doppelschalige Ziegelwand mit Kerndämmung oder als Baustoff die Kalksandsteinwand. Einige sind in unseren Breiten nicht gebräuchlich und alle kommen mit ihren Eigenschaften nicht an meine Favoriten heran: die beidseitig verputzte Ziegelmassivwand und die Holzmassivwand mit hinterlüfteter Fassadenverkleidung.

Es gibt aber auch Wandsysteme, von denen ich konkret abrate, beispielsweise Schalsteine zum Ausbetonieren aus Polystyroldämmstoffen oder Stahlbetonwände mit raumseitiger Dispersionsfarbe.

> Weiterführende Informationen und Anbieter: www.bauherrenhilfe.org/ fachbuch_**fassaden**

Farben und Putze

Das Raumklima wird vorwiegend von den ersten zwei Zentimetern Innenwandoberfläche beeinflusst, also vom Putz und der Malerei.

Malerfarben auf mineralischer Basis

Zu den Mineralfarben werden Silikat- und Kalkfarben gezählt. Reine Silikatfarben bestehen aus Kaliwasserglas, anorganischen Pigmenten und Füllstoffen. Reine Silikatfarben binden nur mit mineralischen und saugfähigen Untergründen ab. Abbinden bedeutet „trocknen", wobei die Farbpigmente sich miteinander und dem Untergrund verbinden.

Mineralische Farben dürfen maximal fünf Masseprozent organische Bestandteile aufweisen. Bei einem höheren Anteil geht die dampfdiffusionsoffene Wirkung verloren, es handelt sich dann um eine Dispersionsfarbe.

Achtung Etikettenschwindel: Für Kalkfarben bestehen keine normativen Beschränkungen hinsichtlich des Kunststoffgehalts. Was Sie im Baumarkt als „Bio-Kalkfarbe" kaufen, hat mit Kalkfarbe manchmal wenig zu tun.

Malerfarben auf Kunstharzbasis

Diese werden gemeinhin Dispersionsfarbe genannt. Hierbei handelt es sich um organische Farben. Lassen Sie sich von dem netten Wörtchen „organisch" nicht in die Irre führen. Das hat nichts mit „biologisch" oder „gesund" zu tun, wonach es vielleicht klingt. Es ist lediglich die branchenübliche Bezeichnung für Farben mit Kohlenwasserstoffen, also Kunstharzen, oder plumper gesagt: Plastik.

Je höher der Anteil an organischen Bestandteilen, desto schlechter werden die oben geforderten Eigenschaften der Klimaregulierung, schlimmer noch: Schadstoffe werden in den Raum abgegeben. Was als praktisch verkauft wird, nämlich als „abwaschbare Farbe", verliert jede Pufferwirkung. Außerdem bindet die Mehrheit der „bösen" organischen Farben physikalisch, also durch „Kleben" ab. Das schafft Probleme bei Sanierungsanstrichen, denn die Farben vertragen sich untereinander schwer. Verzichten Sie jedenfalls auf Anti-Schimmel-Farben bzw. fungizide Zusätze für beispielsweise Feuchtraumfarben. Die fungiziden Zusätze belasten Umwelt und Wohlbefinden und bleiben auch nicht lange in der Farbe. So etwas brauchen Mineralfarben, also anorganische Farben, nicht.

Da Dispersionsfarben selbst Schadstoffe in die Innenräume bringen, kann von einer Schadstofffilterung keine Rede sein. Findige Geschäftsleute steuern gegen und verkaufen ionisierende Wandfarben nun auch über Apotheken (!). Der Gedanke ist gut, auf die Dispersionsfarbe wird eine luftverbessernde Schichte aufgebracht. Nur hätten wir das nicht gebraucht. Kalkputze leisten das sowieso und sind obendrein positiv wasserhaushaltend, was die ionisierende Wandfarbe nicht ist.

Putze

Die Basis für mineralische Farben sind natürlich mineralische Putze. Ich empfehle folgende Putze in der nachstehenden Reihenfolge:
1. Kalkzementputze
2. Lehm- und Tonputze (nicht dort, wo Spritzwasser auftreten kann, und nicht im Keller)
3. Innenputze auf mineralischer Basis
4. Gipskalkputze bei Betondecken
5. Gipsspachtelmassen bei Gipsplattenverkleidungen

Auch bei den Bindemitteln für Putze unterscheidet man zwischen anorganischen, mineralischen und organischen.

Zu den „bösen" organischen Bindemitteln zählen Naturharze wie auch synthetische Kunstharze, weil sie beide Kohlenwasserstoffe enthalten. Bei den „guten" anorganischen, mineralischen Putzen dienen Kalk und Quarz als Basis für die Bindemittel. Die Untergründe müssen daher auch mineralischer Natur sein: also Stein, Beton oder Ziegel. Früher wurden durchwegs dicke Putzschichten aufgebracht, diese konnten mit größeren Wassermengen – so etwa feuchte Altbaumauern – gut umgehen, Frostschäden waren eher selten. Heutige Dünnputze schaffen das nicht mehr, weswegen Hinternässungen (kleine Risse, Undichtheiten) regelmäßig Frostschäden verursachen. Deswegen werden Putze und Anstriche durch chemische Zusätze wasserabweisend (hydrophob) gemacht.

Wände in Trockenbauweise

Trockenbauweise bedeutet, es wird auf Putz, Beton und Mörtel verzichtet, also auf all jene Materialien, mit denen man Hunderte Liter Wasser ins Haus bringt und die erst trocknen müssen. Stattdessen werden die Wände mit festen, oft im Werk vorgearbeiteten Elementen gebaut. Das können die schon besprochenen Holzständerwände, aber auch Metallständerwände sein. Deren Aufbau ist im Prinzip ähnlich, nur gibt es statt der Holzwand ein Metallskelett. Verkleidet wird mit Gipsplatten anstelle eines Wandverputzes. Kleber, Spachtelgips und Wandfarbe sind also die einzigen Elemente, die an Ort und Stelle trocknen müssen.

Die Vorteile von Wänden in Trockenbauweise sind:

→ Sie sind kostengünstig und schneller errichtet;
→ die Wände lassen sich leichter abbauen oder umbauen;
→ sie sind flexibler, was die Leitungen und Installationen betrifft.

Die Nachteile von Wänden in Trockenbauweise sind:

→ Die Wände haben eine begrenzte Tragfähigkeit für angehängte Lasten, im Einzelfall ist daher eine Verstärkung notwendig,
→ das Haus wird „hellhöriger", eventuell braucht man eine zusätzliche Schallschutzschicht.

Gipsplatten

Bei den Gipsplatten für die Verkleidung gibt es zwei Grundsorten: die Gipsfaserplatte und die Gipskartonplatte. Die Gipsfaserplatte ist universell einsetzbar, massiv und feuchtebeständig und liefert einen ganz guten Schallschutz. Dafür ist sie auch etwas teurer und aufwändiger im Einbau. Im Gegensatz dazu ist die Gipskartonplatte zwar günstiger und einfacher einzubauen, sie bietet aber auch weniger Stabilität, Schall- und Feuchteschutz.

Gipsbauteile sind anfällig für Risse. In Bauverträgen wird oft versucht, Risse schon im Vorfeld aus der Gewährleistung zu nehmen. „Risse sind normal und nicht als Mangel zu sehen ...", heißt es dann. Oder noch fantasievoller wird eine potenzielle Rissstelle vorbeugend als Wartungsfuge bezeichnet. Natürlich ist das bautechnischer Unsinn und gegenüber Endverbrauchern wohl auch sittenwidrig. In nahezu allen Fällen sind derartige Rissbilder das Ergebnis der Praxis der Billigstbietervergabe sowie fehlerhafter Ausführungen.

Gipsplatten dehnen sich bei Wärme schnell einmal um zwei bis drei Millimeter aus, dazu kommt ein starkes Quellverhalten bei Feuchtigkeit. Daher gilt: Gipsbauteile sind von anderen Bauteilen zu trennen, und man muss Dehnungsfugen und Bewegungen aus materialbedingtem Schwinden und Kriechen berücksichtigen. Der Trockenbau ist ein fast kunstvolles Handwerk mit leider zu wenig Künstlern und noch weniger Handwerkern. Gerade auf der Billigstbieter-Baustelle trifft man gute Handwerker allzu selten, weshalb unschöne Risse den Wohnalltag fast immer begleiten.

Hier einige Tipps zur Rissvermeidung:

→ Verspachteln Sie erst bei relativen Luftfeuchten unter 70 Prozent.
→ Verspachteln Sie erst, nachdem die Wand- und Deckenelemente fer-

tig aufgestellt wurden (um so Schäden durch Erschütterungen zu vermeiden).

→ Es soll eine Raumtemperatur von mindestens 5°C vorherrschen.

→ Nassputze und Estriche müssen vor den Spachtelarbeiten ausgeführt werden.

→ Spachtelkanten und Oberflächen vor Spachteln müssen von Baustaub befreit werden.

→ Spachtelkanten müssen mit einem feuchten Schwamm gereinigt werden.

→ Vor einer zweiten Spachtelung muss die erste ausgetrocknet sein.

Maler und Oberflächen

Allzu oft beanstanden Häuslbauer die „unschönen" Oberflächen ihrer Gipsplattenwände. Sie vermuten hinter unregelmäßigen, hässlichen Spachtel- und Malerarbeiten Schlamperei und Pfusch, aber oft zu Unrecht.

Die baurechtlichen Normen und Richtlinien kennen vier Oberflächenqualitäten:

Stufe 1 – Fugenverschluss – technisch notwendig

Bei dieser Stufe der Verspachtelung kommt es nur zum Fugenverschluss. Die Oberfläche muss frei von überschüssigem Spachtelmaterial sein, Werkzeugspuren, Riefen und Grate sind zulässig. Diese Stufe sollten Sie vereinbaren, wenn Fliesen oder sonstige Verkleidungen angebracht werden. Da macht es keinen Sinn, mehr Sorgfalt zu bezahlen.

Stufe 2 – Standardoberfläche ohne besondere Anforderungen

Die Fugen der Gipsplatten sind bündig zu schließen, und mit einem weiteren Arbeitsgang ist ein sauberer Übergang zur Plattenoberfläche zu schaffen. Alle Befestigungsmittel sind in mindestens zwei Arbeitsschritten zu überspachteln. Die Flächen müssen frei von Spachtelabdrücken und Graten sein, weshalb meist geschliffen werden muss.

Stufe 3 – Vollflächige Verspachtelung

Im Gegensatz zur Stufe 2 ist hier die gesamte Fläche fein zu verspachteln. Wie bei Stufe 2 müssen auch hier alle Flächen frei von Spachtelabdrücken und Graten sein. Geschliffen wird die gesamte Fläche mitsamt Fugen.

Stufe 4 – Vollflächige Beschichtung

Die gesamte Fläche wird in einem oder mehreren Arbeitsgängen in einer Schichtstärke von mindestens zwei Millimetern beschichtet und verspachtelt.

Wenn Sie nicht extra etwas anderes bestellt haben, dürfen Sie nur die Stufe 2 erwarten, aber diese reicht Ihnen für einen Wohnraum vermutlich nicht. Sobald Sie zum Beispiel Deckenfluter, die nach oben leuchten, oder Wandlampen mit Streiflicht montieren, holt das Licht jede kleinste Unebenheit hervor.

Wandsysteme Top-Empfehlung

Abschließend finden Sie meine Bauempfehlungen kurz zusammengefasst. Zu bedenken gilt auch hier, dass jedes Gebäude individuell zu betrachten ist – daher führen viele Wege zum 100-Jahre-Problemloshaus.

→ Variante 1: 49 bis 50 Zentimeter Ziegelmassivwand mit integrierter Steinwolledämmung und Dünnbettlagerfugen mit Glasvliesbewehrung. Außenputz: Kalk-Zement, drei Zentimeter Leichtputzmörtel mit leichten Gesteinskörnungen und Flächenbewehrung. Innenputz: Kalkzementputz mit Kalkputz geglättet. Passivbauweise!

→ Variante 2: Holzmassivplattenwand- und Deckensystem KLH, mit außen hinterlüftetem Fassadensystem und VMZINC-Metallverkleidung, Dämmung Holzfaser, innen Sichtholzqualität unbehandelt. Passivbauweise!

Aber wie oben bereits beschrieben, ist auch die Holzständerbauweise mit einem Gipsplattensystem aufgrund der Wirtschaftlichkeit empfehlenswert. Bleiben Sie raumseitig aber unbedingt mineralisch-ökologisch supergesund!

Kapitel 6

Wer hinaufschaut, ist selber schuld - die Decke

Eine Geschichte von Betroffenen

Monika und Wolfgang Kaulitz leben seit 23 Jahren in einem alten Haus, das sie sich zu Beginn ihrer Ehe auf Kredit gekauft haben. Jetzt ist der Kredit abbezahlt, das Haus abgewohnt und zu eng geworden. Beide lieben die Gegend und den schönen Garten. Umziehen kommt daher nicht infrage. Also fassen sie den Entschluss, das Haus vergrößern und renovieren zu lassen. Monika liest einige Artikel zum Thema Althaussanierung und erfährt, wie heikel ihr Vorhaben ist. Die Mischung aus Sanierung und Neubau stellt besondere Anforderungen an die Baufirma. Alte und neue Bauteile müssen statisch berechnet und erdbebensicher miteinander verbunden werden. Die Königsdisziplin im Einfamilienhausbau.

Monika und Wolfgang beauftragen die renommierteste Baufirma im Ort. Man berät sich und plant ausführlich. Schließlich steht die Vorgangsweise fest: Auf einer Seite werden zwei Räume angebaut und das Haus wird aufgestockt. Teilweise wird es eine Fertigelementdecke aus Massivbeton und Ortbetonträgern geben, teilweise neue Decken aus Ortbeton.

Während Wolfgang seine geliebte Sammlung von Modellschiffen in Sicherheit bringt und sich schon einmal für die Farben und die Einrichtung der neuen Räume interessiert – denn einer davon soll endlich sein heiß ersehnter Hobbyraum werden –, beschließt Monika, den Arbeitern genau auf die Finger zu schauen.

Sie legt ein Bautagebuch an, dokumentiert die Baufortschritte und macht jeden Tag Fotos.

Eines Nachmittags kommt der Chef der Baufirma persönlich vorbei, weil er mit den Kaulitz' reden möchte. Er erklärt, dass es entgegen der ursprünglichen Planung geschickt wäre, eine Ziegeldecke statt der Elementbetondecke zu wählen. Sie sei leichter und daher besser. Wolfgang strahlt bei dem Wort „Ziegel", für ihn klingt das gleich sympathischer als Beton. Monika hingegen ist skeptisch. Sie hat ohnehin schon den Eindruck, dass die Firma andere Baustoffe verwendet als ursprünglich besprochen. Aber was versteht sie schon davon? Sie und Wolfgang willigen ein, eine „Ziegeleinhängedecke" zu bekommen, bei der die Ziegel recht einfach in vorgefertigte Spannbetonelemente eingehängt und mit einer Betonlage versehen werden. Monika fragt nach, ob man da nicht eine neue statische Berechnung brauche, aber der „Bauprofi" winkt ab. Das macht er doch schon immer so, versichert er. Gut, denkt sich Monika und macht weiter fleißig Fotos vom Baufortschritt.

Schließlich ist der Umbau fertig, die Arbeiter packen zusammen, die Baufirma stellt die Rechnung, und Monika und Wolfgang richten die neuen Räume ein. Es dauert nicht lange, bis die Freude getrübt wird, denn an der neuen Decke im ersten Stock treten hässliche Risse auf, die immer größer werden. Drüber pinseln hilft da nicht, ist Monika sicher und holt einen Gutachter. Der erklärt, dass er in die Decke hineinbohren muss, um zu sehen, was sich hinter dem Putz verbirgt. Doch Monika präsentiert stolz ihr Bautagebuch. Tatsächlich erkennt der Gutachter an den Fotos, dass die Stahlbewehrung der Decken nicht mit denen der Wände verbunden worden ist. Und bei den Betonträgern fehlt die Bewehrung gleich ganz. Die Baufirma streitet das vehement ab. Sie hätten die Bewehrung eingelegt, nachdem das Bild gemacht worden sei, sozusagen in den Frischbeton. Das wäre sowieso Pfusch, erwidert der Gutachter, außerdem – wozu diskutieren? Jetzt wird eben doch gestemmt und hineingeschaut.

Tatsächlich fehlt die Bewehrung in den Trägern und jene in den Decken ist nicht ausreichend verankert. Jetzt zeigt sich die Baufirma reumütig und saniert fachgerecht. Damit nicht genug: Der Gutachter weist darauf hin, dass eine Ziegeleinhängedecke günstiger kommt als die ursprünglich vereinbarte Ortbetondecke. Monika und Wolfgang bekommen am Ende sogar noch Geld zurück.

Es gibt viele unterschiedlichen Arten, gute Decken zu bauen. Ich kann keine konkret empfehlen, schließlich hängt es davon ab, wie Ihr Haus beschaffen ist. Niemand würde zum Beispiel eine Betondecke für ein Holzhaus wählen. Für ein Holzständerbauwerk bietet sich die Holzbalken-, aber auch die Massivholzplattendecke an, für ein Holzmassivhaus genauso. Wer mit Ziegel baut, sollte sich eine Ziegeldecke überlegen, und wer besonders hohe statische und architektonische Anforderungen hat, lässt sich eine aufwändige Stahlbetondecke einbauen. Alle Systeme haben eine Anforderung gemeinsam: Sie benötigen eine gute Planung und eine fach- und herstellergerechte Ausführung.

Decken aus Holz

Vollholz ist ein lebendiger Baustoff mit vielen Vorteilen. Der einzige Nachteil aus der Sicht mancher Bewohner mag sein, dass sich Geräusche wie Knacken und Knarren nie ganz ausschließen lassen. Für einen besseren Schallschutz empfehlen sich biegesteife Schichten wie ein Nassestrich über einer Trittschalldämmung. Ein optimierter Aufbau würde sich dann in etwa so gestalten:

→ Holzbalken- oder Massivholzdecke
→ Unterkonstruktion aus Holzwerkstoffplatten (bei Massivholzdecke nicht nötig)
→ Allenfalls eine Installationsebene für Wasser- und Abflussrohre sowie Elektroleitungen
→ Systemaufbau zur Fußbodenheizung mit Dämmlage unterseitig
→ Nassestrich aus Zement oder Calciumsulfat mit zumindest 4,5 Zentimeter Estrich über der Oberkante Heizleitung
→ Fliesen oder sonstiger Belag

Holzbalkendecke

Eine Holzbalkendecke besteht aus Kanthölzern einer bestimmten Dimension, die in einem nach statischen Erfordernissen berechneten Abstand in der Wand befestigt werden. Beispielsweise wird ein Holzbalken mit 20 x 12 Zentimetern Dicke für eine drei Meter breite Fußbodenkonstruktion ausreichen. Um ein sechs Meter langes Wohnzimmer zu überspannen, muss entweder die Dimension erhöht oder/und der Verlegeabstand von zum Beispiel 50 auf 20 Zentimeter reduziert werden. Holzbalkendecken können in jeder Hausart schnell und einfach und vor allem trocken verlegt werden. Holzbalken sind aufgrund der zwischen den Balken verlegten Dämmung auch perfekt als Flachdachkonstruktion geeignet. Die Dachsparren im Steildach sind prinzipiell auch nichts anderes als Holzbalken. Wie schon in Kapitel 5 beschrieben, wird die Verwendung von Kantholz KVH®, also von Konstruktionsvollholz, mit oder ohne Keilzinkenverbindung empfohlen. Unter dieser geschützten Marke (Überwachungsgemeinschaft Konstruktionsvollholz e.V.) wird vorsortiertes Holz verarbeitet und auf 15 Masseprozent (+/-3 Prozent) heruntergetrocknet.

Massivholzplatte

Hierbei handelt es sich um Brettschichtholz. Drei oder fünf Schichten Brettholz werden verleimt und bilden eine solide Platte in jeder gewünschten Form und Größe.

Brettschichtholz ist im Vergleich zum Eigengewicht leistungsfähiger als Stahl. Es erfüllt jede Brandschutzanforderung, sogar ohne eine weitere Verkleidung und besser als Stahl. Auch bezüglich der Wärmespeicherung kann man Massivholzplatten mit der Ziegel- oder Betonbauweise vergleichen. Die durch die hohe Masse schwere Bauweise hat einen positiven Einfluss auf die Temperaturstabilität und somit auf die Behaglichkeit im Sommer und die Wärmespeicherung im Winter. Lediglich beim Schallschutz ist Vorsicht geboten: Sparen Sie daher nicht bei der Trittschalldämmung!

Ein besonderer Vorteil der Massivholzplatte liegt darin, dass sie sehr flexibel in der Handhabung ist. Sie können so gut wie alles an der Decke befestigen, auch ohne schweres Bohrgerät. Die Oberfläche kann gemalt, tapeziert, beplankt oder verputzt werden, aber auch ohne jede Verkleidung sichtbar bleiben. Elektroinstallationen können werkseitig in die Decke gefräst werden, sämtliche Ausschnitte für beispielsweise Treppen, Galerien und Glaseinlagen werden werkseitig vorbereitet. Der Fantasie sind hier de facto keine Grenzen gesetzt.

Egal, ob Beton, Spachteloberflächen oder eben Holz, die gewünschte Oberflächenqualität sollte immer vor Beauftragung besprochen und vereinbart werden. Eine Sichtholzqualität muss extra beauftragt werden.

- -

Abb. 77: Massivholzdecken werden vom Hersteller maßgeschneidert zugeschnitten und angeliefert. Das ist die schnellste und trockenste Bauweise!
Quelle: KLH.at

Weiterführende Informationen und Anbieter: www.bauherrenhilfe.org/ fachbuch_**massivholzdecken**

Decken aus Beton

Die Stahlbetondecke hat gegenüber der Massivholzdecke statische Vorteile. Sie wird „aus einem Guss" hergestellt und wirkt extrem stabilisierend. Auf das Raumklima hat die Stahlbetondecke aufgrund ihrer Dichte weniger Einfluss, sie kann aber als Wärmespeicher oder auch als Kühldecke mit eingebauten Kältemittelleitungen genutzt werden. Durch die hohe Dichte und Steifigkeit ist auch der Schallschutz hervorragend, ein Trittschallschutz ist aber dennoch vor allem bei Parkett- oder Laminatböden wichtig. Klavierspieler, Schlagzeuger, Wasserbettenliebhaber oder Aquarienfreunde werden daher die Stahlbetondecke bevorzugen, egal, ob als Ortbeton mit Betoniervorgang vor Ort oder als Fertigbeton, der schon im Werk hergestellt wurde.

Betondecken bringen aber auch Nachteile mit sich. Der Aufwand auf der Baustelle ist hoch, und die Schalung und Stahlbewehrung benötigen viel handwerkliches Geschick. Außerdem kann die Schalung erst nach rund drei Wochen entfernt werden, die lange Trocknungszeit behindert also den Baustellenablauf.

Ortbeton-Stahlbetondecken

Das ABC des Betonbaus ist besonders bei Ortbetondecken zu berücksichtigen. Da der handwerkliche Anteil im Vergleich zu Fertigbeton größer ist, gibt es auch mehr Fehlermöglichkeiten.

Die Art und Ausführung der Stahlbewehrung sind heikel. Liegen im Beton weniger Bewehrungsstäbe mit großem Durchmesser, so bleiben weniger Verbundflächen zum Beton, als dies bei mehreren Stäben und kleinerem Durchmesser der Fall ist; dadurch können sich größere Rissbreiten ergeben. Wird die Bewehrung mit einem zu kleinen Radius „um die Ecke gebogen", kann es ebenfalls zu Rissen und Betonabplatzungen kommen. Vorsicht geboten ist bei Rissen über 0,5 Millimeter und bei Rissen, die entlang der Bewehrung verlaufen. Da kann es zu einem Versagen des Stahl-Beton-Verbunds kommen.

Also: Nicht einfach nur die Stahlmatten in den Beton fallen lassen, sondern planen und fachgerecht ausführen!

Besonders große Betonplatten „schüsseln" nach dem Betonieren. Sie biegen sich an den Ecken nach oben und nach unten. Wird hier nicht sorgfältig gelagert und die Decke zu wenig im Mauerwerk eingespannt, kann es zu Mauerwerksschäden oder Putzrissen kommen.

Den größten Einfluss auf Rissschäden hat die Nachbehandlung. Vor allem bei flächigen Massivbauteilen. Der Beton muss vor schnellem Austrocknen und großen Temperaturunterschieden sowie vor zu früher Belastung geschützt werden. Die Nachbehandlung muss gleich nach dem Betonieren beginnen, Stunden später kann es bereits zu spät sein. Die Nachbehandlung beginnt mit dem Sprühbefeuchten oder der Abdeckung mit feuchtem Vlies und endet noch lange nicht mit der Abdeckung zum Schutz vor starkem Wind, Hitze oder Kälte.

Schließlich kann die Schalung entfernt und die Decke verputzt werden. Aber Vorsicht, verbleiben unsichtbare Verunreinigungen wie Schalungsöl auf dem Beton oder wird der Untergrund nicht entsprechend vorbehandelt, wird einem „die Decke auf den Kopf fallen". Besser gesagt: der Putz oder die Spachtelung. Deswegen wird in der Regel zumindest die Arbeitsfuge verspachtelt und dann „rissüberbrückend" tapeziert und gemalt.

Fertigbeton-Stahlbetondecken

Fertigbetondecken haben zwar aufgrund der einzelnen Elemente nicht den gleichen stabilisierenden Effekt wie eine Ortbetondecke, aber das spielt in der Praxis keine Rolle. Vorteilhaft wirkt, dass alle vorher genannten handwerklichen Fehlerquellen bei den industriell hergestellten Fertigteilen wegfallen. Auch der Nachteil der Baustellenfeuchtigkeit durch Ortbetondecken fällt weg. Der Bauablauf wird nicht gestört, die Deckenelemente sind schnell versetzt. Es gibt aber auch einige Nachteile zu bedenken:

→ Der Preis ist höher.
→ Eine Kranzufahrt und gute Wege sind Voraussetzung.
→ Nachträgliche Stemm- und Schneidearbeiten sind aufwändig.
→ Die Plattenstöße sind empfindlich in Bezug auf Putzrisse; da ist erhöhte Sorgfalt nötig.

Filigran-Betondecken

Eine Mischung aus Ort- und Fertigbeton ist die Filigran- oder Elementdecke. Der Unterteil der Decke wird als Fertigbetonelement mit einer bereits einbetonierten, meist aber nur unteren Stahlbewehrung geliefert. Die Bewehrung wird auf der Baustelle komplettiert und darauf vor Ort der Beton eingegossen. Das Kriechen und Schwinden gegenüber dem Ortbeton wirkt sich nur mehr eingeschränkt aus. Die Trocknungszeiten sind kürzer, aufwändige Unterstellungen sind aber auch hier nötig.

Abb. 78: Filigrandecke: Auf die Betonfertigteile mit Bewehrung werden die Installationsleitungen verlegt und einbetoniert.

Hohlkammerdecken

Hohlkammerdecken sind im Werk vorgefertigte Betondecken mit längsseitig durchlaufenden Hohlräumen und dadurch leichter und besser zu handhaben. Sie sind teurer als Filigrandecken, benötigen dafür aber nur mehr einen Betonverguss für die An- und Abschlüsse. Die Elemente sind rasch verlegt und sofort begehbar. Aufgrund der Hohlkammern ist die Belastbarkeit nicht mit Ortbeton vergleichbar, auch bei der Befestigung an der Unterseite muss man vorsichtig sein; mehrere Dübel nebeneinander quer zum Element können zum Versagen eines Elementes führen. Wasserschäden können durch die Hohlkammern weitläufig verschleppt werden. Die Unterschichten werden in der Regel nur mehr gemalt, die Plattenstöße bleiben sichtbar.

Einhängedecken

Einhängedecken sind für den Einfamilienhausbau das ideale Bausystem. Diese Decke kann das Raumklima beidseitig, also oben und unten, positiv beeinflussen, was aber natürlich auch vom aufgebrachten Belag abhängt.

Abb. 79: Einhängedecken: Auf Stahlbetonträger werden Betonsteine verlegt und mit Ortbeton vergossen.

Die Vorteile einer Ziegeldecke sind:
- → geringes Gewicht
- → einfache und schnelle Verlegung, daher für Eigenleistungen gut geeignet
- → sofort nach Verlegung – ohne Aufbeton – begehbar
- → weniger Baufeuchte gegenüber Ortbetondecken
- → Deckenuntersicht gut überputzbar
- → Ziegelmaterial plus Putz puffert Feuchtespitzen im Raumklima
- → nach der Massivholzdecke die meisten Punkte in Bezug auf Ökologie

Ziegeldecken ohne Aufbeton

Elemente für Ziegeldecken bestehen in der Regel aus den Trägern und den Einlageziegeln, die in die Träger eingehängt werden. Bei der Variante ohne Aufbeton ist die Stabilität schon mit dem Fertigsystem gewährleistet. Die Decke ist sofort begehbar, ein Beton wird nur im Bereich der Elementfugen eingefüllt.

Ziegeldecken mit Aufbeton

Bei größeren Spannweiten und höheren statischen Anforderungen wird auf die oben beschriebene Ziegeldecke noch eine Betonlage aufgebracht. Diese steift die Konstruktion zusätzlich aus und verteilt auftretende Punktlasten. Ziegeleinhängedecken mit Aufbeton zählen eigentlich zu den Filigrandecken, nur dass der tragende Unterteil aus Ziegel-Betonträgern besteht, in die die Einlageziegel trocken eingehängt werden. Auf das im Werk vorgefertigte Deckensystem (Beton-Ziegel) wird der Aufbeton mit Bewehrung eingegossen. Die Deckenträger werden in der Regel alle 1,75 Meter unterstellt, die Mitte des Deckenfeldes wird in etwa um 1/250 der gesamten Stützweite erhöht. Die Decke wird bei der maximalen Spannweite von sieben Metern mittig um 2,8 Zentimeter überhöht und betoniert.

Abb. 80: Ziegeleinhängedecke mit Aufbeton. Quelle: Wienerberger.at

Hier einige Tipps zur Verlegung mit Aufbeton:

→ Reinigen Sie vor dem Betonieren die Oberflächen.
→ Nässen Sie am Tag vor dem Betonieren die Oberflächen vor.
→ Nässen Sie vor dem Betonieren matt vor und entfernen Sie Wasserpfützen mit Druckluft.
→ Der Aufbeton sollte mindestens vier Zentimeter dick sein.
→ Entfernen Sie Unterstellungen frühestens 20 Tage nach dem Betonieren.
→ Stemm- und Dübellöcher dürfen nur in die Einlageziegel, niemals in die Deckenträger gebohrt werden.
→ Löcher sollten besser nur gebohrt und nicht mit dem Schlagbohrer erzeugt werden.

Ein Deckensystem zu empfehlen ist schwer, da hier zu viele Faktoren und Anforderungen zu berücksichtigen sind. Alle in diesem Kapitel genannten Systeme haben ihre Berechtigung, bei den Verarbeitern ist das leider nicht immer der Fall, wählen Sie daher sorgfältig aus.

Weiterführende Informationen und Anbieter: www.bauherrenhilfe.org/ fachbuch_**decken**

Kapitel 7

Für Regenwetter ungeeignet - das Dach

Eine Geschichte von Betroffenen

Das Ehepaar Heinz und Margarethe hat fast 40 Jahre lang gespart, um sich den Traum vom eigenen Häuschen erfüllen zu können. Sie wollten nicht knausern, sie wollten kein Risiko eingehen. Für beide war klar, dass sie nur diese eine Chance auf ein eigenes Haus haben würden. Es sollte perfekt werden. Jetzt sind beide in den 50ern. Das ganze Geld steckt in ihrem Kleingartenhaus, das sie sorgfältig und mit Bedacht von einer Baufirma errichten ließen.

Heinz und Margarethe wohnen seit vier Jahren in dem Haus und waren bisher rundum zufrieden. Doch seit einigen Wochen erscheint ein Wasserfleck an der Schlafzimmerdecke. „Das ist kein Beinbruch", denkt sich Margarethe und pinselt mit weißer Dispersionsfarbe darüber. Kaum trocknet die Farbe ab, taucht der hässliche Wasserfleck wieder auf. Heinz fragt daraufhin die Baufirma um Rat. „Vielleicht ist ein Dachziegel gebrochen", erklärt ihm der Bauunternehmer. Heinz schickt Otto, einen befreundeten Heimwerker, zur Erkundung auf das Dach. „Nein, kein gebrochener Dachziegel", beruhigt Otto.

Der Wasserfleck wird größer. Heinz ruft den Bauunternehmer an. Dieser gibt Heinz den Rat, an der feuchten Stelle ein paar Dachziegel vorübergehend zu entfernen, damit die Stelle austrocknen könne. Otto entfernt ein paar Dachziegel. „Und wenn es jetzt regnet?", fragt Otto. Heinz ruft den Bauunternehmer wieder an. „Und wenn es jetzt regnet?" Dieser beruhigt ihn: „Das macht nichts, das Unterdach ist ja dicht." Es regnet. Der Wasserfleck wird größer und dunkler. An einem lauschigen Abend bei prasselndem Regen und trockenem Wein wird Heinz und Margarethe klar, dass hier etwas nicht stimmen kann. Wenn das Unterdach dicht ist, war die erste Auskunft, „vielleicht ist ein Dachziegel gebrochen", auf jeden Fall ein Unsinn. Denn wenn das Unterdach dicht ist, kann das Entfernen der Dachziegel kaum dazu beitragen, den Fleck an der Schlafzimmerdecke zu trocknen. Das ist der Moment, an dem die beiden beschließen, sich an „Pfusch am Bau" zu wenden.

Als Gutachter gehe ich auf das Dach und gieße einen knappen Liter Mineralwasser auf das Dach. Das Wasser rinnt nicht etwa in die Regenrinne, sondern aufgrund der viel zu geringen Dachneigung zwischen die Dachziegel auf das Unterdach. Von dort bahnt es sich seinen Weg hinter die unverklebte Teerpappe ins Innere des Dachstuhls. Mein Fazit: Das Dach hat nur eine Neigung von sechs Grad bei einer Bauweise, die mindestens 16 Grad Neigung erfordert. Daher muss bei jedem stärkeren Regen, und zwar seit der Errichtung vor einigen Jahren, Wasser in den Dachstuhl gekommen sein. Bei Margarethe geben die Knie nach. Das klingt nach teuren Sanierungsarbeiten. Aber es kommt noch schlimmer. Wie weit konnte der Dachstuhl der undichten Bedeckung trotzen? Ich muss das Dach an einer Stelle öffnen und hineinschauen. Die schlimmste Befürchtung bewahrheitet sich. Der ganze Dachstuhl ist morsch, das Holz verfault und voller Pilzbefall.

Jetzt haben Heinz und Margarethe wirklich Grund zu verzweifeln. Alles ist vermorscht, das gesamte Mansardendach muss saniert werden, das Haus wird zur unbewohnbaren Baustelle.

Das Dach hat eine Fülle von Aufgaben. Es schützt vor Wind und Wetter, vor der sommerlichen Hitze und vor der Winterkälte. In vielen Fällen wird das Dach bewohnt, sodass noch weitere Ansprüche hinzukommen. Es muss Kondenswasser standhalten und manchmal Dachstege für Satellitenantennen oder Kamine aufnehmen. Die Dachdeckung soll so beschaffen sein, dass sie regelmäßige Wartungsgänge für Rinnenreinigungen zulässt, aber auch einem starken Hagel standhält. Nicht zuletzt soll das Dach zum Haus passen und gut aussehen.

Im nun Folgenden wollen wir alles zum Thema Steildach besprechen. Das Thema „Flachdach und Terrasse" heben wir uns für das nächste Kapitel auf.

Dachkonstruktionen

Der Dachstuhl ist Tragwerk und Klimagrenze zugleich. Der moderne Zimmermeister zeichnet den Dachstuhl am Computer einer modernen Abbundmaschine; diese spuckt die Einzelteile fertig nummeriert für den Zusammenbau auf der Baustelle aus. Nachdem solch „Computersägewerk" sehr teuer ist, wird auch auf der Baustelle immer noch manuell gehämmert und gezimmert. Der Abbund mit dem PC ist zwar genauer und die Verbindungen sind exakter, dafür werden die Zimmerer aber zu Abbundhelfern degradiert. Ein „echter Zimmerer" braucht keinen Computer.

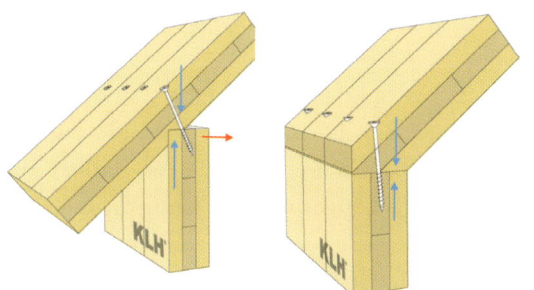

Abb. 81: Ihre Fassade braucht Schutz, bevorzugen Sie daher eine Architektur mit Dachvorsprung. Quelle: KLH.at

Abb. 82: Ein Pultdach als Sparrendachstuhl. Achtung bei Neigung zur Fassade, hier läuft Regenwasser in die Wandkonstruktion!

Abb. 83: Regeln zu konstruktivem Holzschutz nicht eingehalten, die Leimverbindungen lösen sich im Regen. Eine Blechabdeckung hilft.

Sparrendachstuhl

Die einfachste Dachkonstruktion ist ein Sparrendach. Sparren sind Längsbalken, die vom First bis zum Haus reichen. Die Sparren leiten die Last in eine sogenannte Fußpfette (oder Mauerbankpfette), das ist ein Balken am Fuß des Daches, der die Verbindung zum Haus bildet. Wichtig ist die Verankerung der Fußpfette: Hier muss man achtgeben, dass unter der Pfette entweder eine Betonplatte (die Deckenkonstruktion) oder ein Betonkranz das Mauerwerk abschließt. Besonders bei schwerem Schnee und Wind kann eine Ziegelmauer alleine die Lasten nicht sicher aufnehmen. Deswegen wird in der Regel ein „Ringanker" rund um auf das Mauerwerk betoniert, dieser Betonkranz schließt zugleich das Mauerwerk oben wie ein Deckel ab. Ganz nebenbei braucht jede Ziegelmauer oben einen Betonkranzabschluss.

Ein Sparrendach ergibt einen stützen- und verstrebefreien Dachraum und ist für Dachbreiten bis zu acht Meter gut geeignet. Die Sparren werden sowohl auf Druck als auch auf Biegung beansprucht und sollten daher nicht länger als fünf Meter sein. Plant man ein Haus mit größerem Grundriss, wird diese einfache Dachstuhlform nicht ausreichend tragfähig sein.

Kehlbalkendachstuhl

Der Kehlbalkendachstuhl hat dieselben Sparren, nur werden hier zusätzlich Querverstrebungen knapp unter dem Dachfirst eingebaut. Damit wird die

Konstruktion stabiler und die Spannweite der Sparren kann verlängert werden. Der Kehlbalken kann zugleich als Basis für eine Brandschutzverkleidung dienen.

Pfettendach

Wieder ist die Basis ein Sparrendach, das auf Fußpfetten ruht. Diesmal werden parallel zur Fußpfette weitere Pfetten angebracht. Auf diesen liegen die Sparren auf. Bei komplizierteren oder größeren Dachgrundrissen werden zusätzlich zur Fußpfette ein bis zwei Mittelpfetten und eine Firstpfette benötigt. Sind größere Dachvorsprünge gewünscht, können die Pfetten über den Hausgrundriss hinaus verlängert und die Dachsparren darauf befestigt werden. Die Pfetten tragen den Dachstuhl, ragen aber auch in den Dachraum, daher muss auf die Raumhöhe geachtet werden.

Metalldachstuhl

Beim klassischen Einfamilienhaus mit Dachvorsprüngen ist ein Stahldachstuhl ungeeignet.

Er eignet sich jedoch gut bei schwierigeren Dachgrundrissen und in Kombination mit Holz fast immer für Dachausbauten im Altbau. Hinsichtlich der Wärmebrückenminimierung und des Kondensationsschutzes ist aber eine besondere Planungssorgfalt angesagt. Ein Dachstuhl aus Metallprofilen ist nur geeignet, wenn diese ausreichend überdämmt werden können.

Sonderformen

Natürlich gibt es weitere Dachformen, Türmchen, Keilpfostendächer für flache Konstruktionen und besonders bei hohen brandschutztechnischen Anforderungen die Möglichkeit einer „Sargdeckelkonstruktion". Dabei wird einfach die Dachkonstruktion aus fertigen Betonplatten oder Ortbeton hergestellt, darauf wird dann aber immer noch eine gedämmte Sparrenlage befestigt.

Immer häufiger kommen vorgefertigte Dachelemente zum Einsatz, die auf der Baustelle mit dem Kran versetzt werden.

Dachdeckung

Man könnte zum Thema Dachdeckung mehrere Bücher füllen oder sich auf den Standpunkt stellen, dass ein A4-Zettel reicht. Das Thema Dachdeckung wird heutzutage allgemein überschätzt. Denn während frühere Dachdeckungen den Wetterschutz alleine übernehmen mussten, gibt es heute fast immer regensichere Unterdächer.

Wer kennt es nicht, das typische Bild vom Regenschirm unter dem Dachfirst oder von Kübeln auf dem Dachboden, um das Regenwasser aufzufangen? Sobald einige Dachziegel gebrochen oder vom Sturm verweht waren, drohte der Wasserschaden. Das sollte heute nicht mehr passieren, wenn – und das ist beim ausgebauten Dach Vorschrift – ein Unterdach gebaut wird. Ein Unterdach ist aber auch dann anzuraten, wenn der Dachboden nicht genutzt wird, also einen sogenannten „Blindboden" darstellt.

Je flacher ein Dach ist, desto schneller „säuft" die Dachdeckung ab. Aber mit einem guten Unterdach kann der Sturm sogar ein paar Dachziegel abtragen, es regnet trotzdem nicht herein. Die Dachdeckung, gleich ob aus Ziegel, Stein oder Metall, stellt „nur mehr" die erste Barriere für Wind und Wetter dar. Auch in den technischen Normen steht, dass die Dachdeckung nur „schlagregensicher" sein muss. Demnach dürfen Sie sich nicht wundern, wenn bei Extremregen, Gewitter und Hagel die Dachdeckung versagt. Das gilt im Übrigen auch für flache Blechdächer. Bei diesen muss man sich vor Sturmschäden zwar kaum fürchten, aber bei Starkregen und vor allem bei der Schneeschmelze stehen die „Doppelstehfälze" (die Verbindungsstellen zwischen den Blechbahnen) unter Wasser, dadurch „ertrinkt" auch das Blechdach.

Welche Arten der Dachdeckung sind nun empfehlenswert?

Faserzementplatten

Die guten alten Eternitplatten. Seit über 20 Jahren werden sie asbestfrei produziert, und das Programm wird ständig erweitert. Im Gegensatz zur eher unzuverlässigen Fliesenindustrie gibt es auch für 40 Jahre alte Dächer noch Ersatzmaterial, Eternit ist damit ein absolutes Vorbild in Sachen Produktpflege. Die Dachbranche wäre ohne die seit Jahrzehnten sanft gepflegte Produktpalette eine andere.

Technisch gesehen ist das perfekte Dachmaterial die Welleternitplatte. Sie ist extrem robust, nicht sturmanfällig und kann heutzutage schon bis sieben Grad Dachneigung verlegt werden. (Je „flacher" ein Steildach ist, desto höher ist die Beanspruchung der Dachdeckung durch Regen und Sturm.) Die Welleternitplatte ist Gruppensieger in Bezug auf Haltbarkeit, Sturmsicherheit und Wartungsintensität. Optisch erinnert sie aber eher an ländliche Wirtschaftsgebäude, weswegen die Platte für Einfamilienhäuser kaum Verwendung findet. Speziell für diesen Haustyp gibt es aber auch eine kleinformatige Wellplatte, die jedenfalls eine Überlegung wert ist.

Betondachsteine

Das Produktprogramm im Bereich Betondachsteine ist eher eingeschränkt, jedenfalls im Vergleich zu Tondachziegeln. Technisch gesehen sind Betondachsteine bedingungslos empfehlenswert, sie sind aber auch nicht haltbarer als Tondachziegel.

Die gegenüber früheren Tondachziegeln größeren Betondachsteine sind schnell und sehr einfach zu verlegen, weshalb sie der Liebling aller Fertighausfirmen und Komplettanbieter sind. Diese erliegen leicht der Verlockung der leichten Montage und sparen den Dachdecker ein. Das ist allerdings ein Grund, warum bei Fertighäusern leider fast immer Mängel auf den Dächern zu finden sind. Schlampereien am Dach sind aber besonders fahrlässig. Ein schlecht aufgebrachter Deckenputz mag zwar herunterfallen, aber immerhin erschlägt er niemanden. Ein gut fünf Kilogramm schwerer Betondachstein, der bei einem Sturm vom Dach fällt, wirkt dagegen wie ein tödliches Geschoss.

Eternit hat im Übrigen auch Betondachsteine im Programm, „zufälligerweise" nahezu exakt die gleichen Formate. Bramac punktet mit einem Sieben-Grad-Dachstein, der zusätzlich zu den normalen Formaten im Kopfbereich eine Art Falz aufweist. Dadurch läuft das Wasser bei flachen Neigungen nicht so schnell zurück. Baupraktisch bringt das jedoch nicht den gewünschten Erfolg: Bei sieben Grad Dachneigung und starkem Regen säuft jede Dachdeckung ab! Bramac sichert sich ab und lässt nur zertifizierte „Leistungspartner" ran und schreibt ein „erhöht regensicheres Unterdach" vor. Tatsächlich gehe ich davon aus, dass jeder Kopffalzziegel dichter ist als der 7°-Betondachstein.

Tondachziegel

Ein großer Pluspunkt und das große Unterscheidungskriterium der Tondachziegel ist das vielfältige Produktprogramm. Kaum eine Form und Farbe, die es nicht als Dachziegel gibt, ein Vorteil für Architekten, da alle Türen für ein individuelles Dach offenstehen.

Auch die Tondachziegelhersteller haben die Mindestneigungen stark in Richtung flacher Dachbereich gesenkt. Es gibt einen Hersteller, der Sieben-Grad-Flachdachziegel anbietet, und nahezu alle bieten Dachziegel ab Neigungen von 10 bis 15 Grad an. Baupraktisch sind alle Kopffalzziegel bestens für flache Neigungen geeignet, „echte" Wasserrinnen im Kopfbereich geben den Ziegelformaten auch den Namen: „Flachdachpfannen".

Ein kleiner Minuspunkt der Tondachziegel ist, dass Reparaturen dadurch, dass die Ziegel sehr stark miteinander verbunden sind, etwas zeitaufwändiger sind, außerdem kommt es bei Dächern mit vielen Wartungsgängen zu Kaminputztürchen oder einer Gemeinschaftsantenne am Dach schneller zu Brüchen.

Die österreichische Tondach Gleinstätten und das deutsche Ziegelwerk Creaton bringen großformatige Tondachziegel auf den Markt. Sie folgen damit der Anforderung, mit zehn statt 16 Dachziegeln pro Quadratmeter dem Dachdecker ein günstigeres Dachdeckungsmaterial an die Hand zu geben.

Metalldachpfannen

Metalldachpfannen aus Aluminium werden als besonders robust beworben. Man beruft sich darauf, dass Metall ein schwer zerstörbares Element ist. Tatsächlich sind diese Pfannen und Platten aus Dünnblechen gefertigt und man kann sie kaum belasten, ohne sie zu beschädigen. Ein unbedachter Tritt, und die Platte ist eingedellt. Damit verliert sie zwar in der Regel nicht ihre Funktion, aber eine verbeulte Dacheindeckung ist auch keine Zierde. Die bekannten Aluplatten von PREFA können zudem vom Hausherren nicht einmal schnell selbst getauscht werden, denn dazu braucht man Spezialwerkzeug.

Bei steileren, nicht begehbaren Dächern sind derartige Platten durchaus empfehlenswert. Optisch sollte man jedoch nicht allzu hohe Ansprüche stellen. Bei geräuschempfindlichen Dachbewohnern und flachen Dachneigungen sind eher schwere Dachdeckungen zu empfehlen wie Tonziegel, Betondachsteine oder Faserzementplatten, denn diese sind relativ gut schallschluckend.

Trapezblechprofile

Trapezbleche erleiden ein ähnliches Schicksal wie Welleternitplatten. Aufgrund ihrer „Industriedach-Optik" sind sie nicht gerne gesehen. Am besten verwendet man sie nur bei rechteckigem Grundriss und flachen Dächern, komplexere Dachformen mit Fenstereinbauten und Kaminen lassen sich mit Trapezblechprofilen schwer lösen.

Im Gegensatz zu Welleternitplatten sind diese großformatigen Metallelemente lauter. Meine Empfehlung lautet daher, Trapezbleche nur mit Unterdach und Hinterlüftung zu verwenden. Das heißt, die Trapezbleche liegen auf einer Lattung, die Lattung wird mit Konterlattung vom Unterdach distanziert, wodurch auch die Hinterlüftung ermöglicht wird. Das ist wichtig, da bei einer nicht hinterlüfteten Dachhaut das Trapezblech als absolute Dampfsperre wirkt. So gut kann die raumseitige Dampfbremse gar nicht verlegt werden, Kondenswasserschäden sind vorprogrammiert, weil die Metallprofile keinen Wasserdampf durchlassen. Die Dachkonstruktion mit hinterlüfteter Dachhaut nannte man früher „Kaltdach". Ein Warmdach ist dagegen eine Dachkonstruktion *ohne* Hinterlüftung.

Blechdeckungen

Nahezu jeder Dachgrundriss und jede Dachform sind mit Spenglerblechen ausführbar. Die Dauerhaftigkeit ist ausschließlich vom handwerklichen Geschick und dem verwendeten Material abhängig. Wer beispielsweise Kupfer verwendet, darf sich auf eine Haltbarkeit von mehr als 200 Jahren freuen. Aber Vorsicht, ein schlechter Spengler schafft es, dass auch ein Kupferblechdach nach fünf Jahren saniert werden muss. Hier liegt der Teufel im Detail versteckt: Nur eine gute Firmenwahl und Planung in Verbindung mit der richtigen Materialwahl können dafür sorgen, dass das Blechdach die sorgloseste und haltbarste Möglichkeit der Dacheindeckung ist.

Blechdächer setzen eine Mindestneigung von fünf Grad, die in keinem Bereich unterschritten werden darf, voraus. Außerdem muss es im ausgebauten Dachbereich *immer ein Unterdach mit Hinterlüftung* (früher: „Kaltdach") geben. Ein Blechdach ohne diese konstruktive Maßnahme ist zwar als Sonderkonstruktion technisch machbar, sollte aber nur in Ausnahmefällen ausgeführt werden.

Abb. 84: Blechdächer können auch als Hauptdachdeckung Verwendung finden. Quelle: VMZinc. de

So wie das Trapezblechdach wirkt die Blechdeckung baupraktisch dampfdicht. Kleinste Fehler in der raumseitig angebrachten Dampfbremse zerstören Ihr Dach schneller, als Sie den Begriff „Warmdach" fachrichtig im Internet erklärt bekommen. (Ein Warmdach ist eine nicht hinterlüftete Dachkonstruktion, bei der die Dämmung unter der Dachhaut liegt).

Lärmempfindliche Dachbewohner schöpfen im Übrigen aus zahlreichen Möglichkeiten, schallreduzierende Maßnahmen umzusetzen. Sie können

→ die Breite der Blechbahnen von 650 auf 500 Millimeter reduzieren;
→ die Blechscharen auf Wirrfaden- bzw. Anti-Dröhnmatten montieren;
→ die Dachkonstruktion mit schweren Dämmstoffen (Steinwolle, Holz) dämmen;
→ die Dachraumbeplankung/Trockenbau auf schallentkoppelte Metallbügel setzen.

In der Regel gibt es bei den heutigen Dachkonstruktionen kaum mehr eine Lärmbelästigung durch Regen. Während frühere Dachkonstruktionen mit einer 20-Zentimter-Dämmung und damit 20 Zentimeter Sparrenhöhe auskamen, wird heute mit der nahezu doppelten Dicke gebaut. Ich wohne selbst unter einem Blechdach und höre aufgrund des 50 Zentimeter dicken Daches eher den Regen auf die Dachfenster klopfen, was übrigens sehr beruhigend wirkt. Weiter unten finden Sie Informationen zur „richtigen" Blechauswahl.

Abb. 85: Planungs- und Ausführungs-
fehler: Metallkamin kreuzt einen
Doppelstehfalz, dieser wird einfach
umgelegt und „verschmiert".

Sonstige Dacharten

Es gibt unzählige weitere Dachdeckungsmaterialien, von Kunststoffpfannen
– von denen ich dringend abrate – bis hin zu Naturprodukten wie Stroh-,
Schilf- und Holzschindeldächern. Besonders robust ist die Naturschieferde-
ckung, die nahezu unbegrenzt haltbar ist. Nur bedarf es hier eines speziellen
Schieferdachdeckers, und damit wird so ein Dach nahezu unbezahlbar.

Ich freue mich über jedes handwerklich feine Stroh-, Holzschindel- und
Naturschieferdach, aber leider ist meiner Meinung nach der Einsatzbereich,
insbesondere für Einfamilienhäuser, stark eingegrenzt.

Das Ende der Dachdeckungen

Wie einleitend erwähnt, stellt die Dachdeckung nur die erste Barriere gegen das Wetter dar. Achten Sie daher auf Ihr Unterdach und das verwendete
Zubehör. Dachlaufstege, Rohrstrangentlüftungen, Satellitenstangen und Be-
festigungssysteme für Solaranlagen stellen Schwachpunkte im Kampf gegen
Wind und Wetter dar. Im Übrigen kompensieren die ausführenden Firmen
vielfach ihren Billigpreisauftrag zu Ihren Ungunsten über das Zubehör.

Die Wahl der Dachdeckung bleibt eine Frage der Optik, des Geschmacks
und Ihrer finanziellen Mittel. Darüber hinaus sollten Sie vor allem nach der

Abb. 86: Das Flach-
metallprofil wird
unter den Dachstein
geschoben, dieser
liegt nun nicht mehr
voll auf. Bruchgefahr
bei Schneedruck.

Abb. 87: Lüftungs-
rohre im „kalten
Dachboden" müssen
wärmegedämmt
werden! Auch die
Unterdachdurchdrin-
gung ist hier nicht
abgedichtet worden.

Haltbarkeit und der Wartungsintensität einer Dachdeckung fragen. Übrigens: Dicht sind sie alle. Aber glauben Sie mir, wenn es einmal wirklich stark
regnet: Dicht sind sie alle nicht! Teure Doppeldeckungen und auffällige Farb-
glasuren bringen technisch rein gar nichts. Wem es aber gefällt, darf sich über
eine unglaubliche Vielfalt freuen.

Verblechungen

Praktisch jedes Dach enthält Dünnbleche. Ob für die Hängerinne an der Dachtraufe, eine auf dem Dach liegende Saumrinne oder eine zwischen zwei Häusern liegende Einlegerinne.

Die Dachränder rechts und links nennt man Giebel oder Ortgänge, die Anschlüsse an eine Gaube Wandeinfassungen oder eben auch Kamineinfassung. Alle Blecheinfassungen an ein aufgehendes Bauteil brauchen zum Abschluss eine Kitt- oder Putzleiste. Es gibt beschichtete und unbeschichtete sowie rostende und nichtrostende Bleche.

Verzinkte Stahlbleche

Verzinkte Stahlbleche leben vermutlich noch immer vom guten Ruf aus der Autokarosseriebranche. Früher waren Autos nicht feuerverzinkt, sondern wurden nur hauchdünn lackiert, wodurch kleinste Beschädigungen zu Rostproblemen führten. Dann kamen Autos mit verzinkten Stahlblechen *plus* einer Lackierung mitsamt solchen Werbesprüchen wie „Zehn Jahre Garantie gegen Durchrosten". Ein leichtes Zugeständnis.

Selbst wenn man ein verzinktes und lackiertes Stück Blech täglich durch eine Pfütze schleppt, wird es nicht durchrosten, es dauert durchaus 20 Jahre, bis ein feuerverzinktes Dachblech durchrostet. Aber schon lange davor wird es unansehnlich rotrostig, und etwa alle zehn Jahre möchte so ein Blech nachlackiert werden. Sie sehen verzinkte Stahlbleche meist an städtischen Dächern. Es ist zunächst ein billiges Blech und wird später eine wahre Sparkasse. Daher empfehle ich eher, derartige Bleche rosten zu lassen und danach gegen rostfreie zu tauschen.

Beim Neubau und beim Einfamilienhausbau hat, obwohl gesetzlich zugelassen, ein verzinktes Stahlblech absolut nichts verloren. Es bleibt die Rechtsfrage, ob ein Bauträger, der seinen Profit optimiert, wo es nur geht, vor Kaufabschluss auf den Umstand der teuren Instandhaltungsanstriche hinweisen muss. Ein Quadratmeter nichtrostendes Blech kostet vielleicht zehn bis 15 Euro mehr; ein „unechter Korrosionsschutz" mit Reinigung, Grundierung und zwei Deckanstrichen kostet hingegen 25 bis 35 Euro. Wieder einmal stimmt der Leitsatz: Wer billig baut, baut teuer.

Aluminiumbleche, beschichtet oder unbeschichtet

Aluminiumbleche sind in nahezu allen Farben erhältlich und können damit bestens auf die Dach- und Fassadenfarbe abgestimmt werden. Das macht es zum Lieblingsblech der Gartenhüttenbauer.

Aluminium auf dem Dach rostet nicht, auch nicht im unbeschichteten Zustand, aber das Blech ist sehr weich und nicht lötbar. Wer unbedingt Farbe auf seinem Dach haben möchte, kann auf ein verzinkt *beschichtetes* Blech zurückgreifen. Das Blech wird schon im Werk unter kontrollierten Bedingungen beschichtet und Wartungsanstriche entfallen. Zusätzlich lässt sich das Blech löten, nur die Beschichtung muss vorher mühselig entfernt werden. Doch Aluminium hat viele Nachteile:

→ Es ist ein weiches Blech, bei Wartungsgängen und Schneerutsch geben besonders die Rinnen schnell nach.

→ Das Blech ist baupraktisch nicht schweißbar, geklebte und gedichtete Verbindungen sind wenig zuverlässig.

→ Beschichtete Bleche bekommen allgemein schnell Kratzer, schon vor der Fertigstellung sollte daher der Kunde über die unvermeidbaren Kratzer informiert werden.

→ In direktem Kontakt mit Mörtel bekommt auch Aluminium Löcher.

Einen anderen Einsatzbereich für Alubleche findet man bei Türstaffelverkleidungen und Schutzabdeckungen. Hier punktet beispielsweise zwei Millimeter dickes Alu-Riffelblech.

Von der Verwendung von Aluminium als Dachblech muss ich jedenfalls bei komplizierten Dachgrundrissen abraten.

Kupferblech

Das Kupferblech ist des Spenglers Liebling. Es ist weich und lässt sich wunderbar verarbeiten. So bricht zum Beispiel beim Rundfalzen von Kamineinfassungen Kupfer nicht so leicht. Das Material ist „fehlerverzeihend", und in unserem Klima hält es praktisch ewig. Zudem gibt es sogar einen Wiederverkaufswert; Kupfer hält zwar nicht länger als Niro (siehe unten), aber beim Hausabbruch bekommt man vom Altmetallhändler noch gutes Geld dafür.

Unbehandeltes Kupfer hat abgesehen von dem tagesabhängig hohen Preis nur drei Nachteile:

→ Das Abtropfwasser verursacht kaum entfernbare, hässliche Spuren an Fassaden und hellen Terrassenplatten.
→ Es gibt Materialunverträglichkeiten in Verbindung mit anderen Metallen. Die Entwässerung von einem Kupferblechdach in ein Stahlrohr kann ganz böse enden.
→ Das Blech ist zu Beginn rot-glänzend. Es dauert Monate, bis die Flecken der Verarbeitung wie etwa Handschweiß verschwinden und das Blech gleichmäßig braun wird.

Der Nachteil der zu Beginn unebenen Oberfläche kann durch konsequente Verwendung von Handschuhen bei der Verarbeitung minimiert werden. Dennoch oxidiert das Kupfer je nach Bewitterung ungleichmäßig. Doch das kann man auch positiv sehen: Kupfer hat eine „lebendige" Oberfläche.

Es gibt auch vorbehandeltes Kupferblech. Bei diesem wird der natürliche Oxidationsprozess behindert oder gänzlich ausgeschlossen. Die „Artenvielfalt" bei Kupferblech ist gewaltig. Wer Status zeigen möchte, wählt aus folgenden Varianten des Herstellers KME:

→ Tecu Oxid wird vorbewittert und gleich mit brauner Optik geliefert.
→ Tecu Patina wird schon mit einer grünspanigen Oberfläche geliefert.
→ Tecu Classic coated behält die glänzende Oberfläche lange bei.
→ Tecu Zinn, das Kupfer wird verzinnt, wodurch ein farbiges Grau entsteht.
→ Tecu Bronze, eine Kupfer-Zinn-Legierung mit Bronze-Optik.
→ Tecu Gold, eine Kupfer-Aluminium-Legierung, sieht goldfarben aus.

Für Einfamilienhäuser sind Kupferbleche technisch top und der pure Luxus.

Zinkblech

Zinkblech wird zwar immer noch so genannt, ist heutzutage aber eine Zinktitankupferlegierung. Es handelt sich dabei um das in der Architektur und für hochwertige Wohnhausanlagen am meisten verlegte Blech.

Früher verwendete man reines Zinkblech, das bis zu 80 Jahre gehalten hat. Zink ist allerdings spröde und rissanfällig, deshalb ist heute die Legierung mit Titan und Kupfer üblich.

Vorteile des Zinkblechs sind die nahezu unendliche Produktvielfalt und der im Vergleich zu Kupfer- und Niro-Blechen wesentlich bessere Herstellerservice. Darüber hinaus ist das Blech nach einigen Monaten freier Bewitterung mattgrau und optisch sehr neutral. Im Gegensatz zu Kupfer gibt es außerdem keine Probleme mit Kontaktkorrosion; die unschönen Ablaufspuren, die Kupfer aufweist, gibt es bei Zink nicht.

Für Einfamilienhäuser ist dieses Blech sehr empfehlenswert, allerdings braucht es eine absolut fachgerechte Verarbeitung, damit es lange hält. Ein guter Spengler ist sich auch der folgenden Nachteile bewusst und kann mit ihnen umgehen:

→ Das Blech ist wenig „fehlerverzeihend" und nur ab zehn Grad Außentemperatur sicher zu verarbeiten. Beim Kanten und Falzen bei Kälte können die Biegekanten unbemerkt brechen.

→ Zinkblech weist starke Längenänderungen auf, wenn die Temperatur schwankt. Man muss also eine „Bewegungsplanung" unbedingt einhalten.

→ Es ist nicht gut beständig gegen Tauwasserkorrosion und verträgt den Kontakt zu Mörtel und Beton nicht.

Der Hersteller VMZINC bietet neben den normalen Bandblechen für Doppelstehfalzdächer *(das* Blechdach) zahlreiche Variationen und Oberflächenqualitäten an. Bei richtiger Verarbeitung bietet VMZINC das beste Preis-Leistungs-Verhältnis für Fassaden- und Dacheindeckungen. Für Bleche, die in eine Terrassen- oder Flachdachabdichtung eingebunden werden müssen, empfehle ich nur Kupfer- oder Niro-Bleche.

Niro-Bleche

Niro steht für „nicht rostend". Das Blech besteht hauptsächlich aus einer Stahl-Chromlegierung. Es gibt rund 120 unterschiedliche Stahlqualitäten mit allesamt mindestens 10,5 Prozent Chromanteil. Sie bilden an ihrer Oberfläche eine chromreiche Oxidschicht, die vor Korrosion schützt. Wie bei Kupfer und Zink-Titan-Kupfer bildet sich die Oxidschutzschicht sofort nach einer Beschädigung nach.

Es gibt Chrom-Stähle und höherwertige Chrom-Nickel-Stähle. Beim Niro gibt es noch mehr unterschiedliche Material- und Oberflächenqualitäten als bei den anderen Blechtypen. Warmgewalzte, kaltgewalzte, 2D-Oberflächen, geschliffene, gebürstete und polierte Oberflächen.

Niro-Wellbleche werden vorwiegend für Vordächer, Garagen und Carports verwendet.

Für die Anforderungen eines Hausdaches reduziert sich das Angebot im Wesentlichen auf verzinnte Chromstahlbleche, wobei die Zinnauflage das Blech erst für den Spengler lötbar macht. Uginox und Ugitop sind Materialnamen eines Herstellers für Spenglerbleche aus Niro und aufgrund der extremen Robustheit und Haltbarkeit besonders für Flachdächer und Terrassen bestens geeignet, dagegen sind sie beim Spengler aufgrund der schwierigen Verarbeitung nicht besonders beliebt.

Sturmsicherung

Das Thema Sturmsicherung findet oft nicht bis zum Dach hinauf. Nach den bisherigen technischen Normen musste ein Dach mit kleinformatiger Deckung ohnehin nur zwei-Steine- bzw. zwei-Ziegel-breit bei allen Rändern befestigt werden, aber selbst das wurde selten eingehalten. Das ändert sich allmählich, seit die Versicherungsgesellschaften nicht mehr jeden Sturmschaden übernehmen.

Außerdem gibt es nun neue und strengere Normen. Für jedes Dach müssen Windlastberechnungen nachgewiesen werden, doch damit werden die Dachdecker erst recht überfordert sein. Die Lücke wird von den Herstellern gefüllt, die mit dem Material auch gleich eine Windlastberechnung mitliefern.

Prefa-Platten sind sehr sturmsicher, ebenso Kopf-Falzziegel und kleinformatige Dachsteine und Dachziegel, die statt mit Nägeln mit Seitenfalzklammern befestigt werden.

Bedenken Sie, dass für die Befestigung nur verzinkte oder rostfreie Befestigungsmittel zugelassen sind. Blanke Stahlnägel rosten und zerstören das Material ein paar Jahre nach Dacheindeckung. Dann muss der Dachdecker gerufen werden, und keiner denkt daran, dass dies ein Baufehler war, der verhindert hätte werden können.

Abb. 88: Satellitenstange und Rohrlüfter auf Metalldachpfannen. Eine fehlerhafte Planung und Ausführung wird mit Dichtmasse „korrigiert".

Abb. 89: Unten: Problem Sturmsicherung: Blanke Stahlnägel rosten und sind nicht zulässig. Das Deckmaterial bricht später und fällt herunter.

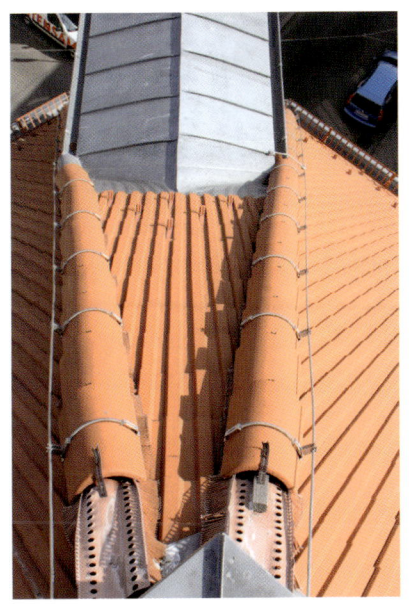 

Abb. 90: Links: Sturmschaden! Beide Gratsteine fielen zwölf Meter tief auf den Gehweg. Die Gratlatte war zu kurz, die Nägel steckten in der Luft.
Abb. 91: Rechts: Sturmschaden! Bleche dürfen nicht direkt und sichtbar am Untergrund befestigt werden. Die Bleche bewegen sich und lockern die Schrauben.

Schnee- und Eisschutz

Viele Bauträger sind der Meinung, dass ein Schneeschutz baurechtlich nur bei Dachflächen zu öffentlichen Straßen und Gehwegen vorgeschrieben ist. Daher bauen sie einen Schneeschutz meistens nur zur Straßenseite hin. Aber das stimmt nicht ganz.

Nach dem Allgemeinen bürgerlichen Gesetzbuch (kurz: ABGB) ist jeder Gebäudehalter, also Hauseigentümer, für jene Schäden verantwortlich, die von seinem Haus ausgehen. Wenn also Ihr freundlicher Briefträger die Post zur gartenseitigen Terrassentüre bringt und eine Schneelawine auf den Kopf bekommt, erwartet Sie eine Strafanzeige und eine Schadenersatzklage – es sei denn, Sie haben für einen den Normen entsprechenden Schneeschutz gesorgt.

Es mag Ihnen ja nichts ausmachen, wenn Schnee von Ihrem Steildach auf die jetzt ohnehin ungenutzte Terrasse donnert (sofern Sie die Gartenmöbel in Sicherheit gebracht haben), aber auch die Regenrinnen werden vom Schnee oft abgedrückt. Planen Sie also lieber einen guten Schneeschutz. Schneenasen oder Schneestoppsteine sieht man häufig, aber sie sind nur in Verbindung mit Schneegittern oder Schneerechen wirksam. Glatte Metalldachdeckungen auf steilen Dächern brauchen zusätzlich zum Schneeschutzsystem auch einen Schutz vor abrutschenden Eisplatten. Fragen Sie den Dachdecker oder Spengler oder auch den Hersteller.

Das Unterdach

Nun wissen wir, dass die Dachdeckung nur bedingt Schutz vor extremem Wetter liefert. Daher richten wir die Aufmerksamkeit auf das Unterdach, also den Teil der Konstruktion zwischen Dachdeckung und Dachstuhl. Das Prinzip sieht so aus: Auf die Dachstuhloberseite wird eine begehbare Lage Bretterschalung oder Holzwerkstoffplatten aufgebracht. Darauf wird eine wasserableitende Schichte Schalungsbahn (früher „Dachpappe") genagelt. Nun könnte man die Dachlattung direkt auf die Schalungsbahn nageln, nur würde dann der Hinterlüftungsspalt fehlen und eindringendes Wasser könnte nicht zur Dachtraufe (zur Rinne) ablaufen. Also muss eine mindestens fünf Zentimeter hohe Konterlattung her, die für die nötige Distanz für Wasserablauf und Luftspalt sorgt. Über diese „Luftschicht" wird die diffuse Feuchtigkeit, also der durch die Dachkonstruktion wandernde Wasserdampf, abgeführt. Ein Unterdach erfüllt also zwei Funktionen:

→ Verhinderung des Wassereintritts von außen bei Versagen der Dachdeckung und
→ Ablüftung von Wasserdampf, Kondenswasser und Schadwasser aus dem Hausinneren und der Konstruktion.

Das regensichere Unterdach

Das „regensichere Unterdach" ist ein Relikt vergangener Zeiten, das nur bei Dachneigungen ab 25 Grad sinnvoll ist, denn nur bei steilen Dächern läuft anfallendes Unterdachwasser schnell genug ab. Die Schalungsbahn wird hier nur zu Zwecken der Winddichtheit verklebt, Nageldichtbänder bei den Konterlatten sind noch nicht vorgeschrieben.

Das „erhöht regensichere Unterdach" (eigentlich wasserdichtes Unterdach)

Damit das Unterdach endlich kann, was es können soll, werden die eben erwähnten Schwachstellen wasserdicht gemacht:

→ Die Überlappungen der speziellen Schalungsbahnen werden verschweißt.
→ Nageldichtbänder werden bei Konterlattennägeln oder besser noch: die Schalungsbahn wird über die Konterlatte geführt, dann sind die Nägel auch dicht.
→ Besondere Sorgfalt gilt es bei Durchdringungen und Anschlüssen, wie Kamin, Antennen etc., walten zu lassen.

Die beste Variante, ein Unterdach herzustellen, ist jene mit einer Wärmedämmplatte als Unterdach. Statt Brettern werden beispielsweise zwölf Zentimeter dicke Unterdach-Dämmplatten auf die Sparren geschraubt. Damit werden auch Wärmebrücken, die durch den Dachstuhl entstehen, egalisiert. Die empfindlichere Zwischensparrendämmung im Dachstuhl bleibt so zur Gänze vom winterlichen Kondenswasser verschont.

Durchdringungen im Unterdach

Dachfenster, Satellitenstangen, Kanalstrangentlüftungen, Sanitärrohre und Kamine bilden Löcher im Unterdach und raumseitig in der Dampfbremse. Alle diese Löcher müssen dauerhaft verschlossen werden.

An diesen Stellen lassen sich Klebebänder zur wasserdichten Unterdachverklebung leider nicht vermeiden. Leider zeigt meine persönliche Statistik, dass acht von zehn Unterdächern in diesen Bereichen entweder gar nicht oder fehlerhaft verklebt sind. Dadurch dringt Wasser ein, und dies führt zu Schimmelbefall an der Dämmung oder holzzerstörendem Pilzbefall am Dachstuhl.

Dazu kommt aber noch ein Problem: Um die Löcher dauerhaft abzudichten, müssen Klebebänder auf die Schalungsbahnen geklebt werden. Klebebänder auf Vliesbahnen setzen aber immer einen Haftgrundanstrich voraus. Nicht umsonst steht bei den Klebebändern sinngemäß und im Kleingedruckten: „Ob die Klebebänder tatsächlich kleben, muss mit Eigenversuchen getestet werden."

Es gibt auch vorgefertigte Rohrmanschetten, die in die Schalungsbahn eingebunden werden können. Wer hier 20 Euro spart, riskiert Jahre später einen Schaden von mehreren tausend Euro.

Abb. 92: Die Unterdachausführung mit Holzplatten ist nicht ganz korrekt. Wasser kann in der Mitte der Kehle nicht ablaufen, die Klebebänder stehen gegen die Abflussrichtung.

Abb. 93: Auch wenn es die Hersteller zulassen, in den meisten Fällen haften die Klebebänder nicht ohne Haftanstrich. Untergrundreinigung ist Pflicht.

Abb. 94 „Säuft" das Unterdach regelmäßig ab, drohen Pilzschäden am Dachstuhl.

Abb. 95: Totalschaden am Dachstuhl aufgrund eines wasserundichten Unterdachs!

Dachfenster

Unbeachtete Handwerkerausstiege

Nicht ausgebaute Dachböden müssen in der Regel eine Zugangsmöglichkeit haben, damit man im Brandfall löschen kann. Auch wenn der Dachraum gar nie genutzt werden soll, muss es in der Regel und je nach Bauordnung ab fünf Quadratmeter Raumgröße eine Zugangsmöglichkeit geben. Dafür genügt ein Handwerkerausstieg, der so umgebaut wird, dass es eine Öffnungsmöglichkeit von außen gibt.

Wer seinen Dachraum nutzen möchte, baut eine Dachbodentreppe mit ausziehbarer Leiter ein. Achten Sie dabei auf eine passivhaustaugliche, also luftdichte und gut gedämmte Treppe. Denn ohne absolute Luftdichtheit kann feucht-warme Raumluft über die Treppe den Dachstuhl mit Kondenswasser beaufschlagen, Pilzschäden inklusive!

Um das Dach für Wartungszwecke betreten zu können, benötigen Sie dann noch einen Handwerkerausstieg, ein kleines Dachfenster. Glauben Sie mir, Ausstiegsgrößen von knapp 40 Zentimetern machen den Wartungsgang zur Qual. Ein Handwerkerausstieg sollte daher zumindest 50 Zentimeter breit und stabil sein. Velux, Roto und Bramac bieten komfortable Maße, der Ausstieg von Tondach Gleinstätten punktet wenigstens noch in puncto Stabilität. Hier mein Ranking:

→ *Velux*: 49 x 76 cm (stabil, mit Isolierglas!)
→ *Roto*: 55 x 80 cm (stabil, mit Isolierglas!)
→ *Bramac*: 47 x 72 cm oder 47,5 x 52 cm
→ *Tondach Gleinstätten*: 43 x 50 cm (stabil!)
→ *Eternit*: 42 x 54 cm
→ *Klöber*: 47,5 cm x 52 cm (fragil)

Hinter dem Dachfenster muss die Deckung zurechtgeschnitten werden, sodass der Fensterdeckel zwangs- und damit bruchfrei vollflächig auf der Dachdeckung zu liegen kommt. Vielleicht ist es aber auch einfacher, eine Anlegeleiter für den Wartungsgang am Dach anzuschaffen. Fragen Sie jedenfalls den Rauchfangkehrer, eventuell verlangt er für seine Kamininspektion den Einbau von Dachstufen!

Dachflächenfenster - Wohnraumfenster

Bei den Systemdachflächenfenstern wird die Luft erschreckend dünn. Ich kann nur zwei Hersteller empfehlen, und die nur eingeschränkt: Velux und Roto.

Bei Roto wird zur Anbindung an die Dachdeckung über den Dachrahmen ein Gummiteil gestülpt. Velux steckt seine Blechteile systemgerecht zusammen. Immer noch enttäuschen beide Hersteller in Bezug auf die thermische Qualität. Passivhausqualität? Fehlanzeige. Zwar gibt es Glasscheiben mit passivhaustauglichen Werten, aber die Rahmenkonstruktionen halten nicht mit. Ich vermute, da fehlt der größte Innovationsmotor, und zwar die Konkurrenz. Ich habe für meinen Dachausbau 22 „Niedrigenergie-Velux-Fenster" eingekauft und die Rahmenbreite mit einem aufwändigen Umbau nahezu verdoppelt. So habe ich die vermisste Passivhaustauglichkeit erreicht.

Dachfenster bilden immer eine Kondenswasser-Falle, ein UW-Wert von 1,1 W/m²a ist immer noch schlechter als ein Wert von 0,15 für eine Passivhauswand. Das Fenster wird immer der kälteste Bereich in der Gebäudehülle bleiben. Auch bei passivhaustauglichen Fensterwerten von 0,8.

Bei Dachfenstern entsteht außerdem ein konstruktives Problem in Verbindung mit einem innenliegenden Sonnenschutz. Durch den innen montierten Sonnenschutz wird im Winter die warme Raumluft von der Scheibe abgeschirmt. Im Spalt zwischen Scheibe und Rollo oder Jalousie bildet sich dann schnell Kondensat und Schimmel. Das würde sich durch eine Art Labyrinthbelüftung lösen lassen, aber wie schon erwähnt, echte Innovationen bleiben bei wenigen Anbietern scheinbar aus.

Verzichten Sie daher entweder gleich auf den inneren Sonnenschutz zugunsten eines außen liegenden Rolladens. Oder fahren Sie den Sonnenschutz bei wolkenlosem Nachthimmel einfach hoch, in Verbindung mit der Heizflächennutzung und adäquater Lüftung sollte das Kondenswasserproblem ausbleiben.

Es werden auch Schallschutzgläser angeboten, diese sind aus meiner Sicht jedoch sinnlos, da müssten zuerst die Fensterkonstruktionen selbst dichter werden.

Abb. 96: Die am Markt erhältlichen Dachbodentreppen sind schlecht gedämmt, hier hat die Baufirma vorbildhaft nachgeholfen. Echt warm!

Dachglassysteme

Velux bietet einen „Dachbalkon" an, eine nette Spielerei, die aber auch sehr teuer ist. Roto hat mit 2,6 x 1,7 Metern ein echtes Panoramafenster im Programm. Wer individuellere Lösungen sucht, findet diese bei Alu-Profil-Herstellern wie beispielsweise Schüco. Bei Holzkonstruktionen muss der Fenstertischler entsprechende Referenzen vorweisen können, Dachfenster sind nichts für Anfänger.

Vergessen Sie übrigens nicht, dass bei Individuallösungen auch alle Zubehörteile wie Sonnenschutz oder Steuerungstechnik erst „erfunden" werden müssen.

Dachgauben und das A/V-Verhältnis

Normale schräge Dachfenster belichten einen bewohnten Dachboden perfekt, aber sie schaffen keinen zusätzlichen Raum. Das erreichen nur Dachgauben.

Besonders bei flachen Dachneigungen und einer niedrigen Kniestockwand kann durch das „Aufklappen" des Daches ein Raumwunder geschaffen werden. Kreative Architekten verordnen Gauben an den Seitenwänden oft spitz zulaufende Wandfenster, doch damit sind Wärmebrücken und Kondenswasserschäden kaum zu vermeiden. Auch fragile Fertiggauben oder Konstruktionen aus Metallprofilen sollten vermieden werden, eine Gaube wirkt sich ohnehin schon negativ auf die dämmende Gebäudehülle aus.

Im diesem Zusammenhang ist es interessant, kurz das Thema A/V-Verhältnis zu streifen.

Das Prinzip lautet: m^2/m^3. In Worten: Die gesamte Außenfläche des Gebäudes wird durch das Raumvolumen des Gebäudes dividiert. Je mehr Volumen ein Haus im Verhältnis zur (wärmeabgebenden) Oberfläche hat, desto kleiner ist die Zahl, und das bedeutet, desto besser ist der Energiewert des Hauses. Einfamilienhäuser liegen im Schnitt bei einem Wert von 0,8 bis 1 (große Gebäude schaffen Werte von 0,2). Eine Gaube verschlechtert dieses Verhältnis. Um das zu kompensieren und den Heizwärmebedarf am Ende nicht zu verschlechtern, kann man beispielsweise die Dachdämmung um zwei Zentimeter erhöhen.

Abb. 97: Dachgauben verschlechtern das A/V-Verhältnis. Hochleistungsdämmstoffe wie Vakuumdämmplatten kompensieren das ganz gut. Quelle: SF-Vakuumdämmung.at

Dachbodenbelüftung

Mich wundert immer wieder, dass für den Platz im Keller gutes Geld bezahlt wird, aber der ohnehin vorhandene Dachboden ungeliebt und ungenutzt ist.

Meistens werden die Zimmerdecken gedämmt, während der Dachboden kalt und ungemütlich bleibt. Er darf sogar, weil keine Brandschutzverkleidung am Dachstuhl gemacht wurde, baurechtlich nicht einmal als Lager genutzt werden. Damit erhebt sich die Frage: Soll der ungedämmte Dachraum mit der Außenluft belüftet werden?

Jetzt wird es zwiespältig, denn die geltende technische Norm beinhaltet einen Widerspruch.

Einerseits sagt sie: „Ungedämmte Dachböden sind zu belüften." Vermutlich deshalb, weil eine Be- und Entlüftung eine Sicherheitsmaßnahme darstellt, falls die raumseitige Dampfbremse fehlerhaft ist, was für den Dachstuhl üble Folgen hätte. Andererseits schreibt die Norm vor, dass „Flugschneeeintrieb zu verhindern sei", es darf also keine Schneewehen in den Dachboden blasen.

Eine Dachbodenbelüftung hat Vor- und Nachteile. Die Nachteile sind:

→ Die Windeinströmung führt zu einem erhöhten Wärmeverlust im Winter;
→ es kommt zu einem möglichen Flugschneeeintrieb;
→ die Windeinströmung führt zu Verschmutzungen durch Staub und Flug-
samen;
→ ein Insektenbefall ist trotz Vogelschutzgitter möglich.

Die Vorteile einer Dachboden-Belüftung sind:

→ Die Windeinströmung sorgt für sommerliche Abkühlung;
→ die Durchlüftung reduziert die Gefahr von Kondensationsschäden am
Dachstuhl;
→ Sie verfügen auf jeden Fall über eine normgerechte Ausführung.

Am besten vermeiden Sie jeden Zwiespalt, indem Sie statt an der Zimmer-
decke direkt in der Dachschräge dämmen. Wenn Sie dann auch noch zum
Dachboden hin eine Dampfbremse und eine Brandschutzverkleidung anbringen, erhalten Sie einen Raum, der behördlich als Lagerraum angegeben
und voll genutzt werden kann.

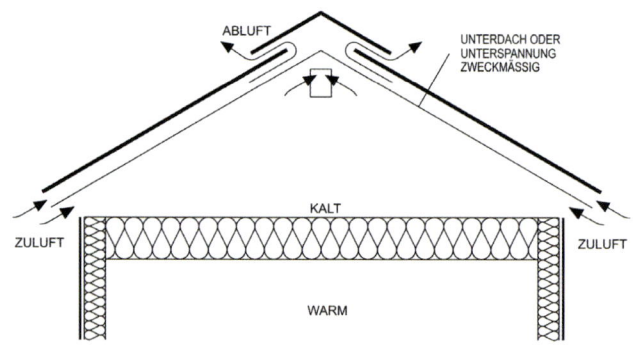

Abb. 98: Schema einer theoretisch richtigen Dachkonstruktion. Die Dachhaut ist hinterlüftet und der Dachboden belüftet.

DACHSCHRÄGE
Sparrenvolldämmung im Neubau

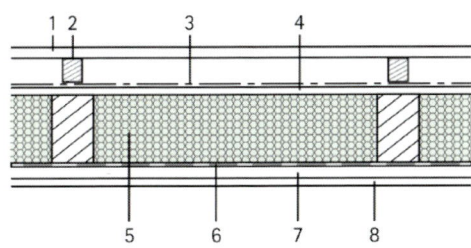

1 Dachlattung   2 Konterlattung   3 OMEGA-Schalungsbahn
4 Holzschalung   5 ISOCELL-Zellulosedämmstoff   6 Öko-Natur
Dampfbremse   7 Sparschalung/Installationsebene   8 Gipsplatte

Abb. 99: Die Vollspar-
rendämmung mit hinter-
lüftetem Unterdach und
raumseitiger Dampfbremse
ist Vorschrift beim Dachausbau. Quelle: Isocell.at

Blitzschutz

Ein Blitzschutz ist für private Wohnhäuser baurechtlich nicht vorgeschrieben, aber ein Blitzeinschlag ist eine reale Gefahr, denn die Gewitter werden immer heftiger. Ob und in welcher Form ein Blitzschutz sinnvoll ist, hängt vorwiegend von der umliegenden Geländetopografie ab. Wenn Ihr Gebäude von höheren Häusern, Bäumen und Strommasten umgeben ist, wird es dort zuerst einschlagen. Lassen Sie sich diesbezüglich von Ihrem Elektriker beraten.

Kamine

In einem Passivhaus müssen Sie grundsätzlich keinen Kamin bauen; in der Bauordnung steht, dass in bestimmten Fällen der vorgeschriebene Notkamin bei passiver Bauweise entfallen kann. Ich habe passiv und trotzdem einen Kamin gebaut, weil ich einen kleinen Wohnzimmer-Pelletsofen für sibirische Wochen vorgesehen habe (Erdwärme geht ja im Dachausbau nicht). Ein Holzofen ist also kein Widerspruch zum Passivhaus. Man muss nur darauf achten, dass die Luftzufuhr zum Ofen unabhängig von der Raumluft erfolgt und der Ofen für die raumluftunabhängige Betriebsweise geeignet und zugelassen ist.

Im Wesentlichen werden zwei Systeme der Luftzuführung angeboten:

→ Die Frischluftzufuhr erfolgt über einen Ringspalt zwischen wärmegedämmtem Innen- und Mantelstein. Der Vorteil dabei ist die platzsparende Bauweise und damit auch das geringere Gewicht mit weniger Wärmebrücken.
→ Die Frischluftzufuhr erfolgt über einen eigenen Mantelstein gleich neben dem Kamin mit ungedämmtem Abgasrohr. Hier wird die Frischluft nicht wie beim Ringspalt durch die Abgasluft vorgewärmt.

Schließlich soll der Kamin nicht selbst eine Wärmebrücke bilden. Das Kaminmauerwerk reicht vom beheizten Raum bis zum Außenklima. Um eine Wärmeableitung über das Mauerwerk zu verhindern, gibt es Thermo-Trennsteine, die im Bereich der „Klimagrenze" eingebaut werden müssen. Das wäre also entweder bei der gedämmten Decke zum Dachboden oder in der gedämmten Dachschräge.

Abb. 100: Links: Dieses Kaminsystem wird mit einem kleinen Installationsschacht geliefert, das spart weitere Schächte und Aufwände. Quelle: Ahrens.at
Abb. 101: Rechts: Die Frischluft wird über den Spalt zwischen wärmegedämmtem Innenrohr und Mantelstein angesaugt, das spart Platz, Gewicht und Wärmebrücken. Quelle: Ahrens.at

Ab. 102: Völlig wartungsfreie Kaminverblechung und Dachanschluss ohne Dichtmassen mit fachgerechter Spenglerarbeit. Quelle: Ahrens.at

Dachsysteme Top-Empfehlung

Abschließend erhalten Sie meine Bauempfehlungen wieder kurz zusammengefasst. Vorauszuschicken ist, dass die Architektur den Ton angibt – je nach Dachform und Neigung wird die passende Dachkonstruktion und Dachdeckung ausgewählt. Grundsätzlich empfehle ich für ein Steildach, raumseitig beginnend:

→ 2,5 Zentimeter Heraklith-Putzträgerplatten mit Tonputz-Emoton verputzt
→ Acht Zentimeter Installationsebene mit Holzlattung, dazwischen Steinwolledämmung
→ Dampfbremse SIGA
→ 28 Zentimeter Dachstuhl stark mit Holzfaser-Zwischensparrendämmung
→ Zwölf Zentimeter Unterdach-Dämmplatte
→ Stamisol Schalungsbahn verschweißt

→ Acht Zentimeter Konterlattung

→ Bretterschalung bei VMZINC-Blechdach oder Lattung für Eternit-Dachmaterial

Weiterführende Informationen und Anbieter: www.bauherrenhilfe.org/fachbuch_**dach**

Kapitel 8

Betreten verboten – Flachdächer, Terrassen, Balkone

Eine Geschichte von Betroffenen

Als Gabriele Brenner mit 63 Jahren in Ruhestand geht, bekommt sie eine hübsche Abfertigung und eine gute Pension. Außerdem hat sie im Leben einiges sparen können. Ihre Tochter Jessica hat weniger Glück. Mit 41 ist die kinderlos Geschiedene auf Arbeitssuche und leidet an rheumatischen Schüben, die schlimmer werden. Mutter und Tochter beschließen, zusammenzuziehen und sich gegenseitig im Leben beizustehen. Jeder rät ihnen, für das Alter vorzusorgen und in Eigentum zu investieren. Eine Weile zögert Gabriele. Sie hat ein Leben lang zur Miete gewohnt und kann sich schwer mit dem Gedanken anfreunden, ihr ganzes Geld auszugeben und sogar noch einen Kredit aufzunehmen. Aber dann findet sie, Jessica soll später ein abbezahltes Haus besitzen und nie mehr Miete zahlen müssen.

Die beiden Frauen suchen also eine geeignete Bleibe. Bei einem Bauträger erwerben sie schließlich ein Reihenhaus, das gerade im Bau ist. Sie überschreiben die Kaufsumme einem Treuhänder, der den Baufortschritt überprüfen und jeweils in Raten an den Bauträger auszahlen soll.

Das Haus steht auf einem kleinen Grundstück, viel Garten gibt es nicht. Dafür wird das Haus eine Terrasse haben, die vom Wohnzimmer abgeht und eher zum Bereich von Mutter Gabriele gehören wird. Der erste Stock hat einen großen Balkon, den vorwiegend Jessica nutzen kann. Zum ersten Mal sehen Mutter und Tochter das Haus nicht nur als Vernunftsache, sie freuen sich jetzt darauf.

Doch schon während der Bauarbeiten geht der Bauträger in Konkurs. Schlimmer noch, auch der Treuhänder hat Konkurs angemeldet und ist verschwunden. Es stellt sich heraus, dass er mit dem Bauträger unter einer Decke gesteckt und das Haus frühzeitig komplett ausbezahlt hat. Die Damen stehen vor einem Rohbau. Es bleibt ihnen nichts anderes übrig, als einen zweiten Kredit aufzunehmen, um das Haus fertig zu bauen.

Sechs Jahre später. Die Frauen haben sich gut eingelebt, aber das Haus macht Probleme. Allzu schnell ist es abgewohnt. Da und dort zeigen sich Sprünge und Schäden. Die Terrasse ist windschief, die Fliesen gebrochen, und im Wohnzimmer zeigen sich unschöne Wasserflecken in der Nähe der Terrassentüre. Noch schlimmer sieht der Balkon im ersten Stock aus. Die schönen Terrakotta-Fliesen, die sich Jessica so gewünscht hat, liegen nur mehr lose auf dem Untergrund, die meisten sind zerbrochen. Was Jessica noch mehr ärgert: Sie schrubbt den Balkonboden häufig, aber vergeblich, die Fliesen bleiben immer schmutzig. Was ist das nur?, fragt sie sich. Sie und Gabriele stellen eine Leiter an die Mauer, damit sie sich auch den Balkonunterboden einmal genauer ansehen können. Oh Gott, das sieht ja nach Schwammerln aus! Tatsächlich gibt es an der Holzkonstruktion Pilzbefall. Jessica macht sich auf den Weg zum Baumarkt, um Anti-Schimmelmittel zu kaufen. Zum Glück trifft sie dort den netten Herren wieder, den sie vom Sehen kennt. Der hat sie schon hilfreich beraten, als Jessica Gartengeräte gekauft hat. Auch jetzt bietet er sofort seine Hilfe an. Er geht mit zu Jessica nach Hause und zeigt ihr, wie man das Mittel auf die Unterseite des Balkons sprüht.

Vier Monate später fällt das Balkongeländer hinunter. Ein glücklicher Zufall, dass Gabriele gerade nicht darunter saß und niemand verletzt wurde. Die Damen holen einen Handwerker, der ein neues Geländer bauen soll. Der sieht sich den Balkon erst einmal von unten an und weigert sich, ihn zu betreten. Also holen die Frauen einen Gutachter, der den Balkon abstützen lässt und untersucht. Es stellt sich heraus, dass jegliche Abdichtung fehlt. Das Holz ist komplett verschimmelt und morsch. Der Balkon war bereits lebensgefährlich. Ähnlich schlimm steht es um die Terrasse, die dem Frost nicht standhält und auch noch Regenwasser ins Wohnzimmer leitet, weswegen das Wohnzimmerparkett schon ziemlich kaputt ist. Es bleibt den Damen nichts anderes übrig, als den Kredit ein drittes Mal aufzustocken und von Grund auf zu sanieren.

Ein Gutes hat das Malheur aber vielleicht doch. Der nette Herr vom Baumarkt ist jetzt immer öfter bei Jessica anzutreffen. Kürzlich soll man ihn sogar auf dem Balkon mit ihr frühstücken gesehen haben.

Flachdach und Terrasse

Technisch gesehen gibt es zwischen Flachdächern und Terrassen keinen Unterschied. Nur legt man auf eine Terrasse meist einen schönen Belag, auf das Flachdach lediglich Schotter, außerdem benötigt eine Terrasse eine Absturzsicherung, das Flachdach benötigt diese nur während der Bauphase. Wenn Sie so etwas zu hören bekommen wie, „ein Flachdach ist nie und nimmer dicht zu bekommen, Wasserschäden sind nicht zu verhindern", dann ist das eine weitverbreitete Meinung, die aber nur bei fehlerhafter Ausführung zutrifft. Tatsächlich müssen Sie sich um ein Flachdach, wenn es richtig gebaut wird, nie mehr kümmern, außer dass Sie hie und da altes Laub aus dem Entwässerungssystem sowie Grünwuchs vom Flachdach entfernen. So perfekt kann es sein.

Abb. 103: Flachdach voll genutzt: Der eigene Dachgarten mit Biotop. Quelle: Triflex.com

Konstruktionsarten

Auch ein Flachdach ist nie ganz flach. Die Abdichtungsebene hat ein Mindestgefälle von 1,8 bis zwei Prozent, das sind rund zwei Zentimeter pro Meter. Die hinterlüfteten Dachkonstruktionen (früher „Kaltdach") sind nicht mehr am Puls der Zeit, die Wärmedämmung soll schließlich nicht mit der kalten Außenluft umspült werden. Aufgrund des Flugschneeeintriebs in die Konstruktion und möglichen Insektenbefalls sind nicht hinterlüftete, abgedichtete Konstruktionen zu empfehlen. Das stellt beim Warmdach mit raumseitiger Dampfbremse unter einer Holzbalkenkonstruktion ein durchaus heikles Unterfangen dar.

Es gibt zwei grundlegende Konstruktionsmöglichkeiten für eine nicht hinterlüftete Flachdach- oder Terrassenkonstruktion: das Warmdach und das Umkehrdach.

Das Warmdach

Bei einer Warmdachkonstruktion wird unter der Konstruktionsdämmung die Dampfsperre und darüber die Feuchtigkeitsabdichtung angeordnet. Es wird grundsätzlich zwischen einem massiven mineralischen Tragewerk (Ziegel, Beton) und einem aus Holz unterschieden. Bei einer abgedichteten Warmdachkonstruktion gibt es eine besondere Schwierigkeit: Die Abdichtung ist nicht nur wasserdicht, sie ist auch nahezu dampfdicht! Damit nicht mehr Wasserdampf in die Konstruktion diffundiert, als über die Abdichtung wieder raus kann, muss raumseitig eine Dampfsperre absolut luftdicht angeordnet werden. Wer bei einem Flachdach die Dampfbremse, wie bei diffusionsoffenen Steildächern üblich, mit dünnen Folien oder schlampig ausführt, muss schon im ersten Winter mit schweren Pilzschäden durch Kondenswasseranfall rechnen. Das gilt besonders für leichte Holzkonstruktionen, wo die Dampfbremse raumseitig recht ungeschützt direkt hinter der innenseitigen Beplankung liegt. Anders ist es bei einer massiven Betondecke: Hier wird die Dampfsperre einfach und ohne Unterbrechung auf der Gefällebetonlage oder der Rohbetondecke bituminös aufgeflämmt. So wie bei einer Kellerwand, nur einlagig mit beispielsweise einer Alueinlage zur Erhöhung der Wasserdampfwiderstandszahl. Die Alueinlage kann man sich bei relativ diffusionsoffenen Abdichtungslagen wie zum Beispiel EPDM-Kautschukbahnen sparen.

Die Vorteile des Warmdachs sind:

→ Die Wärmedämmung kann im Vergleich zum Umkehrdach um rund 20 Prozent geringer ausfallen, da diese nicht vom Regen abgekühlt wird.
→ Die Wärmedämmung kann mit günstigeren Dämmstoffen ausgeführt werden, da diese im trockenen Bereich liegt.
→ Gefälledämmplatten stellen eine trockene Bauweise dar.

Es gibt jedoch auch Nachteile:

→ Die wichtige Abdichtung liegt relativ ungeschützt obenauf.
→ Es besteht Beschädigungsgefahr bei Belastung: Denn die Abdichtung liegt auf einer weichen Dämmung.
→ Die wasserführende Ebene sitzt um die Dämmstärke höher, damit entsteht gegebenenfalls ein Türanschlussproblem.
→ Die Konstruktion ist bei einer Auflage für Blechanschlüsse aufwändiger.
→ Die Dampfsperre ist fehleranfällig.
→ Falls Wasserschäden auftreten, verteilen sie sich in der Dämmebene und lassen sich nur schlecht lokalisieren.

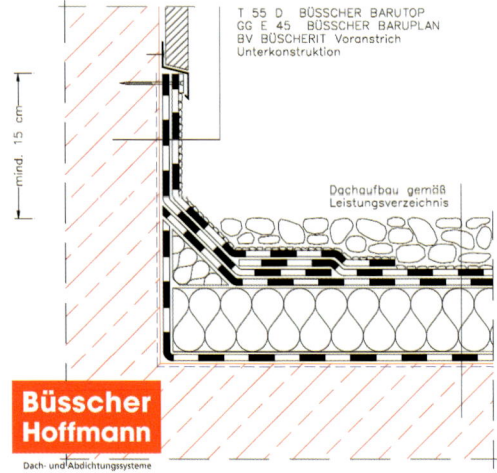

Abb. 104: Abdichtungs-
arbeit = Planungsarbeit.
Schnitt Wandanschluss in
der Warmdachkonstruk-
tion. Quelle: Bueho.at

Abb. 105: Schnitt Wand-
anschluss in der Umkehr-
dachkonstruktion.
Quelle: Bueho.at

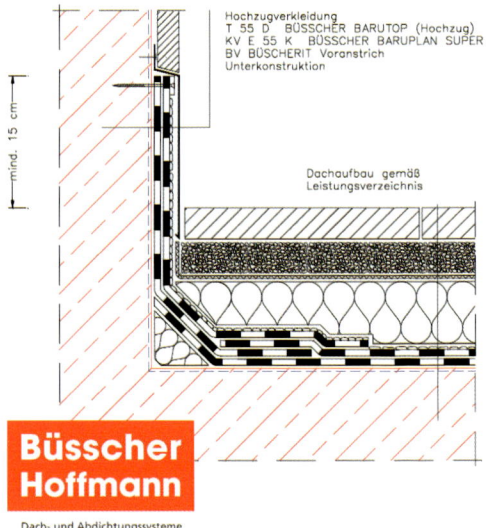

Das Umkehrdach

Hier wird das Warmdachsystem quasi umgekehrt: Direkt über dem Untergrund (der Decke) folgt die Abdichtung; darüber liegt die Dämmung, die
damit dem Wetter ausgesetzt ist. Eine Dampfbremse erübrigt sich.

Die Vorteile eines Umkehrdaches sind:

→ Die wichtige Abdichtung wird durch die Wärmedämmung geschützt.

→ Die wasserführende Ebene sitzt um die Dämmstärke tiefer, das Wasser läuft so schnell von den nicht rückstausicheren Ab- und Anschlüssen weg.

→ Es handelt sich um eine einfachere und nicht fehleranfällige Konstruktionsart.

Die Nachteile sind:

→ Die Dämmung ist aufgrund der Wasserlagerung nur mit teuren XPS-Platten herstellbar.

→ Die Dämmung muss aufgrund der Wasserlagerung um rund 20 Prozent stärker dimensioniert werden.

→ Die Dämmung muss, weil sie „aufschwimmen" könnte, beschwert werden.

→ Die Dämmung muss vor der UV-Strahlung geschützt werden.

Fazit

Beide Systeme haben ihre Anwendungsbereiche. Bei Holzkonstruktionen wird man ein Warmdach oder eine Kombination aus beiden (Duo-Dach) wählen, während bei massiven Tragewerken speziell zu Terrassen eher ein Umkehrdach und bei höheren Anforderungen an die Dämmung wiederum ein Warmdach infrage kommt. Eine sehr sinnvolle Variante ist beispielsweise, zwei Drittel der Dämmung „im Warmdach" anzubringen und ein Drittel als Schutz der Abdichtung obenauf zu legen. Das ergibt dann ein Duo-Dach.

Ob man ein Warm- oder Umkehrdach empfiehlt, hängt von vielen Umständen ab, für deren Beurteilung der Planer verantwortlich ist. Dieser soll aber begründen können, warum er sich für die eine Variante entschieden hat.

Konstruktionsregeln

Um ein Flachdach oder eine Terrasse fehlerfrei zu bauen, gilt es, *alle* Konstruktionsregeln richtig anzuwenden. Die nachfolgenden einfachen und auszugsweisen Grundregeln gelten bei allen Konstruktionsarten. Prüfen Sie, ob Ihr Bauvorhaben diesen folgt:

Die Herstellung des Gefälles

Die schon erwähnten 1,8 bis zwei Prozent Gefälle werden beim Warm- und beim Umkehrdach auf verschiedene Weise erzeugt. Entscheidend ist, dass *die Abdichtung* selber das Gefälle aufweist, denn an ihr muss das Regenwasser abrinnen können. Zwei Prozent sind ohnehin wenig, da ist etwas Pfützenbildung unvermeidlich, was aber eine gute Abdichtung nicht stört.

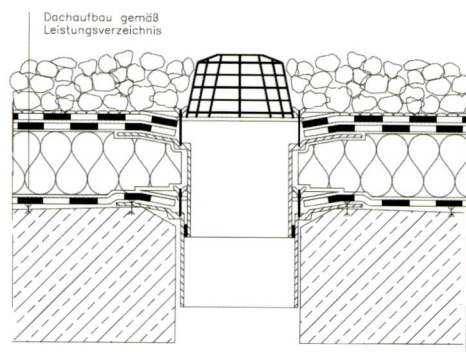

Abb. 106: Schnitt im Gullybereich in der Warmdachkonstruktion. Quelle: Bueho.at

Achtung: Auf keinen Fall darf bei einem Warmdach ein Gefällebeton *in die* Konstruktion, also nach der Dampfsperre, eingebracht werden. Da auf der einen Seite die Dampfbremse und auf der anderen die Abdichtung liegen wird, würde man so Hunderte Liter Wasser in die Konstruktion einsperren.

Abdichtungshochzüge statt Winkelbleche

Jeder Mensch, der die Funktionsweise einer Badewanne durchschaut hat, weiß, dass auch das dichteste Material nur dann den Boden trocken hält, wenn die Seitenränder hochgezogen werden.

So steht es auch in einer relevanten Norm:

„An- und Abschlüsse sollten möglichst aus den gleichen Materialien wie die Dachabdichtung hergestellt werden." Oder: *„D.9 (1) An- und Abschlüsse (Hoch- und Tiefzüge) müssen aus den gleichen Abdichtungsmaterialien wie die Dachabdichtung unter Beachtung der Tabellen D.6 und D.7 bestehen."*

Umso erstaunlicher finde ich es, dass die Spengler dagegen rebellieren. Vielleicht meinen sie auch nur, späteren Vertretern ihrer Zunft noch Arbeit verschaffen zu müssen. Jedenfalls bauen Spengler immer wieder bei Wandanschlüssen Winkelbleche in L-Form ein, statt die Abdichtung die Wände oder Anschlüsse hochzuziehen. Damit wird ein Fremdkörper mit einem gänzlich anderen Ausdehnungskoeffizienten in die Abdichtung eingebaut, das Blech. In der Folge können Undichtheiten im Blechbereich entstehen. Nahezu alle Terrassensanierungen werden wegen derartiger Undichtheiten nötig.

Ein Flachdach, bei dem die Abdichtung wannenförmig hochgezogen wurde, kann baupraktisch nicht mehr undicht werden. Der Spengler sollte sein Blech dort einbauen, wo es sich nicht vermeiden lässt, zum Beispiel beim Saum zur Hängerinne, bei Säulen oder beim Türstaffel.

Abb. 107: Winkelbleche statt hochgezogener Abdichtung – unverständlicherweise immer noch zulässig.

Abb. 108: Winkelblech ist im Bereich der feuchten Kieslage durchlöchert.

Welches Blech für meine Terrasse?

Für alle Bleche, die in die Abdichtung eingebunden werden, gelten höchste Anforderungen. Rostschutzanstriche sind später nicht mehr herstellbar, und Undichtheiten können nur mühselig gefunden werden. Es sollten daher nur lötbare und nicht rostende Bleche verwendet werden. Folgende Bleche kommen also *nicht* infrage:

→ verzinkte Stahlbleche – im Abdichtungssystem kann kein Korrosionsschutz hergestellt werden;
→ Aluminium – Dichtmassen sind nicht zuverlässig und hitzebeständig;
→ beschichtete Bleche – hier gilt dasselbe wie für das Aluminium.

Damit landen wir bei Blechen aus Niro, Kupfer oder Titanzinkkupferlegierung, wobei ich bei Titanzink zur Vorsicht mahne. Das Material braucht Schutzanstriche und verzeiht keine Verlegefehler.

Ich empfehle daher, für Terrassen nur Niro- oder Kupferbleche zu verwenden, wobei in puncto Niro entweder ein verzinnter Chromnickelstahl oder Chromstahl verzinnt infrage kommt. Die Zinnauflage braucht der Spengler, um das Blech löten zu können. Schweißen kann man die Bleche nicht, dafür sind sie zu dünn.

Abb. 109: Terrassenabdichtung und Dekorbelag in einem. Quelle: Triflex.com

Abdichtungen

Flachdachabdichtungen

EPDM-Bahnen

EPDM-Bahnen sind bis zu 500 Prozent dehnbar. Sie können vorkonfektioniert und in einem Stück geliefert werden. Nur kleinere Anpassungsarbeiten sind dann noch handwerklich herzustellen. Das Material ist gummiartig, verzeiht kleinere Beschädigungen und kann ohne UV-Schutz verlegt werden. Ethylen-Propylen-Dien-Monomerkautschuk, so der ganze Name, wird seit den frühen 60er-Jahren verwendet. Verarbeitet werden die Bahnen mit Quellschweißmitteln oder Heißluftfön. EPDM ist in unterschiedlichen Dicken von 1,2 bis 2,0 Millimeter lieferbar. Ich empfehle 2,0 Millimeter Dicke, damit wird die Bahn „fehlerverzeihend", soweit es mechanische Schäden betrifft.

Bitumenabdichtung

Die gute alte Bitumenabdichtung ist in den letzten paar hundert Jahren wesentlich verbessert worden. Heutige Flämmbahnen haben jeweils vier bis fünf Millimeter Stärke und werden kunststoffmodifiziert als Elastomer- oder Plastomerbitumen geliefert. Die Zweilagigkeit ist jeweils Mindestanforderung, das ergibt eine Gesamtstärke von rund neun bis zehn Millimeter und somit eine „fehlerverzeihend" robuste Abdichtung.

Die Bitumenflämmbahnen sind nicht UV-beständig und benötigen daher einen Sichtschutz. Verarbeitet werden die Flämmbahnen mit einem Gasbrenner. Auch selbstklebende Bahnen können als Trennlage zu Wärmedämmverbundsystemfassaden oder Flachdachdämmungen verwendet werden. Eine nachträgliche Reparatur ist auch Jahrzehnte später problemlos möglich.

EPDM-Polymerbitumenbahnen

EPDM-Polymerbitumenbahnen in 2,5 bis 3,1 Millimeter Dicke vereinen die Vorteile der beiden genannten Abdichtungsarten. Als frei bewitterte Oberlage wird EPDM an der Unterseite mit Polymerbitumen kaschiert. In dieser Kombination ist mir nur das Produkt „Resitrix" bekannt. Es kann in Heißbitumen verklebt oder mit Heißluft geschweißt werden. Eine Vorkonfektionierung ist nicht möglich. Das bedeutet, dass die Rollenware wie bei Bitumenflämmbahnen auf der Baustelle zusammengeschweißt wird. Resitrix kann wie EPDM einlagig und somit wirtschaftlich günstig verlegt werden.

Sonstige Abdichtungsprodukte

Es gibt noch weitere Abdichtungsprodukte, zum Beispiel dünne PVC-Folien, die vorzugsweise auf Industriedächern verlegt werden. Sie kosten im Schnitt die Hälfte, halten aber auch nur circa 20 statt bis zu 100 Jahre. Das ist für ein Industriehallendach in Ordnung, da dieses vermutlich ohnehin nicht länger in Verwendung ist; da macht es Sinn, bei einer Fläche von 2.000 Quadratmetern das günstigere Produkt zu wählen.

Abb. 110: PVC-Folienabdichtung mit fehlerhafter Verschweißung.

Abb. 111: Totalschaden am Flachdach. Das Dach war dicht, die Dampfbremse raumseitig nicht.

Bei einem Einfamilienhaus sieht es ganz anders aus. Hier reden wir von einer Fläche von vielleicht 120 Quadratmetern. Eine Kostenschätzung für eine abgedichtete Fläche mit 120 Quadratmetern inklusive An- und Abschlüssen ergibt Folgendes:

→ Zweilagige Bitumenflämmbahn mit zehn Millimeter Dicke: rund 6.800 Euro
→ Einlagige Folienabdichtung mit 1,5 Millimeter Dicke: rund 3.890 Euro

Die Bitumenabdichtung kostet fast das Doppelte. Sie wird aber die angenommene Gebäudelebensdauer überstehen, während die billige Folienabdichtung in diesem Zeitraum vermutlich zwei- bis dreimal saniert werden müsste.

Bei der konventionellen Abdichtung mit Bitumenflämmbahnen muss den Normen entsprechend zweilagig und untereinander vollflächig verflämmt werden. Bei der zweilagigen Verlegung ist es baupraktisch nahezu unmöglich, dass sich ein Fehler an einer Überlappung auswirkt. Dazu müssten beide Fehlstellen exakt übereinander liegen.

Meine Empfehlung für die unterschiedlichen Materialien lautet:

→ Bitumenabdichtung zweilagig wie ohnehin technisch normativ vorgeschrieben;

→ Resitrix einlagig bei freier Lage ohne Abdeckung am Flachdach (hier können Schäden jederzeit nachgebessert werden), bei einer Ausführung, wo mit Dämmung oder Schotterlage verdeckt wird, zweilagig;

→ EPDM-Bahn einlagig, jedoch ist vorher eine Lage Bitumenflämmbahn aufzubringen, auch als provisorische Abdichtung.

Terrassenabdichtungen

Bei Abdichtungen auf Terrassen mit darunterliegendem Wohnraum sind die Anforderungen an die Abdichtung noch höher, was ihre Stabilität betrifft. Eine Terrasse wird mehr genutzt und strapaziert. Hier kommen schwere Blumentröge, Grünzonen, vielleicht teure Marmorsteine, gemauerte Kamine und dergleichen zum Einsatz. Dazu kommt, dass Terrassen manchmal mit aggressiven Reinigern beansprucht werden. Wenn da etwas undicht wird, kann es so richtig teuer werden.

Daher empfehle ich hier nur die oben beschriebene konventionelle kunststoffmodifizierte Bitumenabdichtung und die Abdichtung mit der EPDM-Polymerbitumenbahn. Vergessen Sie auch nicht: Wo es möglich ist, die Abdichtung seitlich wannenförmig hochziehen. Die Versuche des Spenglers, Winkelbleche zu montieren, sollten Sie nur bei Türanschlüssen erlauben!

Abb. 112: Hier hat man den Spengler gänzlich eingespart – ein Steinbelag ohne spenglermäßige Bleche zerstört die Konstruktion.

Balkon- und Loggiaabdichtungen

Ein Balkon ist eine frei auskragende Konstruktion aus Beton, Stahl oder Holz, eine Loggia ist in die Fassadenebene eingebettet.

Wenn abgedichtet werden muss, können alle drei oben genannten Materialgruppen verwendet werden. Aufgrund der kleineren Flächen kann auch das teurere Flüssigkunststoffabdichtungssystem Triflex empfohlen werden. Triflex eignet sich auch bestens für die sowieso immer zu niedrigen Türanschlüsse, hier kann man quasi mit dem Pinsel abdichten, was mit dem Gasbrenner sonst in einem Feuerwehreinsatz enden würde.

Wärmedämmung

Extrudiertes Polystyrol oder XPS oder Styrodur

Unsere alten Freunde, die XPS-Platten, sind für alle Anwendungen geeignet. Sie sind als einziges Produkt im Wasser liegend zugelassen und daher auch für das Umkehrdach geeignet, wo sie über der Abdichtung dem Wetter ausgesetzt liegen. Es sollten aber immer Stufenfalzplatten verwendet werden. Dadurch liegen die Platten fester und der Wärmebrückenanteil über die Fugen wird minimiert.

Im Umkehrdach darf die Dämmung nur *einlagig* verlegt werden. (Bei zweilagiger Verlegung würde sich zwischen den Platten ein dampfsperrender Wasserfilm bilden, der zur Wasseranreicherung der Dämmung führen kann.) Bei Dämmdicken ab 20 Zentimetern müssen Sie rechtzeitig klären, ob diese verfügbar sind. Die Dämmplatten verlangen einen Bewegungsabstand zu den Rändern, vor allem wenn bei kalten Temperaturen verlegt wird. Denn die Sonnenwärme führt dann zu temperaturbedingten Längenänderungen, wodurch Schäden entstehen können.

Expandiertes Polystyrol, EPS oder Styropor

EPS-Platten brauchen ein trockenes Plätzchen, sie sind daher nur für die Warmdachdämmung geeignet. Da die Platten in der Regel schrumpfen, verlegt man sie zweilagig und versetzt, so werden Dämmstofffugen minimiert. Der Dämmwert entspricht dem von XPS.

PU-Schaumdämmung oder PUR-Schaum

Diese Dämmung ähnelt der von EPS-Platten. Sie darf ebenfalls nicht nass gelagert werden, doch der Dämmwert ist wesentlich besser. Wer daher zu wenig Platz für eine ausreichende Dämmung hat, greift auf Polyurethan zurück.

Mineralfaserdämmung

Die Dämmwerte ähneln denen von XPS oder EPS, aber der Schallschutz ist aufgrund des höheren Gewichtes bei einer Steinwolledämmung besser. Die Dämmung ist wie PUR-Schaum und EPS nur im Warmdach einsetzbar, hat aber den Vorteil, dass der Brandschutz damit wesentlich verbessert oder sogar erst erreicht wird. Nachteilig wirkt die geringere Belastbarkeit. Eine Mineralfaserdämmung ergibt einen weichen Untergrund und damit die Gefahr von Schäden an der Abdichtung. An- und Abschlüsse sind in der Regel harte Fixpunkte und müssen daher besonders geplant werden.

Schaumglasdämmung

Die Schaumglasdämmung darf auch nur im Warmdach zur Anwendung kommen. Schaumglas gilt als dampfdicht und im verlegten Zustand als druckfest. Schaumglasplatten werden verklebt oder in Heißbitumen eingegossen. Die Flächendruckfestigkeit ist perfekt, es sind daher allerhöchste Systemhaltbarkeiten zu erwarten. Der Nachteil ist: Das Material ist teuer und muss von speziellen Handwerkern verarbeitet werden.

Vakuumdämmung

Vakuumdämmplatten weisen rechnerisch eine zehnmal bessere Dämmung auf als XPS, EPS oder Mineralfaser. Obwohl baupraktisch nur die Hälfte davon berechnet werden darf, bedeutet das immer noch, dass vier Zentimeter Vakuumdämmung denselben Dämmwert wie 20 Zentimeter einer konventionellen Dämmung ergeben. Das Problem ist der Preis: Ein Quadratmeter kostet 100 Euro aufwärts! Die Dämmung wird daher fast nur für Spezialfälle oder Sanierungen angewendet. Die Platten werden nach Plan zugeschnitten und angefertigt und dürfen auf der Baustelle nicht mehr beschädigt werden.

Öko-Dämmstoffe

Grundsätzlich würde ich auch Öko-Dämmstoffe wie Holzfaserdämmplatten gerne empfehlen. Doch Holzfaserdämmplatten dürfen noch weniger als andere Baustoffe nass werden, und die Dampfsperren müssen noch besser als bei anderen Baustoffen funktionieren. Solche Anforderungen passen nicht zu der Art, wie auf heutigen Baustellen mit Material und Bautechnik umgegangen wird. Daher wage ich nur, Baustoffe zu empfehlen, die Fehler verzeihen. (Meine Terrasse habe ich im Warmdach mit Holzfaser gedämmt, da bin ich aber sicher, alles richtig gemacht zu haben. Demnach erlaube ich mir selbst auch „nicht fehlerverzeihende Systeme".)

Abb. 113: Geländekonstruktionen aus Holz haben auf Terrassen und Balkonen nichts verloren – eine fachgerechte Einbindung ist nicht möglich.

Abb. 114: Konstruktiver Holzschutz als Grundlage für alle frei bewitterten Holzkonstruktionen.

Entwässerungssysteme

Ein Flachdach erfordert effektivere Methoden zur Entwässerung als ein Steildach, um Regen und Schneeschmelze abzuleiten. Beim Steildach erledigt das meiste ohnehin die Dachneigung.

Beim Flachdach müssen ausgeklügelte und genau berechnete Systeme zur Dachentwässerung eingesetzt werden. Im Wesentlichen gibt es Systeme zur punkt- und linienförmigen Entwässerung. Die linienförmigen werden durch Rinnen aller Art gebildet, die punktförmigen durch Gullys, egal, ob durch einen Systemgully oder einen vom Spengler gelöteten Sammelkasten.

Ich würde Systemgullys bzw. Originalprodukten den Vorzug geben. Jedenfalls muss die Entwässerungsebene am tiefsten Punkt liegen, daher ist es besser, den Gully einen Zentimeter zu tief als zu hoch einzubauen. Gerade bei Holzhäusern und Betondecken kann es zu Setzungen kommen, dann steht der Gully sprichwörtlich über den Dingen. Und Stauwasser vor dem Gully ist nicht zu akzeptieren.

Bei innenliegend entwässernden Bauteilen, also beispielsweise beim Flachdach mit umlaufender Attikamauer (das ist eine hochgezogene Begrenzung wie ein Geländer), sind zumindest ein Gully und ein Notüberlauf oder ein zweiter Gully vorzusehen. Für den Fall, dass ein Gully verstopft, sollte noch ein Notsystem Gebäudeschäden verhindern.

Abb. 115: Die Mindestschottergröße von 16/32 Millimetern wurde hier unterschritten! Steine fallen in den Gully und verstopfen die Abflussrohre.

Gründachsysteme

Aus technischer Sicht sind Dachbegrünungen zu befürworten, aus ökologischer Sicht sowieso. Das Dach wird im Sommer nicht so stark erwärmt, was die Temperaturunterschiede an den Bauteilen gut puffert. Daher wird die Abdichtung weniger stark durch Klimaschwankungen beansprucht und sie hält länger.

Die „intensive Dachbegrünung" ist wie ein Garten. Voraussetzung sind eine ordentliche Höhe und Erde sowie die anschließende Pflege. Die „extensive Dachbegrünung" besteht aus dünnschichtigen, recht anspruchslosen Kräutern oder Moosmatten. Anspruchslos bedeutet aber nicht, dass gar keine Pflege nötig ist.

In beiden Fällen ist die Eignung der Abdichtung zu prüfen. Während Folienabdichtungen und EPDM in der Regel wurzelfest sind, braucht die bituminöse Flämmbahn eine wurzelfeste Zusatzlage. Matten zur Wasserspeicherung sind für beide Systeme Pflicht. Denn im Gegensatz zum Garten fehlt eine dicke Erdschicht, die bei langer Trockenheit immer noch Feuchte spendet und bei Dauerregen das Wasser versickern lässt.

Es gibt sehr gute Systemanbieter für Gründachsysteme, bleiben Sie wie bei allen Bauteilen systemtreu.

Abb. 116: Schema zum Dachaufbau bei einer extensiven Dachbegrünung. Quelle: Bueho.at

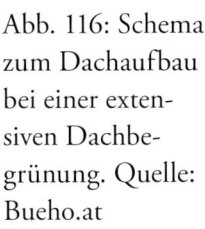

Büsscher Hoffmann
Dach- und Abdichtungssysteme

TIPP

An Flachdächern oder Terrassen arbeiten vor allem Spengler und Dachdecker (Schwarzdecker). Fragen Sie schon vor Arbeitsbeginn nach den Ausführungsdetails und lassen Sie nur zugelassene Gewerbebetriebe arbeiten. Der Baumeister mit seinem Personal darf (gewerberechtlich) und kann diese Arbeiten nicht fachgerecht ausführen.

Belags- und Oberflächenmaterialien

Fliesenbeläge

Frostschäden trotz „frostsicherer" Fliesen und Kleber? Egal, was die Hersteller versprechen, an der Physik führt kein Weg vorbei. Welches Material Sie auch verwenden, bei Flächen ab zehn Quadratmetern im Freien wird es zum Glücksspiel, ob Frostschäden auftreten oder nicht.

Ein Fliesenbelag auf der Terrasse verursacht ein weiteres Problem. Man benötigt auf jeden Fall einen Estrich, und das bedeutet, dass die wasserführende Ebene von der Abdichtung unten nach oben zum Fliesenbelag wandert. Wenn nun der Türstaffel nicht hoch genug oder vom Spengler nicht rückstausicher ausgeführt ist, dringt bei jedem stärkeren Regen und bei Schneeschmelze Feuchtigkeit in den angrenzenden Zimmerfußboden. Eine Weile bemerken Sie das nicht einmal, bis so deutliche Wasserschäden sichtbar werden, dass Sie den Bodenbelag erneuern müssen. Fliesen sind schön, lassen sich wunderbar reinigen, aber technisch sind sie für den Außenbereich nicht zu empfehlen.

Wenn Sie auf meinen Rat nicht hören und nicht auf Fliesen verzichten wollen, beherzigen Sie zumindest folgende Ratschläge:

→ Verwenden Sie spezielle Dränmatten zum schnellen Wasserabfluss unter den Fliesen (Ardex-Gutjahr).
→ Führen Sie den Zementestrich (wie auch die Fliesenoberfläche) mit mindestens einem Grad Gefälle und ohne Mulden aus.

Abb. 117: Türschwelle sitzt viel zu niedrig und die offene Rinne – Rigol – zu weit vorne, Wasser kann in den Bodenaufbau laufen.

Abb. 118: Fliesenbeläge im Terrassenbereich brauchen einen Fachplaner. Frostschäden können nicht gänzlich ausgeschlossen werden. Quelle: Triflex.com

→ Verwenden Sie frostsichere Materialien, die „für den Außenbereich geeignet" sind.

→ Wählen Sie Flexkleber mit hohem Kunststoffanteil.

→ Entscheiden Sie sich für rutschsichere Fliesen für den Außenbereich.

→ Verkleben Sie die Fliesen ausnahmslos hohlraumfrei nach dem „Floating-Buttering"-Verfahren (also zuerst Kleber glatt auf die Fliesenunterseite aufbringen, dann mit Zahnspachtel auf dem Boden auftragen und die Fliesen hohlraumfrei in den Kleber eindrücken).

→ Achtung bei Randverblechungen: Prüfen Sie die Notwendigkeit von Schutzanstrichen.

Fliesen im Kiesbett? Eigentlich gibt es keine Fliesen im Kiesbett. Fliesen sind per definitionem zu dünn, um auftretende Lasten im Kiesbett zu verteilen.

Abb. 119: Pilzbefall an der Balkonkonstruktion eines Laubenganges, der Spengler wurde eingespart und Kunststoffprofile wurden eingebaut.

Abb. 120: Die Tropfnasenprofile wurden bei den Holzstehern nur ausgeschnitten, die Konstruktion ist undicht, das Holz kaputt.

Aber es gibt sie doch. Der deutsche Hersteller Creaton hat mit der Zwei-Zentimeter-Fliesenplatte „Kerato" eine Fliese für die Verlegung in Kiesbett herausgebracht. Sie ist vielfach erprobt und absolut empfehlenswert. Leider ist sie nur in vier Farben erhältlich: beige, braun, schiefergrau und granitgrau. Das ist die einzig mir bekannte Möglichkeit, Fliesen ohne Frostschäden zu erhalten.

Bei einem festen und geraden Untergrund auf einer Warmdachkonstruktion könnte man auch Kunststoffstelzen statt Kies unterlegen.

Plattenbeläge

Platten im Kiesbett

Plattenbeläge aus Beton- oder Kunststein sind die technisch beste Variante eines Außenbelages und hübsch anzusehen. Neben den Standard-Waschbetonplatten gibt es unzählige Oberflächenmuster und Farben zur Auswahl. Als Verlegemuster sollten Sie sich auf eine geradlinige Verlegung beschränken, denn durch das Kiesbett würden kleine Schnittteile oder Ziersteine bei Belastung sofort kippen. Im Gegensatz zur Fliesenverlegung brauchen Platten im Kiesbett an der Oberfläche kein Gefälle. Das Wasser läuft ja sofort in den Fugen ab. Ein Gefälle muss erst wieder an der Abdichtung vorhanden sein.

Oberflächenwasser sollte immer auf schnellstem Wege zur Abdichtung verschwinden. Deshalb legt man die Platten in ein vier bis sechs Zentimeter hohes Kiesbett. Aber Vorsicht: Scharfkantiger Splitt ist nicht zulässig, dieser verdichtet sich zu stark und kann die Wasserabfuhr gänzlich behindern. Außerdem kann der scharfkantige Splitt das darunter liegende Vlies und die Abdichtung beschädigen. Man nimmt also Rundkorn mit der Größe von vier bis acht Millimeter und unter dem Kiesbett ein zugelassenes Textilvlies zum Schutz der Abdichtung und Dämmung.

Achten Sie darauf, dass ein Vlies verwendet und dieses auch bei allen An- und Abschlüssen wirksam hochgezogen wird. Das Schutzvlies bringt nichts, wenn die Steinchen seitlich zur Abdichtung fallen.

Die Fugen zwischen den Platten sind in der Regel nach einigen Monaten nachzufüllen, weil sich der Kies setzen kann. Manchmal können Setzungen auf Fehler bei der Vlieslage hinweisen, aber ganz zu vermeiden sind sie auf jeden Fall nicht. Beim Reinigen der Platten mit einem Hochdruckreiniger wird es teilweise den Kies auswaschen. Heben Sie sich je nach Größe ein paar Säcke Kies zum Fugennachfüllen auf. Wen die losen Kieselsteine nerven, kann beispielsweise *nur* die Fugen mit weißem Marmorsplitt füllen und mit Kiesfestiger vorsichtig verfestigen.

UND NOCH EIN TIPP:

Entfernen Sie das Unkraut zwischen den Fugen regelmäßig, denn tiefe Wurzeln könnten die Abdichtung beschädigen. Prüfen Sie das Unkrautvernichtungsmittel auf Materialverträglichkeiten, sonst entstehen womöglich Korrosionsschäden an der Verblechung oder Probleme mit der Abdichtung.

• •

Platten im Mörtelbett

Dränmörtel: Wenn Sie keine Lust haben, mit Kies zu leben, aber auch das Frostrisiko bei Fliesen nicht mögen, gibt es eine Alternative. Man kann die Steinplatten in ein Mörtelbett verlegen. Wichtig ist, dass der Wasserabfluss zur Abdichtung nicht gänzlich behindert wird. Also verwendet man in diesem Fall einen „Dränmörtel". Das ist ein besonders leichter, porenbildender Mörtel, bei dem das Wasser durchsickern kann.

Mörtelsäcke: Eine alte Variante ist das Verlegen in Mörtelsäcke. Unter jedem Kreuzungspunkt wird ein mit Mörtel gefüllter Plastiksack auf die Abdichtung gesetzt. Solange der Mörtel weich ist, können Unebenheiten ausgeglichen werden. Dann wird der Mörtel hart und er bildet einen festen Lagerpunkt.

Abb. 121: Ein Holzbelag auf der Terrasse darf keine Verletzungen verursachen können. Absplitterungen sind unzulässig.

Abb. 122: Boden-
ebenes Glas ist eine
Sonderkonstruktion,
hier muss ein Fach-
planer her.

Abb. 123: Am Ende
dürfen Sie Ihre Ter-
rasse in vollen Zügen
genießen. Quelle:
Triflex.com

Kunststofffüße – fix oder höhenverstellbar: Ähnlich wie eine Lagerung auf Mörtelsäcke wirkt das Auflegen auf Kunststoffstelzen. Es gibt nicht-höhenverstellbare Elemente, die bei nur geringen Unebenheiten verwendbar sind. Für große Unebenheiten hat man auch höhenverstellbare Stelzlager erfunden, aber diese sind sehr teuer, auf jeden Fall deutlich teurer als Kies.

Eine abschließende Empfehlung wage ich hier nicht, denn zu unterschiedlich sind die konstruktiven und bauphysikalischen Anforderungen. Richtig ist alles, was richtig geplant und ausgeführt wird!

Weiterführende Informationen und Anbieter: www.bauherrenhilfe.org/fachbuch_**flachdach** bzw. www.bauherrenhilfe.org/fachbuch_**terrassen**

Kapitel 9

Lüften überflüssig – Fenster und Türen

Eine Geschichte von Betroffenen

„Kragrrrrrrrrumm." So erwacht Oma Hertha fast jeden Morgen gegen fünf Uhr. Hertha Kubitschek wohnt seit fast 45 Jahren in einem bescheidenen Häuschen, das in der Einflugschneise eines Flughafens liegt. Es klingt, als ob die Flugzeuge durch ihre Straße fliegen.

Als Hertha und ihr Mann das Haus kauften, war der Fluglärm nicht so schlimm, und das günstige Haus war die einzige Chance des jungen Paares aus kleinbürgerlichen Verhältnissen, mit den Kindern aus dem Mief der Stadt rauszukommen. Jetzt ist Hertha 73, verwitwet und alleinstehend. Der Flugverkehr hat sich seit damals fast verdreifacht. Je älter Hertha wird, desto mehr leiden ihre Nerven und ihr Gesundheitszustand unter dem Fluglärm. Aber umziehen? Das Haus ist altmodisch, abgewohnt und nahezu wertlos, das Grundstück in Flughafennähe praktisch unverkäuflich. Also steckt sie fest.

Eines Tages klopft ein Nachbar an ihre Tür. Er erzählt aufgeregt, dass der Flughafen eine Förderaktion ins Leben gerufen hat. Bei Einbau von Schallschutzfenstern wird großzügig gefördert.

Hertha schöpft Hoffnung. Mit der Unterstützung ihrer Enkelin Natalie beauftragt sie eine Firma. Die alten, klapprigen Holzfenster fliegen raus, neue Fenster mit Drei-Scheiben-Verglasung, Schallschutzglas und massiver Konstruk-

tion werden eingebaut. Außerdem bekommt Hertha Außenrollläden mit elektrischer Fernbedienung. Das wird der alten Dame das Leben sehr erleichtern. Hertha freut sich, aber zugleich macht sie sich Sorgen. Staub, Lärm, Zugluft, das Haus voller Arbeiter, das könnte ihr zu viel werden, so belastbar fühlt sich Hertha nicht mehr. Natalie bietet großzügig Hilfe an. Hertha kann für die Zeit der Arbeiten zu ihr ziehen.

Gesagt, getan. Kaum melden die Fensterbauer, dass die Arbeiten beendet sind, zahlt Hertha die Firma aus und kommt nach Hause. Sie freut sich auf die erste Nacht im gewohnten Bett und vor allem darauf, morgens friedlich ausschlafen zu können.

„KRRRRAGRRRRRRRUMMMMMMM." So schreckt Hertha aus dem Bett. Jetzt scheint es, als flögen die Flugzeuge direkt durch ihr Wohnzimmer, um in der Küche zu landen.

Zuerst denkt Hertha, sie sei überempfindlich und bilde sich nur ein, dass es jetzt noch lauter sei als vorher. Das kann doch nicht sein, mit den neuen Fenstern? Aber schon zwei Tage und einen Nervenzusammenbruch später holt sie den Sachverständigen Nussbaum mit Messgerät, um der Sache auf den Grund zu gehen.

Dieser findet schnell heraus, wie das passieren konnte: Die Fenster sind wunderbar schalldicht, nur ist zwischen den Fenstern und den Wänden eine Fuge entstanden, die Bauanschlussfuge, und die haben die Arbeiter nahezu offen gelassen. Nicht, dass Hertha dies hätte sehen können. Man hat die Fugen mit PU-Schaum gefüllt und neu verputzt. Optisch sieht alles tadellos aus, aber tatsächlich sind die massiven Fenster umgeben von einem Loch.

Mehr noch, die Elektroinstallationen für die Rollläden sind nicht strömungsdicht ausgeführt. Das heißt, bei jedem Fenster ist eine Luftschallbrücke entstanden, man hört plötzlich jedes Wort durch die Schallbrücken durch. Und jedes Auto. Und jedes Flugzeug. Teilweise kommt der Schall sogar gebündelt und dadurch verstärkt ins Haus. Im Schlafzimmer hört Hertha den Lärm noch lauter als in ihrem Garten. Da hilft alles nichts. Obwohl die letzten Wochen für Hertha ohnehin sehr anstrengend waren, muss sie nochmals zu ihrer Enkelin Natalie ziehen. Beim zweiten Anlauf gelingt der Umbau und Hertha darf endlich in ihrem eigenen Bett ausschlafen.

Holzfenster und -türen

Holzfenster haben mit uralten Vorurteilen und professionellen Forumsschreibern im Internet zu kämpfen. Und auch Kunststofffenster werden vielfach falsch beurteilt. Das Vorurteil bezüglich Holz lautet, dass es schnell fault und viel Pflege braucht. Über Kunststofffenster meint man, dass diese, so wie Plastiksackerl, die Hunderte Jahre halten, auch ewig Bestand hätten.

Beides stimmt nicht. Kunststofffenster haben eine wesentlich geringere Haltbarkeit als Holzfenster. Als Luftdichtheitsprüfer und Thermograf erlebe ich oft, dass es bei 15 bis 20 Jahre alten Kunststofffenstern aus allen Ecken und Enden pfeift. Reparieren geht da kaum mehr. Kiefernholzfenster hingegen halten bei entsprechender Pflege – sogar ohne Aluschale, die lebensverlängernd wirkt – 80 bis 100 Jahre, Eichenholzfenster 100 bis 120 Jahre und länger.

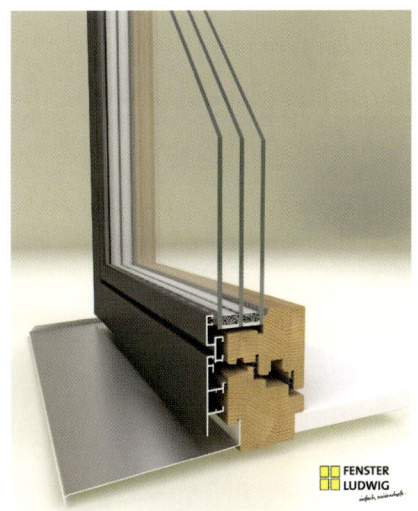 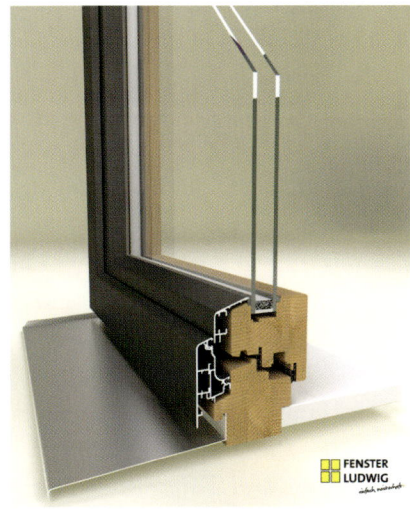

Abb. 124: Links: Glashersteller schreiben eine Belüftung des Glasfalzrandes vor, der äußere Glasrand ist hier frei. Quelle: Fenster-Ludwig.at
Abb. 125: Rechts: Achten Sie auf die thermische Qualität im Glasfalzrand. Hier ist die Glasscheibe von dämmendem Holz umschlossen. Quelle: Fenster-Ludwig.at

Die gute alte Holzkonstruktion hat also noch lange nicht ausgedient. Gerade moderne, speziell hochwärmegedämmte Konstruktionen lassen sich mit dem Baustoff Holz bestens umsetzen. Die Anforderungen an Haltbarkeit und Gebrauchstauglichkeit lassen sich weder mit Metall noch mit Kunststoff gleichermaßen erfüllen.

Die Vorteile von Holzfenstern im Vergleich zu Kunststofffenstern sind:
→ Holz weist eine bessere Öko-Bilanz auf; je nach Beschichtungssystem ist es CO_2-neutral.
→ Holz ist ein nachwachsender Rohstoff.
→ Die Fenster sind stabiler und sicherer im Brandfall.
→ Holzfenster verfügen über beste Haltbarkeit und Funktionalität.
→ Sie sind maßhaltig und verzugsfrei auch bei hohen Temperaturdifferenzen sowie bei größeren Fensterdimensionen.
→ Durch die Holzauswahl gibt es flexible Gestaltungsmöglichkeiten und jederzeit die Möglichkeit eines Neuanstrichs.
→ Da es nahezu keine temperaturbedingten Längenänderungen gibt, sind die Fenster lange dicht.
→ Holz-Alu-Konstruktionen garantieren den höchsten Wiederverkaufswert.

Die Nachteile von Holzfenstern sind:
→ Es kommt zu einem höheren Instandhaltungsaufwand, abhängig von Holzart und Beschichtungstechnik (ausgenommen Holz-Alu-Fenster).
→ Die Anfangsinvestitionen sind höher.
→ Holz ist empfindlich bei Kondenswasseranfall im Winter (Lüften, Heizen).
→ Holz quillt und schwindet bei Feuchtigkeitsbelastung.

Für Fenster und Türen finden viele Holzarten Verwendung. Die gängigsten von billig bis teuer sind:

Kiefer ist ein gutes und zugleich das günstigste Fensterholz. Es gibt auch innerhalb dieser Holzart noch Qualitätsunterschiede. Wer seinen Vertragspartner zu billigen Preisen treibt, bekommt vielleicht minderwertiges Kieferholz

Abb. 126: Das 30 Jahre alte Holz-Alu-Fenster blieb ohne Wartung und ist immer noch voll funktionsfähig, beste Tischlerarbeit!

mit grober Faserstruktur und hohem Harz- und Splintholzanteil. Beim Kauf vom renommierten Fensterhersteller sind solche Qualitätssprünge in der Regel nicht zu erwarten.

Fichte ist materialmäßig rund 20 Prozent teurer, hat aber eine feinjährigere Struktur. Von feinjährig gewachsenem Holz spricht man, wenn die schmalen Jahresringe möglichst eng und gleichmäßig aneinander liegen.

Lärche führt zu einem Materialaufpreis von fast 100 Prozent, wird aber genau deshalb fast immer harz- und splintfrei mit feinjähriger Struktur verarbeitet. Lärche liegt endpreislich in der Mitte, gehört aber qualitätsmäßig bereits mit zum Besten, was man in Sachen Fenster erwerben kann. Bei einem kürzlich durchgeführten Immobilientest stieß ich auf 30 Jahre alte Lärchenfenster mit Aluschale, die nahezu neuwertig waren.

Eiche und Robinie: Sollten Sie sich ein Fensterdenkmal setzen wollen, dann kombinieren Sie Eiche oder Robinie mit Alu-Außenschale. Realistisch gesehen hängt die maximale Haltbarkeit dann nicht mehr vom Holz, sondern von den Beschlägen ab. Häufig benutzte Fensterbeschläge – wie etwa in öffentlichen Gebäuden – geben durchaus nach 25 Jahren den Geist auf. Da kann das Holz noch jungfräulich sein.

Abb. 127: Manche Fenster sind schlecht konstruiert, Wasser läuft an allen Dichtebenen die Fräsungen entlang zurück in den Raum.

Achtung geboten ist bei Instandhaltungsarbeiten: Der Schleifstaub von Eiche und Robinie wirkt krebserregend. Allerdings sollte man ohnehin nur mit geeigneter Absaugung und Atemschutzmaske schleifen.

Als Fazit empfehle ich die wirtschaftliche Variante Lärchenholzfenster mit Aluschale.

Kunststofffenster und -türen

Kunststofffenster liste ich auf, weil nicht jeder das Budget für Holz-Alu-Fenster zur Verfügung hat. Aber man muss wissen, dass „Plastikfenster" längst nicht die Haltbarkeit haben, die man ihnen zutraut. Der Grund dafür liegt unter anderem in den temperaturbedingten Längenänderungen. Während das praktisch unverrottbare Plastiksackerl auf dem Müllberg ungehindert in der Sonne länger und kürzer wird, darf dies ein Fensterrahmen nicht. Das weiß der Kunststoff jedoch nicht und dehnt sich trotzdem. Klar, dass die Haltbarkeit der Konstruktion darunter leidet.

Es macht übrigens einen Unterschied, welche Farbe Sie für Ihre Fenster wählen. Dunkel gefärbte Materialien dehnen sich noch mehr als helle. So können Fenster mit der sehr beliebten Farbe Moosgrün in der prallen Sonne um 30 bis 40°C heißer werden als weiße. Damit ergibt sich eine zusätzliche Längenänderung von 3,2 Millimeter pro Meter, insgesamt sind es also 6,4 Millimeter pro Meter.

Abb. 128: Thermo-
grafie während Luft-
dichtheitsprüfung
mit Unterdruck:
Kalte Luft bläst aus
Bauanschlussfugen
und der Konstruk-
tion.

Wenn Sie schon Kunststoff wählen, dann sollte es wenigstens PVC sein. Ich kenne eine Wohnhausanlage, in der andere Kunststoffe zum Einsatz kamen. Zehn Jahre nach Errichtung mussten massenweise Fenster und Türen getauscht werden. (Der Fairness halber muss aber gesagt werden, dass dies auch bei schlechter Holzqualität schon vorgekommen ist.) Verabsäumen Sie daher nie, entsprechende Qualitätsnachweise zu verlangen.

Die Vorteile von Kunststofffenstern sind:
➜ günstigere Anschaffungskosten;
➜ geringere Pflegeintervalle im Vergleich zu Holz (*ohne* Aluschale);
➜ einfache Reinigung;
➜ Formenvielfalt durch leicht formbares PVC.

Die Nachteile von Kunststofffenstern sind dagegen:
➜ geringere Lebensdauer gegenüber Holzfenstern;
➜ geringe Steifigkeit der Rahmenprofile, Problem bei Drei-Scheibengläsern;
➜ Stahlarmierungen verstärken das Profil und verschlechtern den Dämmwert;
➜ PVC neigt zum irreversiblen Kriechen, dadurch manifestieren sich tempe-
  ratur- und belastungsbedingte Verformungen;
➜ im Brandfall entsteht unter anderem krebserregendes Dioxin;
➜ Verschmutzung mit Staub, Rauch aufgrund statischer Aufladung;

→ geringeres Wohlfühlambiente verglichen mit Holzfenstern;
→ temperaturbedingte Längenänderung von rund 3,2 Millimetern pro Meter bei einer Einbautemperatur von 0°C und weißem Kunststoff;
→ eventuell Ausschlussgrund bei landesspezifischen Förderungen.

Aluminiumfenster und -türen

Aluminium leitet Wärme rund 1.200-Mal besser als Holz. Daher müssen aufwändige Entkoppelungen und Hohlkammerprofile für hochwärmedämmende Konstruktionen eingebaut werden. Im Wesentlichen gibt es zwei Fensterqualitäten, die sich dadurch unterscheiden, wie die Elemente miteinander verbunden werden:

→ teurere und haltbarere geschweißte Stoßverbindungen sowie
→ gesteckte Verbindungen mit Sicke (Vertiefungen), die man am offenen Gehrungsspalt erkennt.

Die Vorteile von Alukonstruktionen sind:
→ Formenvielfalt durch Aluminiumformen
→ sehr pflegeleicht, keine Wartungsanstriche nötig
→ hohe Stabilität auch bei größeren Formen

Die Nachteile sind:
→ hohe Umweltbelastung bei der Produktion
→ hohe temperaturbedingte Längenänderung
→ hohe Investitionskosten
→ ohne aufwändige Zusatzmaßnahmen schlechter Dämmwert
→ Pulverbeschichtungen können mit der Zeit verblassen

Glasränder

Was zwar leider immer wieder vorkommt, aber baupraktisch nicht sein darf, sind Luftundichtheiten an den Rändern der Glasscheiben.

Das Glas wird in den Glasfalz vom Fensterelement eingesetzt und mit Klötzen distanziert. Dabei entstehen ein umlaufender Spalt und ein Hohlraum zum Dampfdruckausgleich. Damit allenfalls anfallendes Kondenswasser auch abgeführt werden kann, steht dieser Spalt zur Entwässerung mit der Außenluft in Verbindung. Der Spalt darf aber niemals mit der Raumluft in Verbindung stehen, der kalte Glasrand würde nämlich literweise Kondenswasser aus der feucht-warmen Raumluft entstehen lassen.

Die Glasscheibe wird daher raumseitig mit den Glashalteleisten oder mit einer gefrästen Nut gehalten und luftdicht abgedichtet. Damit meine ich luft*dicht*, da gibt es keine prüftechnisch zulässigen Grenzwerte. Bei Luftundichtheiten bläst der kalte Außenwind am Wärmeschutzglas vorbei, ähnlich wie bei Oma Hertha, wo die weiter außen liegende Bauanschlussfuge undicht war.

Generell ist es schwer erklärbar, dass wir hochwärmedämmende Glasscheiben in Fenster einbauen, die am Glasrand mit der Außenluft belüftet werden. Dieser Unsinn der Glasfalzbelüftung hat ihren Ursprung in den Gewährleistungsausschlüssen der Glashersteller. Eine Mehrfachscheibenverglasung besteht – wie der Name schon sagt – aus zwei bis drei Glasscheiben, die im Randbereich dauerhaft dicht verklebt werden müssen. Es dürfte schon vorgekommen sein, dass Kondenswasser deren Dichtmittel geschädigt hat. Gott sei Dank gibt es schon Hersteller von guten Passivhausfenstern, die dazu übergehen, den Glasrand hermetisch abzuriegeln. Eine gute gedämmte und dichte Konstruktion lässt auch kein Kondenswasser entstehen.

Wartungsintervalle und Hinweise für Fenster und Türen

Hier einige Empfehlungen zur Wartung von Fenstern und Türen:

→ Außen alle zwei Jahre Holzschutzanstrich kontrollieren, gegebenenfalls Schäden ausbessern;

- → außen alle vier Jahre Holzschutzlasur überarbeiten bzw. erneuern;
- → außen alle drei Jahre Holzversiegelung mit Wachs oder Öl erneuern;
- → außen alle zehn bis 15 Jahre Holzschutzlack erneuern;
- → innen die obigen Intervalle verdoppeln;
- → Pflegereinigung mit sauberem Schwamm und lauwarmem schwachem Seifenwasser;
- → Intensivreinigung mit Schwamm, Bürste, starkem Seifenwasser und Spülung;
- → Glasreinigung mit nicht alkalischem Mittel, mit einem pH-Wert von 5 bis 8 (aggressive Reinigungsmittel schädigen die Dichtungen);
- → Dichtungen bei Reinigung und Holzschutz nicht beanspruchen;
- → Pflegereinigung einmal jährlich für eloxierte Bauteile mit schwachem Seifenwasser: pH-Wert 5 bis 8;
- → Intensivreinigung, wenn nötig mit starkem Seifenwasser, nachspülen, trocknen;
- → Reinigung nicht mit Säuren, alkalischen oder scheuernden Mitteln;
- → alle zwei Jahre bewegliche Fensterbeschläge säubern, ölen, schmieren;
- → Fensterbeschläge mit säure- und harzfreiem Fett, Staufferfett und technischer Vaseline reinigen;
- → alle vier Jahre Schrauben der Fenstergriffe nachziehen;
- → offene Fensterflügel nicht belasten, nicht darauf abstützen.

Die Frage nach Zwei- oder Drei-Scheibenverglasungen sollte sich nicht mehr stellen. Die Preisdifferenzen schwinden von Jahr zu Jahr, preisgleiche Angebote sind keine Seltenheit mehr. Vergewissern Sie sich, dass der sogenannte U-Wert eines Fensters (der angibt, wie viel Watt Wärme durch ein Fenster verloren gehen) passivhaustaugliche 0,8 Watt/m^{2}K nicht überschreitet. Moderne Drei-Scheibengläser erreichen 0,5 Watt/m^{2}K. Der U-Wert ergibt sich aus dem Wert für das Glas (= Ug) und dem Wert für den Fensterrahmen (= Uf).

NOCH EIN TIPP:

Lassen Sie sich das Zertifikat für die Beanspruchungsklasse (Wind und Wetter) und den Nachweis zur U-Wertberechnung geben. Der U-Wert wird immer für eine Normfenstergröße berechnet. Bei kleineren Fenstern mit einem höheren Rahmenanteil ist real mit schlechteren Werten zu rechnen. Außerdem benötigen Sie für die spätere Ersatzteilbeschaffung die Information, wer das Fenster hergestellt hat. Prüfen Sie immer die Fenster- und Türenherkunft und akzeptieren Sie keine Elemente ausländischer Firmen ohne hiesige Niederlassung. Vergleichen Sie vor einer Beauftragung.

Wetterfeste Eingangstüren

Meine persönliche Statistik zu diesem Thema ist erstaunlich. Im Schnitt stolpere ich bei jedem fünften Haus über eine Türe, die dem Wetter ausgesetzt, aber für diesen Zweck überhaupt nicht geeignet ist.

Oft sehe ich Haupteingangstüren, die technisch eigentlich als „Nebeneingangstüre für den überdachten Einbau" konstruiert sind. Ich sehe Terrassentüren, die keine Schwellenentwässerung haben und damit eigentlich nur für „witterungsgeschützte Nischen" taugen.

Manchmal findet sich eine plausible Begründung dafür. Wenn etwa an dieser Stelle ein Terrassenvordach geplant war, das dem Sparstift zum Opfer fiel, kann auch der Lieferant nichts dafür. Der Bauherr hätte ihn rechtzeitig darüber informieren müssen, dass eine höhere Beanspruchung vorliegen wird.

Keine Türe ist absolut wind- und regendicht, die untere Schwelle muss daher geeignet sein, eindringendes Wasser über eine „Wasserrinne" und Schlitze abzuführen.

Prüfen Sie selbst: Ist im Schwellenbereich eine Entwässerungsschiene vorhanden? Diese sollte bei frei bewitterten Türen die gesamte Schwellentiefe umfassen. Schließen Sie die Türe, sperren Sie ab und füllen Sie eine Gießkanne mit einem Liter Leitungswasser (besser wäre Regenwasser, das ist wesentlich weicher). Leeren Sie das Wasser auf der Seite des Türdrückers auf die lot-

Abb. 129: Links: Kellerwasserschaden! Doch nicht der Keller ist undicht, sondern alle drei Türschwellen, und das Wasser hat sich verteilt.
Ab. 130: Rechts: Wasser ist bei geschlossener Terrassentüre auf das Parkett geronnen, die Türe ist für eine freie Bewitterung nicht geeignet.

rechte Dichtung zwischen Flügel und Stock. Trocknen Sie den Probebereich und öffnen Sie die Türe. Hat die untere Entwässerung alles eindringende Wasser aufgefangen? Oder läuft auch Wasser in den Raum? Wenn ja, dann wird diese Türe vermutlich keine Normprüfung überstehen und ist sie für eine freie Bewitterung nicht geeignet.

Türschwellenabdichtung

Bei den eben besprochenen Undichtheiten geht es um Regen, der direkt oder über eine Spritzwasserbeaufschlagung auf die Türe prasselt. Gefährlicher ist Wasser, das unterhalb der Schwelle anstaut und über eine nicht rückstausichere Anbindung lange unbemerkt in das Gebäude eindringt. Ein Wasseranstau kann durch die Schneeschmelze, aber auch bei Starkregen und verstopftem Terrassengully entstehen. Deswegen mussten bis vor kurzem Türschwellen zu Freibereichen 15 Zentimeter über dem Außenbodenniveau liegen, um zu verhindern, dass Wasser über den „rückstauundichten" Schwellenanschluss in das Gebäude gelangt. Dadurch entsteht aber eine „unsympathische" Stolperschwelle, sodass von barrierefrei oder behindertengerecht keine Rede sein kann.

Die Bautechnik erfand daher Zusatzmaßnahmen, mit denen die Schwellenhöhe auf fünf und teilweise sogar auf barrierefreie drei Zentimeter schrumpft:

→ Fünf Zentimeter weniger erreicht man durch den Einbau einer 20 Zentimeter tiefen Bodenrinne mit Gitterabdeckung, die direkt vor der Türe verlegt wird;
→ weitere fünf Zentimeter weniger erreicht man durch die Montage eines Vordaches, das mindestens 1,2 Meter über der Türe als Witterungsschutz auskragt.

Bei drei Zentimeter Schwellenhöhe sind besondere Anforderungen an die Rückstausicherheit zu stellen. Ihr Handwerker muss also entweder die Abdichtung mit Klemmleiste am Türrahmen oder ein Metallprofil mit Dichtband befestigen. Lassen Sie sich am besten von ihm *vor* Arbeitsbeginn eine Skizze zeichnen.

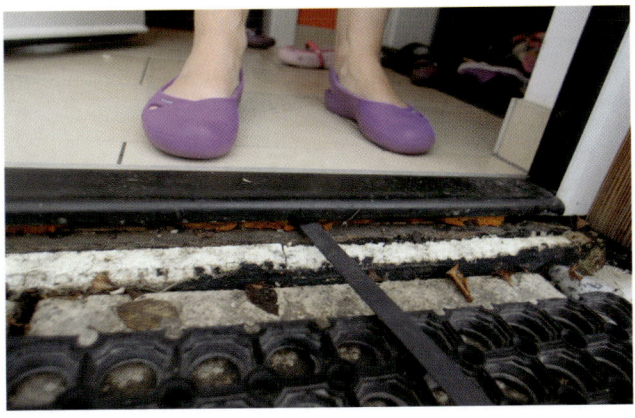

Abb. 131: Diese Türschwelle ist nicht für eine freie Bewitterung geeignet, und die Türstockabdichtung fehlt gänzlich.

Abb. 132: Besonders die Schneeschmelze führt immer wieder zu Wasserschäden. Wasser kann plötzlich hochstauen.

Abb. 133: Wer führt die Türschwelle aus? Ohne Türschwelle sollte nicht montiert werden. Purenit als Konstruktionswerkstoff wäre ein perfekter Unterbau.

Bauanschlussfuge

Dabei handelt es sich um die Fuge zwischen Wand und Fenster oder zwischen Wand und Türe. Wenn der Baumeister eine Wand für den Fenster- und Türeinbau errichtet hat, klafft darin ein großes Loch, die Rohbaulichte. Hier wird das Fenster zuerst mit Keilen eingerichtet und dann mit Hartholz- oder Kunststoffklötzen die Lastabtragung in die Rohbaulaibung ermöglicht. Befestigt wird dann entweder direkt mit Schrauben oder mit Konsolen. Die Keile fliegen raus, die Klötze bleiben. Der Spalt wird mit Dämmstoff gefüllt und innen luftdicht und außen winddicht verklebt.

Soweit die Theorie. In der Praxis zeigt sich jedoch: Die Bauanschlussfuge ist Katastrophengebiet.

Die Bauanschlussfuge stellt die Klimagrenze zwischen Innen- und Außenklima dar. Ebenso wie für Fenster und Wände gilt auch für sie der Grundsatz: „Innen gegen Wasserdampf dichter als außen".

Die Verhältniszahl hat sich mittlerweile geändert. Während man früher 5:1, also innen fünfmal dichter als außen, vorgab, nähern wir uns heute einem Verhältnis von 1,25:1. Also innen nur mehr knapp dichter als außen. Damit zollen wir der Dampfdiffusionsumkehr im Sommer Respekt. Das bedingt aber eine schon grundsätzlich diffusionsoffene Konstruktion.

Was passiert nun, wenn wir die Bauanschlussfuge zwar dämmen, aber weder innen noch außen normgerecht verkleben?

→ Kalter Wind strömt in die Fuge und unterkühlt diese;
→ es entstehen Luftschallbrücken durch die Strömungsundichtheiten;
→ feucht-warme Raumluft strömt in die Fuge und kondensiert;
→ Undichtheiten an der Fassade führen zur Durchfeuchtung.

Um das zu verhindern, muss die Bauanschlussfuge ordentlich verklebt werden.

Glattstrich

Ein Glattstrich hat nur den Zweck, einen sauberen und klebefähigen Untergrund für die raum- und außenseitige Verklebung herzustellen. Bei sauberem Betonuntergrund oder einer Holzbauweise ist dieser natürlich nicht nötig. Auf ein rohes Ziegelmauerwerk lässt sich ein Klebeband nicht sauber aufbringen, deshalb muss vor dem Fenstereinbau ein Glattstrich, also eine Feinputzlage, aufgebracht werden.

Überputzbare Klebebänder

In der Regel kommen Klebebänder zur Anwendung. Um die Innenwand nach der Verklebung der Bauanschlussfuge verputzen zu können, werden überputzbare Klebebänder verwendet.

Aber Achtung: Diese müssen *vollflächig* mit einer kleinen Zahnspachtel auf den Untergrund verklebt werden. Sonst entstehen im Putzgrund unzulässige Luftbläschen und hohle Stellen.

Alternativen zu den technischen Einbaunormen

Die Einbaunorm lässt ausreichend Spielraum für eine fachgerechte Fenstermontage. Aber es ist und bleibt eine lästige Detailarbeit in mehreren Schritten, die Zeit kostet. Deshalb versucht die Industrie immer wieder, Produkte auf den Markt zu bringen, die den einen oder anderen Arbeitsgang ersparen sollen.

Doch schon so mancher Hersteller musste von seiner Schaumdose den Zusatz „Ersetzt die Ö-Norm" entfernen lassen. An der Physik führt kein Weg vorbei. Es ist keine Seltenheit, dass tatsächlich ein Zertifikat vorliegt und das System dennoch baupraktisch nicht funktioniert. Hier wird auch viel zu viel „geschummelt". Ich entdeckte zum Beispiel einen Weichzellschaum, sogar mit Prüfzertifikat, der angeblich den Glattstrich und die Verklebung ersetzen sollte. Und was steht in den Tiefen des Prüfzertifikats? Die Prüfanordnung war ein sauberer Betonrahmen. Der Schaum mag also für Stahlbetonwände geeignet sein, aber sonst nicht.

Innovationen sind grundsätzlich zu begrüßen. Kritisches Hinterfragen sollte man sich jedoch nicht nehmen lassen, es sei denn, man wurde als Versuchskaninchen geboren.

Abb. 134: Anputzprofile ersetzen die luft-, wind- und schlagregendichte Ausführung zur Bauanschlussfuge nicht.

Abb. 135: Es zieht nicht nur über die Bauanschlussfuge, hier ist auch die Fensterkonstruktion am Glasrand strömungsundicht.

Abb. 136: Kondensatschaden bei der undichten Bauanschlussfuge nach zwölf Jahren. Das Holzfenster ist vermorscht.

Abb. 137: Thermografie während Luftdichtheitsprüfung mit Unterdruck. Die Bauanschlussfuge ist extrem undicht.

21,2 °C

21,0
20,0
19,0
18,0
17,0
16,0
15,0
14,0
13,0
12,0

11,6 °C

Abb. 138: Beim richtigen Fensterein-bau wird die Bau-anschlussfuge innen und auch außen strömungsdicht ausgeführt. Quelle: Fenster-Ludwig.at

Sicherheitsverglasungen

Wer ist schon einmal in einen Spiegel oder eine Glastüre gefallen? Ich kann zwei Narben aus Kindheitstagen vorweisen. Ich versichere Ihnen, ich finde die baurechtliche Vorschrift, in gefährdeten Bereichen nur Sicherheitsglas einbauen zu dürfen, äußerst sinnvoll. Das gilt zum Beispiel für

→ Ganzglastüren,

→ Verglasungen in Türen bis 1,5 Meter über Bodenhöhe;

→ Glaswände und Fixverglasung entlang begehbarer Flächen bis 85 Zenti-meter über Bodenhöhe,

→ Fenster in der Falllinie einer Innenstiege.

Es gibt wahlweise Einscheibensicherheitsglas (ESG), das in tausend kleine Stücke zerbröselt, oder Verbundsicherheitsglas (VSG), das eine Folie zwischen den Scheiben aufweist. Natürlich gibt es auch Alternativen wie beispielsweise Gitter oder ähnliche Schutzvorrichtungen vor dem Glas.

Bei der in Splitter zerfallenden ESG-Scheibe müssen Sie darauf achten, dass der Einfallende nicht zum Durchfallenden wird. Es nützt ja nichts, wenn der Einfallende nicht vom Glas verletzt wird, dafür aber acht Meter in die Tiefe stürzt. Und damit man nicht erst durch die Scheibe läuft, gilt für beidseitig zu-gängliche Glasflächen und Glastüren mit einer Rahmenbreite von unter zehn Zentimetern (die man schwer als Türe erkennt) eine Markierungspflicht.

Die Außenfensterbank oder Sohlbank

Zu guter Letzt kommen wir zur Sohlbank. Und zuletzt ist auch genau der Zeitpunkt, zu dem sie eingebaut werden soll. Wenn die Fassade – egal, ob eine mineralische oder eine Wärmedämmverbundsystemfassade – fertig verputzt ist, ist die Sohlbank an der Reihe.

Abb. 139: Die Sohlbank ist undicht, die Sonnenschutzschiene ohne Dichtprofil ebenfalls.

Es gibt im Wesentlichen drei verschiedene Sohlbankarten:

Die Traditionelle: Die Spenglersohlbank wird aus Dünnblechen in einem Stück gebogen

Die Vorteile dieser Sohlbank sind, dass sie auch im Bereich der Seitenkante absolut wasserdicht ist und daher nur ein Mindestgefälle von drei Grad benötigt. Praktisch ist auch, dass die Dünnbleche exakt nach Maß auch in Sonderformen gebogen und gelötet werden können. Als nachteilig wird empfunden, dass Dünnbleche rasch Dellen und Beulen abbekommen und dann nicht sonderlich wertig aussehen.

Alle unter Kapitel 7 beschriebenen Bleche kommen technisch infrage. Aus optischen Gründen ist jedoch Kupferblech nicht empfehlenswert, dunkelgrüne Ablaufspuren würden die Wand verschmutzen.

Die Moderne: stranggepresstes Aluminium oder beschichtetes Stahlblech mit seitlich aufgesteckten Abschlüssen

Dabei handelt es sich um die heute meist verwendete Sohlbank. Sie hat jedenfalls die bessere Optik, liefert technisch jedoch Nachteile. Sie verlangt eine Mindestneigung von fünf Grad, und die seitlichen Abschlüsse sind ohne Zusatzmaßnahmen nicht schlagregensicher. (Die einzige mir bekannte Ausnahme, eine Sohlbank von STO, bestätigt die Regel.)

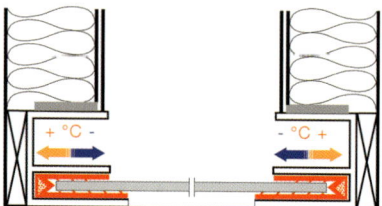

Abb. 140: Der Einbau der Sohlbank braucht Bewegungsabstand zur Fensterlaibung, dieser ist abhängig von der Einbautemperatur! Quelle: Helopal.at u. RBB Aluminium

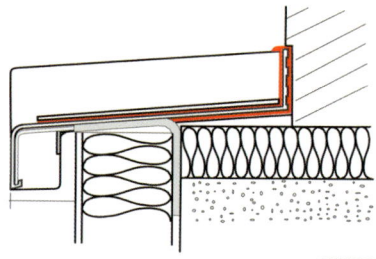

Abb. 141: Fensterbank vorschriftsmäßig und dauerhaft mit Dichtband abgedichtet. Beachten Sie beim Einbau die Herstellerrichtlinien!
Quelle: Helopal.at u. RBB Aluminium

Der Klassiker: die Steinfensterbank aus Natur- oder Kunststein

Diese Sohlbank hat im Unterschied zu den anderen keinerlei Hochkantungen und wirksame Abschlüsse, weder seitlich noch hinten, aufzuweisen. Sie setzt eine Mindestneigung von fünf Grad voraus. Sie sieht zwar gut aus, ist aber nur bei einer unter der Fensterbank ausgeführten Abdichtung emp-

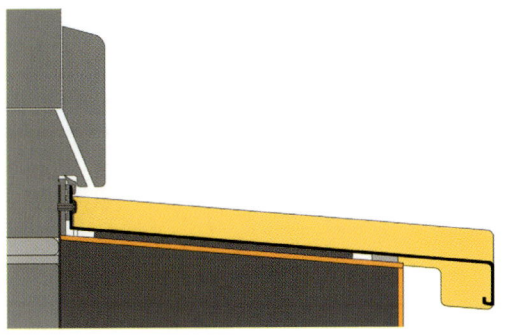

Abb. 142: Die Mindestneigung beträgt fünf Grad, der Anschluss muss wartungsfrei an den Fensterstock erfolgen. Quelle: Helopal.at u. RBB Aluminium

fehlenswert. Speziell der hintere Anschluss an das Fenster wird vorwiegend mit Dichtmassen ausgeführt, und hier liegt das Problem, denn dauerhaft dicht wird das ohne regelmäßige Wartung nicht.

Die heute verwendeten „vorkomprimierten Dichtbänder" sind in der Regel auch alles, nur nicht wirksam dicht. Zumindest nicht, wenn man sie waagerecht verwendet, was bei Fensterbänken zwangsläufig der Fall ist. Warum sie dennoch eine immer breitere Verwendung finden, erschließt sich mir nicht. Vermutlich liegt es daran, dass die Hersteller dieser „Dichtbänder" eine Prüfung vorweisen können, wonach Wasser mit 600 Pascal Druck auf eine Dichtfuge aufgebracht wurde. Die Fuge bleibt dabei auch dicht, nur hat die Sache einen Haken: Die Laborprüfung erfolgt bei einer lotrecht stehenden Anschlussfuge am Modell. In der liegenden Fuge genügen ein paar Tropfen, um den Wasserdurchtritt nachzuweisen.

Die ertappten Montagefirmen sind um eine Ausrede nicht verlegen: „Ist eh der Putz unter der Sohlbank". Meine immer gleiche Antwort: „Ja eh, aber der ist nicht als Abdichtung geeignet, reißt im Eckbereich gerne, und hinten zum Fenster ist gar kein Putz."

Daher empfehle ich dringend, die Fensterbank erst dann einzubauen, wenn der Putz fertiggestellt ist.

Das muss man extra betonen, denn es ist immer noch zulässig, die Fensterbank vor dem Verputzen *in* das Fassadensystem zu integrieren. Das hat aber Nachteile:

→ Bei Undichtheiten gelangt das Wasser ohne Umwege in die Wand;
→ temperaturbedingte Längenänderungen schieben in den Putz;

Abb. 143: Ein Holz-rahmen in ein WDVS eingebettet ist bautech-nischer Unsinn, die Ausführung ist nicht schlagregensicher.

Abb. 144: Der seitliche „Vorkopf" braucht ein wirksames Dichtband (Butyl, EPDM) oder ein Vorlegeband plus Dicht-masse. Dichtmasse alleine reicht nicht.

→ der Sohlbanktausch beschädigt die Fassade irreversibel und
→ die starke Belastung (Fensterputzen) beschädigt die Fassade und die Dichtung.

Wenn Sie trotz allem auf eine Steinfensterbank bestehen, beachten Sie folgen-de Einbauhinweise:
→ Die Mindestneigung muss am Untergrund vorhanden sein.
→ Der Untergrund muss stabil und mit 50 Kilogramm Punktlast belastbar sein.
→ Unter- und Oberputz mit Zusatzbewehrung sind in den Ecken auszufüh-ren.

- → Dichtspachtelung oder Flüssigabdichtung ist wannenförmig mit zwei Zentimetern Hochzug seitlich links-rechts sowie hinten zum Fensterstock auszuführen. Es darf keine Verklebungen mit Klebebändern geben (nicht dicht im Hochzugsbereich!)
- → Der Vorkopf ist seitlich mit elastoplastischem Dichtband abzudichten. Variante 1: Kompriband als Vorlegeband mit Dichtmasse (Wartungsfuge); Variante 2: EPDM-Dichtband als voll wirksames Dichtband oder etwas Gleichwertiges.
- → Die Fensterbank ist mit ausreichendem Bewegungsabstand zur Laibung vollflächig am Untergrund zu verkleben.

Abb. 145: Bitte keine einfachen Steinbänke ohne Abschluss einbauen, hier fehlt auch das Dichtband, Wassereintritt ist die Folge.

Die vollflächige Verklebung hat im Vergleich zur hohllagigen Verklebung deutliche Vorteile:

- → eine geringere Geräuschbelästigung bei Regen (Trommeleffekt);
- → keine Unterseitenkorrosion bei vollflächiger Verklebung;
- → kein mikrobieller und Insektenbefall, da keine Hohlräume;
- → keine Leckwasserverschleppung, Kleber dient als „dritte Dichtebene".

Ich finde es ja bemerkenswert, dass alleine hinsichtlich der Verklebungsart bei Sohlbänken großer Aufklärungsbedarf besteht. Das mag daran liegen, dass diese früher ausschließlich vom Spengler eingebaut wurden und der Einbau

Abb. 146 Links: Die Folgeschäden aus undichten Fensteranschlüssen zeigen sich jedes Jahr: Schimmel und Pilzbefall an Holzkonstruktionen.

Abb. 147 Oben: Drei Jahre unbemerkt gebliebene undichte Sohlbank, die Holzständerwand ist bereits vermorscht.

professionalisiert war. Die Verarbeitungsrichtlinien der Metallkleber waren so ausgereift, dass sogar die Arbeitsrichtung der Zahnspachtel vorgeschrieben war. Dahinter stehen über 100 Jahre Erfahrung. Das Know-how im Umgang mit Sohlbänken wurde dem Wunsch nach Vorfertigung geopfert. Sohlbänke bauen heute überwiegend ungelernte Fenstermonteure ein, den Spenglern bleibt die Verwunderung über den Qualitätsverfall.

Weiterführende Informationen und Anbieter: www.bauherrenhilfe.org/ fachbuch_**fenster_tueren**

Kapitel 10

Heizen erlaubt, aber vergeblich - Heizung und Elektrik

Eine Geschichte von Betroffenen

Isabella Tenner ist von Geburt an auf die Butterseite des Lebens gefallen. Sie hat von wohlhabenden Eltern geerbt, eine lukrative Scheidung von einem Unternehmer durchgezogen und verdient gut. Nach der Scheidung renoviert sie ihren Wohnsitz, eine Villa im Grünen. Sie gehört zu den glücklichen Menschen, die jede Energierechnung aus der Portokasse bezahlen können, egal, wie hoch die Strom- und Gaspreise steigen. Umso mehr ist ihr anzurechnen, dass sie sich über Ökologie und Nachhaltigkeit den Kopf zerbricht. Sie will nicht auf Kosten der nächsten Generation leben. Abgesehen von einem Architekten und einem italienischen Innendesigner beauftragt sie daher auch einen Haustechniker, der ihr eine Solaranlage vom Feinsten bauen soll.

Bald nach Inbetriebnahme beginnt Isabella, sich zu ärgern. Das überdachte Schwimmbecken wird nicht warm. Nicht einmal lauwarm. Es hat im Juli immer noch kaum mehr als 18 Grad, und das, obwohl im Juni eine ausgiebige Sonnenphase war. Seufzend nimmt Isabella die Heizung in Betrieb und heizt mit Strom. Auch heißes Wasser hat sie nicht in dem Maß, wie es sich gehört. Ge-

237

nau genommen kann Isabella nur duschen, wenn die pralle Sonne scheint. Zwei Wolkentage, und schon bricht die Warmwasseraufbereitung zusammen. „Blöde Sonne, blöde Solaranlage, zahlt sich halt doch nicht aus", erzählt sie all ihren Freunden und Bekannten.

Isabella überlegt, was zu tun ist. Das Ding gleich komplett abreißen? Eine Gas-, Strom- oder Ölheizung einbauen? Oder kann man die Solaranlage irgendwie retten? Sie sucht einen Fachmann, der sie beraten soll, und geht natürlich nicht zu dem Haustechniker, der die Solaranlage eingebaut hat. Sie fragt herum und trifft auf einen Solarteur, einen Gutachter, der sich wirklich auf Solaranlagen spezialisiert hat.

Solateur Gurnhofer untersucht die Anlage und macht dabei laufend Notizen. Zu Isabellas Beunruhigung schüttelt er immer wieder den Kopf. „So schlimm?", fragt Isabella. Herr Gurnhofer schüttelt den Kopf, notiert weiter, schüttelt, notiert. Isabella wartet bang die Diagnose ab. Endlich beendet Herr Gurnhofer seine Untersuchung und setzt sich mit Isabella zusammen.

„Sie werden es nicht glauben, aber was ich hier gesehen habe, ist das Bauschadenalphabet einer Edel-Solarheizung." „Wie bitte?" „Also", Herr Gurnhofer holt tief Luft: „A) Solarleitungsdämmung nicht ‚bissfest' und hitzeresistent, B) Microblasen-Entlüfter am Dach nicht temperaturbeständig und C) im Dampfbereich der Kollektoren versetzt, D) Wärmeträgermedium Propyläenglykol ungeeignet, E) Anlagendruck mit 1,65 Bar bei 65°C viel zu niedrig, F) Durchflussmesser wegen Ablagerungen nicht mehr lesbar, G) Frostsicherheit und Mischung der Wärmeträgerflüssigkeit nicht bestimmbar, H) wegen C) ist die Wärmeträgerflüssigkeit nur noch hochkonzentriertes Propylenglykol, was Anlageschäden zur Folge hat, I) vertraglich vereinbarter Solarschichtspeicher wurde nicht verbaut, J) vorhandener Pufferspeicher ungeeignet, K) Kesselanschlüsse am Speicher nicht korrekt eingebaut, L) Schwimmbadheizung funktioniert nicht, weil Kühlung über Kollektor und Betonkernaktivierung läuft, M) Pelletskessel kann die Anlage nicht steuern, N) Regelung fehlt generell, O) Kollektorfühler wurde an die falsche Stelle gesetzt, P) Solarregler hat einen Ausgang zu wenig, Q) Solarregler wurde nicht parametriert, R) Durchmesser der Wellrohrverbindungen zwischen Kollektoren sind drastisch unterdimensioniert, S) Membranausdehnungsgefäß (MAG) zu klein dimensioniert, T) MAG nicht für Solaranlagen geeignet, U) MAG verkehrt montiert, V) MAG überhaupt nicht befestigt, W) MAG zu nahe

an der Solarstation, zu hohe Temperaturen, X) Kollektoren falsch miteinander verschaltet, Y) die Kollektoren waren nicht ausreichend gegen Sturm gesichert, und Z) muss ich Ihnen sagen, dass eine Sanierung unwirtschaftlich erscheint."

„Wie bitte???" Isabella hat kaum ein Wort verstanden, außer, dass man ihr Edel-Schrott angedreht hat. „Stimmt", sagt Herr Gurnhofer. „Ich sage so etwas nicht gerne, aber wollen Sie nicht einmal über eine Wärmepumpe nachdenken?"

Abb. 148: Immer öfter verschwinden Dusch-schläuche unter der Ba-dewanne. Schimmelpilze sind die Folge.

Die Amortisationslüge

Dieses Kapitel kann nur ansatzweise einen Überblick über das beinahe un-überschaubare Thema Haustechnik liefern, das jedes Jahr um Neuerungen bereichert wird.

Das Zeitalter der flammen- und emissionslosen Warmwasserbereitung ist längst angebrochen, auch wenn viele das noch nicht glauben wollen. Es macht in vielerlei Hinsicht Sinn, die Sonne zur Warmwasser- oder Stromge-winnung zu nutzen. Denn erneuerbare Energien machen nicht nur stolz und unabhängig, bei richtiger Auslegung rechnen sie sich auch, was bei Brenn-stoff-Heizanlagen nicht behauptet werden kann. Heizungen basierend auf fossilen Wärmequellen bleiben eine ewige Sparkasse.

Frustrierend dabei ist der Umstand, dass Sie sicher schneller einen Installateur für Ihre Gas- oder Ölheizung finden als einen, der mit erneuerbaren Energien umgehen kann.

Vergleichen wir die CO_2-Emissionen verschiedener Energiequellen:
→ Kraftwerksstrom belastet die Umwelt für 1 kWh Strom mit 630 Gramm CO_2,
→ Heizöl mit 300 Gramm,
→ Erdgas nur mehr mit 240 Gramm und
→ die Heizanlage mit einem Mix aus Wärmepumpe, Solarthermie und Photovoltaik mit nahezu null Gramm.

Im Vergleich dazu zahlen Sie jährlich folgende Energiekosten. Als Basis dient die Statistik von 2011 bei einem Durchschnittsverbrauch von 18.000 kWh pro Jahr:
→ Öl- und Gasheizung: 8 ct./kWh = 1.440 Euro pro Jahr
→ Pelletsanlage: 5,8 ct./kWh = 1.044 Euro pro Jahr
→ Luft-Wärmepumpe: 4,7 ct./kWh = 846 Euro pro Jahr
→ Erdreich-Wärmepumpe: 3,7 ct./kWh = 666 Euro pro Jahr
→ Grundwasser-Wärmepumpe: 3,1 ct./kWh = 558 Euro pro Jahr

Braucht es da noch Argumente? Leider ja. Denn gerade Installateure können mit der Materie oft wenig anfangen. Das mag daran liegen, dass der österreichische Installateur Heizung und Sanitär für sich gleichermaßen beansprucht, während dazu in Deutschland zwei Berufsgruppen existieren. Der Heizungs- und Sanitärinstallateur ist ohnehin schon mit Kaminen, Öfen, Gasthermen, Heizkessel, Badewannen, High-Tech-Duschen und Wasserhähnen überbeansprucht, neue Technologien stellen für ihn daher vielleicht eher eine Belastung als eine Chance dar. Dennoch möchte der Installateur nichts von seinem Geschäft hergeben. Da wundert es nicht, dass seitens der Installateure Wirtschaftlichkeitsberechnungen herbeigezaubert werden, nach denen Gas- und Ölheizungen immer noch vor erneuerbaren Energien landen.

Aus dem Polemikwörterbuch des Gas-Wasser-Heizungs-Installateurs: „Eine Solaranlage rechnet sich, wenn überhaupt, dann erst in 15 Jahren."

Abb. 149: Schema Solar-
anlage mit Brennwert-
Hybridsystem. Quelle:
Buderus

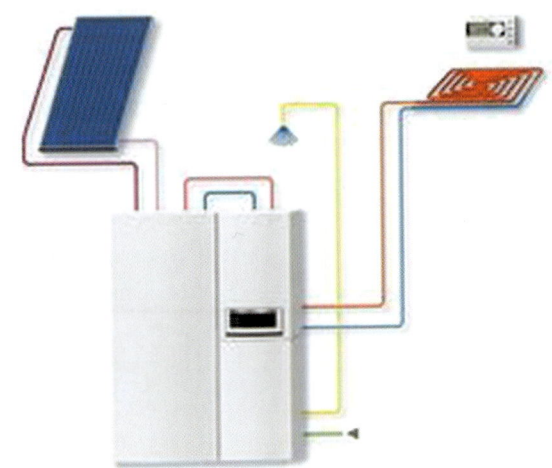

Ich stelle die Gegenfrage: „Herr Installateur, wann rechnet sich denn eine Ölheizung?" Die Antwort lautet: gar nicht. Nicht nur das, für die Energieträger Öl, Gas, Holz oder Pellets werden Sie immer mehr bezahlen müssen.

Nur der Solarteur® kann sich als Fachkraft für erneuerbare Energien bezeichnen. Unter diesem Licht erklärt sich meine Erfahrung, dass wohl mehr als jede zweite Solaranlage gar nicht richtig funktioniert. Oft unbemerkt, dem Kunden fehlt ja der Vergleich. Er ärgert sich maximal darüber, dass die Sonne nicht genügend „Ertrag" bringt.

Abb. 150: Die Solar-
leitungsdämmung ist
hier nicht hitzebe-
ständig und „biss-
fest". Die Dämmung
muss auf „mine-
ralisch" getauscht
werden.

Verlangen und prüfen Sie daher die Referenzen, bevor Sie ein Unternehmen beauftragen. Lassen Sie sich eine Anlagenberechnung vorlegen oder engagieren Sie gleich einen Installateur mit Solarteur®-Ausbildung!

Für einen Neubau empfehle ich immer eine Wärmepumpe als Ergänzung zur Solaranlage (oder umgekehrt). Übrigens gilt auch hier: Lassen Sie nur zertifizierte Wärmepumpen-Installateure an Ihre Wärmepumpenanlage ran.

Es gibt Luft-Luft-, Luft-Wasser- und Wasser-Wasser-Wärmepumpen. Entscheidend ist, dass eine Heizung für jedes Haus berechnet und der richtige Mix der einzelnen Komponenten passgenau zusammengestellt wird.

Leider geschieht oft das Gegenteil: Weil es für den Ausführenden leichter ist, wird ein vom Hersteller zur Verfügung gestelltes „Paket" angeboten. Der Hersteller liefert eine „Berechnung" gleich mit, aber eine individuelle, bedürfnisorientierte Auslegung erfolgt nicht. Damit steigt die Anzahl der Problemanlagen, am Ende heißt es wieder: „Das Zeug rechnet sich nicht."

Lebensqualität durch Solarwärme

Der Weg zu einer höheren Lebensqualität führt über erneuerbare Energien, heute schon. Einer Studie nach könnten wir uns eine Vier-Tage-Arbeitswoche leisten, vorausgesetzt, wir nutzen regenerative statt fossile Energien, aber das nur nebenbei. Bleiben wir beim Hausbau. Wenn Sie in eine hochwärmegedämmte Gebäudehülle mit Wohnraumlüftung, eine Solaranlage, ein paar Photovoltaik-Kollektoren und eine Wärmepumpe investieren, erreichen Sie das Ziel, möglichst wenig Geld für Energie auszugeben. Ob Sie ein Passivhaus bauen oder nicht, spielt dabei sogar eine untergeordnete Rolle. Hauptsache super gedämmt und inklusive Wohnraumlüftung.

Ähnliches gilt für Wohnhausanlagen. Nur kümmert die Bauträger in der Regel kaum, wie hoch der spätere Energieverbrauch ist oder wie viel Wohnkomfort geboten wird. Unter dem Diktat der Profitoptimierung wird nur gebaut, was baurechtlich oder normativ gefordert ist. Eine Wohnhausanlage mit dazugehörigem Flachdach könnte bestens für ein Solarkraftwerk genutzt werden, wieder in Kombination mit Wärmepumpen und einer hochwärmegedämmten Gebäudehülle – natürlich mit Wohnraumlüftung –, und kein

Bewohner bräuchte sich mehr Sorgen um Schimmel oder Energieverteuerungen zu machen.

Meine Forderung lautet: Erneuerbare Energiegewinnung soll verpflichtend vorgeschrieben werden, ebenso Photovoltaikanlagen und E-Fahrzeuge. Wie gerne würde ich in der Bauordnung diesen Text lesen:

„Ab 2013 wird die sonnenorientierte Gebäudeausrichtung in den Bauordnungen Pflicht, Fördergelder (versteckte Subventionen für die Infrastruktur, für Umweltschäden) für fossile Anlagen werden komplett gestrichen und in erneuerbare Energien weitergeleitet, geförderte Photovoltaikanlagen müssen bei Wohnhäusern den Haushaltsstrom in der Jahresbilanz abdecken können, und jede Tankstelle muss Strom-Zapfsäulen nachrüsten. Jedes Einfamilienhaus mit Photovoltaikanlage bekommt eine Strom-Zapfsäule gefördert und montiert. Viele der Zusatzinvestitionen werden über die Umwegrentabilität refinanziert. Geringere Schadstoffemissionen bedeuten langfristig weniger Krankenkosten."

Noch ist das ein Traum, und bis zu seiner Realisierung ist noch viel Informationsarbeit zu leisten. Die Lobby der Mineralölindustrie ist politisch gut verteilt, doch Veränderungen können auch den demokratischen Weg gehen: Schreiben Sie an den Bürgerservice des Lebensministeriums: service@lebensministerium.at mit dem Betreff „Förderungen für erneuerbare Energien".

Wie tief die Kluft zwischen den technischen Möglichkeiten einerseits und den praktizierten Gewohnheiten andererseits ist, sieht man an einem anderen Energiefresser und Krankmacher, dem Auto. Elektrofahrzeuge wurden um 1900 erfunden und dominierten die Anfänge der automobilen Industrie. Nur wurden diese, weil sie schwere Akkus hatten, bald von Verbrennungsmotoren verdrängt. 110 Jahre später haben es die Hersteller von Akkumulatoren nicht geschafft, serienreife Akkus mit Energiespeichermaterial zu entwickeln? Wir benötigen dringend Akkus als Zwischenspeicher für Wind- oder Sonnenkraftanlagen. Der Staat ist gefordert, die Solar-Infrastruktur im gleichen Maße zu fördern, wie er es in den letzten 100 Jahren für die Erdölindustrie getan hat.

100 Kilometer Auto fahren mit Ökostrom kosten weniger als vier Euro. Wenn man aus der eigenen Photovoltaikanlage tankt, sogar nur mehr rund einen Euro. 15.000 gefahrene Kilometer pro Jahr kosten dann 150 Euro! Im Vergleich dazu schluckt mein Diesel-VW-Bus 2.520 Euro, und der gilt schon

als sparsam für seine Größe. Auf 25 Jahre Lebensdauer gerechnet spart mir die hauseigene Photovoltaikanlage 59.250 Euro. Den Hausstrom noch gar nicht eingerechnet!

Die Modellstadt Güssing zeigt, dass ein Ausstieg aus der fossilen Energieversorgung auch unter den derzeit schwierigen Bedingungen möglich ist. So ist Güssing heute energieunabhängig und hat nach eigenen Angaben 1.000 Arbeitsplätze dazugewonnen. Wien kontert in Aspern mit einer echten Geothermieanlage. 150°C heißes Wasser werden aus 5.000 Meter Tiefe in das Fernwärmenetz gepumpt, der Strom für die Pumpen wird vor Ort produziert. Das bedeutet, kein Lärm, keine Abgase und kein erhöhtes Verkehrsaufkommen durch den Transport von Brennstoffen. So soll die hydrothermale Anlage ab 2014 satte 40 Megawatt an thermischer Energie in 40.000 Wohnungen liefern! In Simmering ging bereits 2006 ein Wald-Biomassekraftwerk vom Probe- in den Vollbetrieb. Damit werden rund 48.000 Haushalte mit Strom und 12.000 Haushalte mit Fernwärme versorgt. Im Vergleich zum fossilen Kraftwerk werden rund 144.000 Tonnen Kohlendioxid eingespart.

Warmwasser und Heizung

Dem Baustandard „Passivhaus" wird ein zu hoher Stellenwert beigemessen. Gleichzeitig wird jeder Häuslbauer, der nur nach geltendem Baurecht baut und wärmedämmt, um seine Möglichkeiten betrogen. Es geht aber nicht nur darum, die Wärme möglichst gut im Haus zu behalten. Es geht vielmehr auch darum, wie man sie erzeugt. Ein Passivhaus mit Gas-Brennwertgerät wäre immer noch ein Passivhaus, ein Haus aus Beton und Styropordämmstoffen ebenso.

Wir müssen einen Schritt weitergehen und auf die Art der Energiegewinnung und auf die Schadstoffemissionen achten, mit einem Passivhaus als Grundlage. Holz- und Biomasseheizungen werden als CO_2-neutral bezeichnet, benötigen aber ähnlich große Primärenergieanteile wie Öl- und Gasheizungen. Außerdem entsteht eine hohe Feinstaubbelastung. Das Ziel sollte eine flammenlose Heizung sein, die noch dazu kühlen kann. Deshalb ist Strom sinnvoller, besonders dann, wenn der Strom von der eigenen Photovol-

taikanlage kommt. Tages- und jahreszeitliche Schwankungen im Energiean-
gebot müssen und können durch Speicher ausgeglichen werden.

„Passiv" zu bauen liefert die perfekte Grundlage für erneuerbare Wärmequellen. Im Passivhaus darf der Heizwärmebedarf (HWB) 15 kWh/m²a nicht
übersteigen.

GUT ZU WISSEN

Dieser Wert, berechnet nach PHPP (Passivhausprojektierungspaket), entspricht in der Berechnung nach OIB-Richtlinie 6 etwa 10 kWh/m²a.

Der HWB oder die EKZ (Energiekennzahl) gibt an, wie viel Energie ich einem
Haus zuführen muss, um eine Norm-Raumtemperatur aufrechtzuerhalten. Die
genaue Berechnung ist kompliziert und das Ergebnis je nach Berechnungs-
methode unterschiedlich. Es berücksichtigt, vereinfacht gesagt, die Wärmeverluste durch Transmission (Wärme, die durch die Gebäudehülle verloren
geht) und Lüftung (Wärme, die durch unkontrollierte Fensterlüftung oder die
kontrollierte Wohnraumlüftung entweicht). Beim Passivhaus wird viel genauer
gerechnet, es werden auch interne Wärmegewinne (Geräteabwärme, solare
Einstrahlungsgewinne, Personenwärme etc.) und sogar die Beschattung berücksichtigt.

In Zahlen ausgedrückt versteht man unter einem Passivhaus ein Gebäude,

→ dessen Jahresheizwärmebedarf 15 kWh/m²a (das entspricht etwa 1,5 Liter
   Heizöl pro m² und Jahr) und

→ dessen Primärenergiekennzahl für Restheizung, Warmwasserbereitung,
   Lüftung und Haushaltsstrom 120 kWh/m²a nicht überschreitet und

→ dessen Infiltrationsluftwechsel bei 50 pa kleiner 0,6/h ist.

Vergessen wir nicht die Warmwasseraufbereitung. Der HWB beschreibt nicht
den Energiebedarf für das Brauchwasser. Es wäre falsch, die Heizleistung für
das Warmwasser (Duschen, Waschen, Baden, ...) ausschließlich elektrisch be-
reitzustellen. Auch eine den Heizstab stützende Photovoltaikanlage würde
gerade im Winter nicht genügend Strom erzeugen können.

Abb. 151: Die solare Energiegewinnung setzt eine gute Speichertechnik voraus. Viermal besser als Wasser: Latentwärmespeicher. Quelle: Powertank.de

Ich habe selbst einen Plus-Energie-Passivhaus-Dachausbau geplant und freue mich aufgrund effizienter Speichertechnik mit Latentwärmespeichern nach einem Tag Sonne über genug Warmwasser für fast eine Woche.

Womit Sie bei Ihrem Bauvorhaben die Energie für Heizung, Warmwasser und Strom erzeugen, hängt von vielen Umständen ab. Meiden Sie aber eher „das Heizungspaket", denn jedes Haus braucht eine individuelle Berechnung, wieder gilt: Wer hier in der Planung spart, zahlt sein Hausleben lang Mehrkosten. Während im Altbau und bei vorhandenem Gasanschluss auch ein Gas-Brennwertgerät Sinn machen kann, kann ich Öl gar nicht mehr empfehlen. Für den Neubau wiederum sollte die Wärmepumpe immer eine zentrale Rolle spielen. Ob die Umweltwärme dabei aus Boden, Wasser oder Luft geholt wird, hängt von Grund und Boden und vielen weiteren Umständen ab.

Wärmepumpe für die Warmwassererzeugung

Eine Wärmepumpenanlage besteht aus vier Komponenten:
- → Wärmequelle (Luft, Erde oder Wasser)
- → Wärmepumpe (verdichtet und entspannt das Kältemittel)
- → Wärmeverteilung (idealerweise eine Fußboden- oder Wandheizung)
- → Wärmespeicherung (im Verteilsystem oder Pufferspeicher)

Im geschlossenen Kreislauf der Wärmepumpe übernimmt das Kältemittel die Aufgabe, Wärme aus der Wärmequelle aufzunehmen und zu transportieren. Der Umweltwärmegewinn findet im Verdampfer der Wärmepumpe statt. Das Kältemittel kocht und verdampft schon bei geringen Temperaturen, es wird gasförmig und wird im Verdichter komprimiert. So wie die Luft in der Fahrradpumpe erwärmt sich das Kältemittel, es wird im Verflüssiger über einen Wärmetauscher an das Wärmeverteilsystem übertragen. Durch die Wärmeabgabe kann das Kältemittel zur Wärmequelle zurückgeschickt werden, um wieder Wärme aufzunehmen.

Die Temperaturdifferenz (der „Hub")

Der Stromverbrauch der Anlage hängt wesentlich von der Temperaturdifferenz zwischen Wärmequelle (Boden, Wasser oder Luft) und Wärmesenke (Estrich-Niedertemperaturheizung, Warm- oder Brauchwasser) ab. Je kleiner die Differenz ist, desto effektiver läuft die Wärmepumpe. Wird als Wärmequelle der Boden verwendet, so ist auch im tiefsten Winter mit einer Temperatur von 5 bis 10°C zu rechnen. Bei einer Vorlauftemperatur von 35°C ergibt sich eine Differenz zur Wärmequelle von 25 bis 30°C.

Im Vergleich dazu die Luft-Wasserpumpe mit der Außenluft als Wärmequelle: Bei 20°C Wintertemperatur ergibt sich eine Differenztemperatur (der „Hub") zum Heizungsvorlauf von 55°C. Also muss die Wärmepumpe mehr Leistung bringen, und die Effizienz sinkt. Damit steigen auch die Geräuschentwicklung und die Gefahr einer Vereisung bei einer Luft-Wasser-Anlage. Hier ist eine Kombination mit einer solarthermischen Solaranlage ideal, selbst im Winter ist am Kollektor mit Temperaturen über dem Nullpunkt zu rechnen! Wird die Solaranlage in den Kreislauf eingebunden, kann eine Vereisung ohne Zusatzkosten verhindert und der „Hub" bei beispielsweise 10°C warmer Kollektorflüssigkeit auf 25°C reduziert werden!

● ●

GUT ZU WISSEN

Im physikalischen Sinn ist jede Temperatur über dem absoluten Nullpunkt von −273,15°C Wärme. Ein Kelvin ist die technisch gültige Temperaturmaßzahl, als Differenzzahl ist 1 Kelvin ident mit 1°C. Die Temperatureinheit Kelvin beginnt beim absoluten Nullpunkt => 0K = −273,15°C.

● ●

Die Leistungszahl

Das Verhältnis von Heizleistung zu aufgenommener elektrischer Leistung nennt man Leistungszahl (engl.: COP, Coefficient Of Performance). So geben Hersteller beispielsweise die Zahlen W10W35, BOW35, A2W35 an. W = Water, B = Brine (Sole), A = Air. Die Zahlen geben die Temperatur von Wärmequelle und Wärmesenke an. Beispielsweise beschreibt „Leistungszahl 4 mit A2W35" eine Luft-Wasser-Wärmepumpe, die bei einer Lufttemperatur von 2°C arbeitet (A2) und das Kältemittel auf ein Niveau von 35°C (W35) zum Verteilersystem bringt.

Die Leistungszahlen dienen vor allem dem Vergleich von Wärmepumpenaggregaten.

Die Jahresarbeitszahl (JAZ)

Wesentlich wichtiger für die Anlageneffizienz ist die Jahresarbeitszahl. Sie beschreibt das Verhältnis zwischen der Wärmemenge, die man aus der Anlage erhält, und der Strommenge, die man dafür einsetzt. Bei Verwendung von Kraftwerksstrom (hohe Verluste) sollte die JAZ größer als 2,6 sein, sonst liegt im Sinne der Umwelt eine reine Stromheizung vor. Eine gute Wärmepumpe hat eine JAZ von über 3,5. Das bedeutet, dass aus 1 kWh Strom und 2,5 kWh Umweltwärme (Wasser, Boden, Luft) insgesamt 3,5 kWh Wärme für Heizung und Warmwasser zur Verfügung gestellt werden.

Vom Hersteller versprochene JAZ von 4 und mehr werden meist nicht erreicht. Bei einer JAZ von 4 müssen für 10 kWh Umweltwärme nur 2,5 kWh Kraftwerksstrom zugekauft werden. Wer sich den benötigten Strom von der eigenen Photovoltaikanlage holt, ist energieunabhängig! Wichtig für die Anlagenbewertung ist der tatsächliche Stromverbrauch der gesamten Anlage inklusive aller Pumpen und Komponenten. Daher sollte immer ein Wärmemengenzähler installiert werden, der Stromverbrauch wird am Wärmepumpenstromzähler abgelesen.

• •

TIPP

Um die Planungs- und Ausführungsqualität zu verbessern, empfiehlt es sich, mit dem Installateur oder Bauträger eine Mindestjahresarbeitszahl zu vereinbaren. Um Streit zu vermeiden, sind dazu die Rahmenbedingungen zu klären. Ein Musterformular finden Sie auf der buchbegleitenden Webseite (www.bauherrenhilfe.org/fachbuch).

• •

2008 lieferte ein deutscher Test bei 33 nach 2002 installierten Wärmepumpen folgende mittlere Jahresarbeitszahlen:

Wärmequelle	mittlere JAZ Anlagen mit Flächenheizung	mittlere JAZ Anlagen mit Heizkörpern
Außenluft	2,8	2,4
Erdreich	3,4	3,3
Grundwasser	3,2	k. A.

Betriebsarten

Monovalente Wärmepumpenanlagen versorgen das Haus alleine mit Warmwasser; einen zusätzlichen Elektroheizstab gibt es nicht. Bivalente Anlagen haben einen zweiten Energieversorger.

Mit der Wärmepumpe lassen sich Wassertemperaturen von bis zu 60°C bereitstellen. Bei der üblichen Berechnung muss der Warmwasserspeicher pro Person und Tag rund 50 Liter Warmwasser mit 45°C bereitstellen.

Abb. 152: Die Heizleitungen hier sind im Estrich „aufgeschwommen". Die Heizleitungen müssen vor Estricheinbringung gefüllt sein.

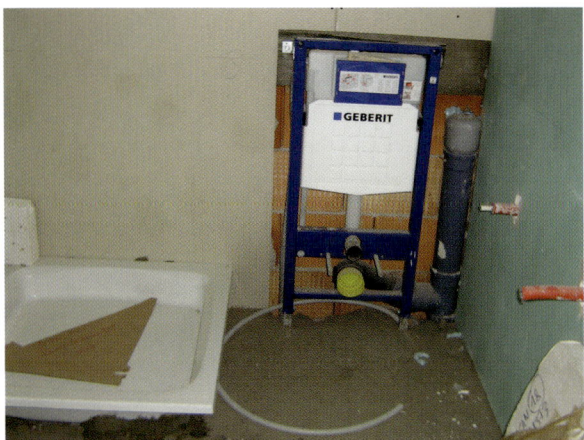

Abb. 153: Kanalstran-glüftungssysteme mit raumseitigen Entlüf-tungsventilen sind nicht empfehlenswert, der Kanal wird nicht mehr entlüftet.

Sie können das Warmwasser in einer Zirkulationsleitung ständig zirkulieren lassen, dann haben Sie es, sobald Sie den Wasserhahn aufdrehen, zur Verfügung. Aber ich rate Ihnen davon ab, denn dies verursacht hohe Energieverluste. Nehmen Sie eine kleine Komforteinbuße in Kauf: Das Warmwasser wird nach Öffnen des Wasserhahns erst zum Hahn gepumpt, das dauert etwas, aber Sie sparen viel.

Wärmequelle Luft

Anders als bei der Grundwasser- oder Erdwärmenutzung bleibt die Temperatur der Wärmequelle Luft nicht konstant. Im Winter tritt eine gegenläufige Entwicklung der Quellentemperatur zur benötigten Heizwärme auf. Deswegen werden Luft-Wasser-Wärmepumpen in der Regel bivalent parallel betrieben, da bei Außentemperaturen von weniger als −5°C die Heizwärme nicht mehr ausreicht. Meist wird ein Elektroheizstab dazugeschaltet. Da beide mit Strom arbeiten, nennt man diese Betriebsart monoenergetisch. Anders ist es bei der empfohlenen Unterstützung durch eine Solaranlage.

Die Wärmequelle Außenluft bietet den Vorteil der geringeren Aufwände und Kosten. Nötige Genehmigungen wie beim Grundwasser fallen nicht an. Dafür ist die Wärmekapazität der Luft wesentlich kleiner als bei Wasser oder Erdreich. Es werden große Luftmengen bewegt, was zu Geräuschproblemen führen kann. Und für zehn Kilowatt Entzugsleistung werden rund 4.000 Kubikmeter Luft pro Stunde benötigt! Die Energiekosten sind im Vergleich zur Wärmequelle Erdreich oder Grundwasser um rund 20 Prozent höher. Beim Passivhaus mit Photovoltaikanlage kann diese Betriebsart jedoch durchaus eine Lösung darstellen.

● ●

TIPP

Stellen Sie das Außengerät nicht im Eingangsbereich oder zum Nachbargrund hin auf.

● ●

Die Kombination einer Heizungswärmepumpe und einer Wohnraumlüftung ist für ein Passivhaus oft ausreichend. Über eine im Lüftungsgerät integrierte Luft-Wasser-Wärmepumpe wird die in der Abluft enthaltene Abwärme zur Warmwasserbereitung eingesetzt. Kombinieren Sie eine Luft-Wasser-Anlage mit einer Solaranlage. Dazu wird die Solaranlage in den Vorlauf der Wärmepumpe eingebunden.

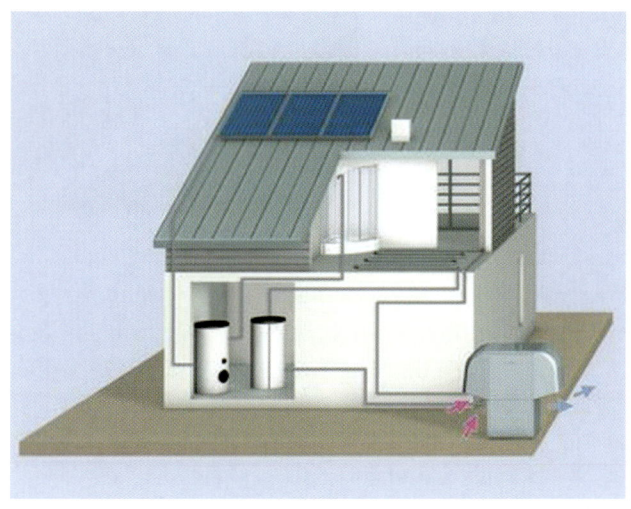

Abb. 154: Schema Luft-Wasser-Wärmepumpe mit Außengerät. Quelle: Buderus

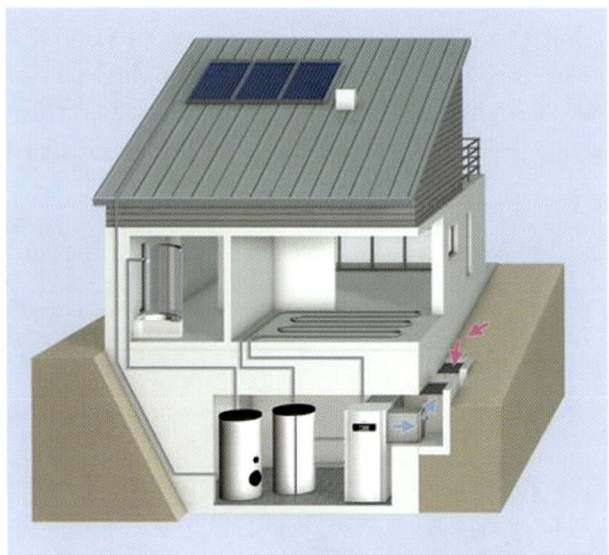

Abb. 155: Schema Luft-Wasser-Wärmepumpe mit Innengerät.
Quelle: Buderus

Abb. 156: Wer die kalte Fortluft der Luft-Luft-Wärmepumpe in den Lichtschacht bläst, erntet Schimmelbefall!

Folgende Richtlinien sollten eingehalten werden:

➜ Außenöffnungen der Luftkanäle sind mit Lamellen (Regenschutz) und Gittern gegen das Eindringen von Fremdkörpern oder Kleintieren zu verschließen.

➜ Bei Luftführung von Zu- und Ablauf ist auf einer Kellerseite mindestens ein Drei-Meter-Abstand einzuhalten.

→ Lässt sich der Zu- und Abluftkanal nur über einen Kellerschacht führen, muss mittels Leitblechen und Trennwand ein thermischer Kurzschluss verhindert werden.

→ Kalter Abluftstrom und Schall sollen nicht auf die Hauswände oder das Nachbarhaus, sondern zur Straßenseite hin gerichtet werden. Die Aufstellung sollte jedoch nicht bei der Eingangstüre erfolgen.

→ Zur Schallminderung sollten Mauern, Sträucher oder Zäune angebracht werden.

→ Eine Abstandsverdopplung zur Schallquelle verringert den Schalldruck um sechs Dezibel.

→ Im Gerätefundament ist auf einen frostsicheren Kondensatablauf zu achten, am besten mit Kanalanschluss oder Versickerungsmöglichkeit – bis zu 30 Liter pro Stunde!

→ Heizungs- und Stromanschlusspläne sind beim Fundamentbau zu berücksichtigen.

→ Zu groß dimensionierte Wärmepumpen kosten mehr und weisen schlechtere JAZ und erhöhten Verschleiß auf.

→ Bei Außenaufstellung müssen die Heizkreisrohre gut gedämmt und meist unterirdisch verlegt werden; energetisch günstiger ist die Innenaufstellung.

→ Bei der Innenaufstellung sollte die Gesamtlänge aus Ansaug- und Ausblaskanal acht Meter nicht überschreiten.

→ Luftkanäle sollen ausreichend gegen Wärmeverluste und Kondensatbildung dampfdicht verklebt gedämmt werden.

→ Die Luftkanäle müssen ausreichend luftdicht ausgeführt werden, andernfalls entsteht Über- oder Unterdruck.

Abb. 157: Thermografie einer schlecht gedämmten Heizleitung im Boden der oberen Wohnung.

Wärmequelle Erdreich

Grundwasser- und Sole-Wärmepumpen sind nahezu gleich aufgebaut, mit Ausnahme der Regelungstechnik. Dem Erdreich kann die Wärme mit Flächenkollektoren in 1,2 bis 1,5 Meter Tiefe oder mit vertikalen Erdsonden, die zwischen 30 und 120 Meter Tiefe liegen, entzogen werden. Erdwärmekörbe sind aufgrund der möglichen Vereisung problematisch, können aber bei Platzproblemen eine Lösung bringen.

Dem Erdreich können je nach Bodenverhältnissen zwischen zehn und 30 Watt pro Quadratmeter Fläche entnommen werden. Die benötigte Gesamtfläche beträgt als Faustregel das Ein- bis Zweifache der beheizten Wohnfläche. Beim Passivhaus kann auch die einfache Fläche genügen. Feuchte Böden eignen sich aufgrund der besseren Wärmeübertragung besser als sandige. Bei Erdwärmesonden kann eine Entzugsleistung von 30 bis 50 Watt pro Meter angenommen werden. Bei sechs Kilowatt (6.000 Watt) Entzugsleistung und angenommenen 50 W/m braucht man zwei Bohrungen je 60 Meter oder eine Bohrung mit einer Gesamttiefe von 120 Metern.

Abb. 158: Die Erdkollektoren sind hier bereits verlegt. Quelle: Schnauer.at/ Watterkotte.de

Abb. 159: Vorberei-
tungen zur Verle-
gung der Flächen-
kollektoren. Quelle:
Schnauer.at/Watter-
kotte.de

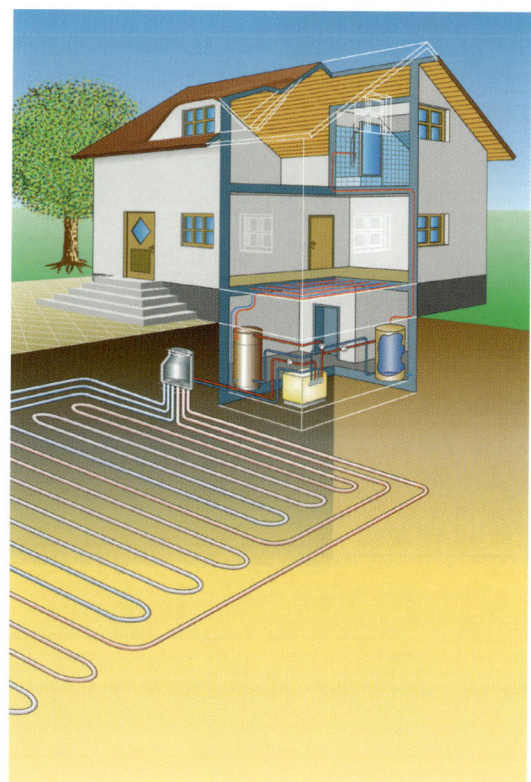

Abb. 160: Schema einer
Sole-Wärmepumpenanla-
ge. Quelle: Schnauer.at/
Watterkotte.de

Wie viel Leistung die Wärmepumpe aus dem Boden herausbekommt, hängt
auch von der Bodenart ab. Dazu ein paar Beispiele zu Flächenkollektoren:

→ Trockener, sandiger Boden: 10 bis 15 W/m^2
→ Feuchter, sandiger Boden: 15 bis 20 W/m^2
→ Trockener, lehmiger Boden: 20 bis 25 W/m^2
→ Feuchter, lehmiger Boden: 25 bis 30 W/m^2
→ Grundwasserführender Boden: 30 bis 35 W/m^2

Die Entzugsleistung beim Vertikalkollektor, also der Erdsonde, ist aufgrund
der höheren Erdwärme besser, die Anlagenkosten sind aber höher:

→ Durchschnittlicher Bodenaufbau: 60 W/m
→ Sand und trockene Sedimente: 30 W/m
→ Gestein und lehmige Erde: 55 W/m
→ Gestein mit guter Wärmeleitung: 80 W/m
→ Gestein mit Grundwasserdurchfluss: 100 W/m

Bei beiden Systemen liegt im Gegensatz zur nachfolgend beschriebenen di-
rekten Wasserentnahme ein geschlossener Kreislauf vor.

Abb. 161: Tiefen-
bohrung Teramex.
Quelle: Schnauer.at/
Watterkotte.de

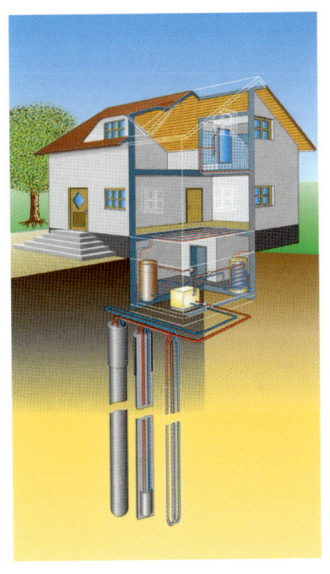

Abb. 162: Schema Tiefensonde, Wasser-
Wasser-Wärmepumpe mit geschlossenem
Kreislauf. Quelle: Schnauer.at/Watterkot-
te.de

Wärmequelle Wasser

Ab einer Tiefe von zehn Metern liegt ganzjährig eine Grundwassertempera-
tur von 8 bis 10°C vor. Man benötigt einen Förder- und einen Schluckbrun-
nen und abhängig von der Grundwasserfließrichtung einen Mindestabstand
von zehn Metern. Bei falscher Planung kann das in den Grundwasserstrom
zurückgeschickte, gekühlte Wasser wieder angesaugt werden. Heute werden

statt Saugpumpen nur noch Tauchdruckpumpen eingesetzt, damit entsteht kein Unterdruck, bei dem der Sauerstoff Schäden am Rohrsystem verursachen kann.

Bei Niedrigstenergie- (Energiekennzahl kleiner 25) und Passivhäusern (Energiekennzahl kleiner 15) werden die benötigten Jahresarbeitszahlen bereits von einer Erdreich-Wärmepumpe erreicht oder sogar übertroffen. Die Stromkosten für die Grundwasser-Förderpumpen liegen höher, daher rechnet sich eine solche Anlage nur bei höherem Energieverbrauch. Der Strombedarf zum Betrieb der Grundwasserpumpe liegt im Vergleich zur Wärmepumpe selbst bei rund 50 Prozent.

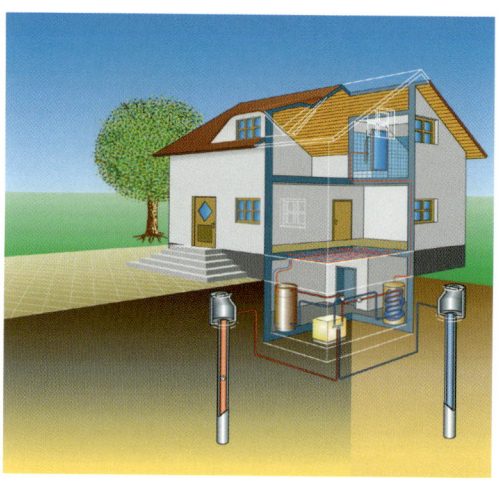

Abb. 163: Schema Solebrunnen, Wasser-Wasser-Wärmepumpe mit offenem Kreislauf. Quelle: Schnauer.at/Watterkotte.de

GUT ZU WISSEN

Je kleiner der Temperaturhub, also die Differenz zwischen benötigter Wärme und der Wärmequelle, ist, desto effizienter arbeitet die Wärmepumpe. Jedes Grad Celsius weniger Hub spart 2,5 Prozent Strom ein.

Für eine Entzugsleistung von zehn Kilowatt benötigt man rund zwei Kubikmeter Grundwasser pro Stunde. Man benötigt ebenfalls eine wasserrechtliche Genehmigung, und eine Wasseranalyse in der Planungsphase wird empfohlen. Bei einem zu hohen Eisengehalt ist die Wärmeentnahme aus dem Grundwasser nicht zu empfehlen.

Tipps zur Wärmepumpenheizung - allgemein

→ Verlegen Sie die Erdkollektoren in Sand; bei Erdkollektoren sollten alle Kreise getrennt abgesperrt werden, dadurch werden Fehlersuche und Entlüftung erleichtert.

→ Wenn bei Flächenheizungen 50 Prozent der Heizkreise offen bleiben, kann auf ein Überströmventil und einen Reihenspeicher verzichtet werden.

→ Kombispeicher sind ungeeignet, da die Wärmepumpe ständig den Vorlauf auf Trinkwassertemperatur halten muss.

→ In allen Heizkreisen muss ein hydraulischer Abgleich durchgeführt und an die Pumpenleistung angepasst werden.

Abb. 164: Fußboden- bzw. Flächenheizung mit Klammerbefestigung. Quelle: Pipelife.at

Abb. 165: Fußboden- bzw. Flächenheizung mit Stecksystem für die Sanierung bzw. zu geringe Aufbauhöhen. Quelle: Pipelife.at

Solaranlage und Solarthermie für die Warmwassererzeugung

Während bei der oben beschriebenen oberflächennahen Geothermie (Erdwärmekollektoren) die Erdwärme durch die Sonne und den Regen immer wieder „nachgefüllt" werden kann, ist dies bei Erdwärmesonden nicht der Fall. Deswegen zählt die Geothermie auch nur bedingt zu den erneuerbaren Energien. Bei falscher Auslegung kann es zudem bei der Erdwärmenutzung auch zu ökologischen Nachteilen kommen. Es sollte in beiden Fällen darauf geachtet werden, dass sich der Boden wieder regenerieren kann. Und hier kommt die Solaranlage ins Spiel.

Auch im Winter liefert eine Solaranlage bei Sonnenschein zumindest 5°C-Warmwasser. Während herkömmliche Solaranlagen nur bei höheren Kollektortemperaturen aktiv den Pufferspeicher versorgen, werden mit modernen Solar-Wärmepumpen auch die niedrigeren Kollektortemperaturen nutzbar gemacht und an die Erdsonden weitergeleitet. Die so gewonnene Kollektorwärme wird ins Erdreich zurückgeführt und übernimmt die Regeneration des Bodens. Umgekehrt kann der Wirkungsgrad des Kollektors gesteigert werden, wenn die Kollektortemperaturen durch den „Pufferspeicher Erdreich" der Umgebungstemperaturen angenähert werden können. Wie der Temperaturhub bei der Wärmepumpenanlage ist ein Kollektor auch nur dann effizient, wenn die Kollektortemperaturen nicht zu hoch sind. Herr und Frau Häuslbauer sollten sich daher über hohe Anlagentemperaturen nicht freuen: Denn je höher die Kollektortemperatur ist, desto höher sind die Abstrahlungsverluste an die Umgebung. Die Anlage funktioniert dann am besten, wenn die gewonnene Wärme in die Anlage geschickt und umgesetzt wird.

Wirkungsgrade oder „wirkt gerade"?

Auch die beste Wärmepumpenanlage hat einen geringeren Wirkungsgrad als ein Sonnenkollektor. Aus 1.000 Watt Einstrahlungsenergie holt der solare Warmwasserkollektor der Solaranlage 850 Watt heraus, das sind 85 Prozent Wirkungsgrad. Der gesamte solare Anlagenwirkungsgrad hängt aber nicht nur von den Kollektoren ab. Die heute weit verbreiteten Ringwellschläuche erhöhen durch die gewellte Innenoberfläche den Strömungswiderstand und müssen daher um eine Dimension höher ausgelegt werden.

Die Strömungsverluste werden in der Regel mit stromfressenden Pumpen kompensiert. So haben für meine Anlage drei Firmen Pumpen mit 150 Watt Leistung angeboten, aber zum Glück fand ich einen Solarteur, der mir eine WILO-Hocheffizienz-Energiesparpumpe mit 5,8 bis 25 Watt besorgen konnte. Die Ersparnis bei rund 2.000 Stunden Betriebstemperatur ist da schon enorm. Übrigens, statt Ringwellschläuchen wurden Kupferleitungen verlegt. Und nachdem alle Anbieter das Ausdehnungsgefäß für eine Heizanlage berechnet haben, hat mein Solarteur die Berechnungen wieder korrigiert.

Der bei Solaranlagen entstehende Wasserdampf dehnt sich gegenüber Wasser tausendfach aus. Das Ausdehnungsgefäß muss also größer als bei normalen Heizanlagen ausfallen. Noch immer gilt Luft in der Anlage als Hauptursache für Betriebsstörungen. Die weit verbreiteten Automatikentlüfter entlüften, wenn die Anlage in Dampf geht. Stillstandstemperaturen von bis zu 300°C sind bei Röhrenkollektoren möglich, das halten die billigeren Entlüfter mit ihren Plastikteilen nicht lange aus. Zudem können Mikroluftbläschen damit nicht abgeführt werden. Bei mir wurde ein Spirovent mit Autoclose-Funktion eingebaut, das ist ein metallisch-mechanisches Ventil, das ab 90°C nicht mehr entlüftet.

Flach- gegen Röhrenkollektor

In der Regel arbeitet der Flachkollektor bei Niedertemperaturheizungen effizienter, der Wirkungsgrad ist höher und die Schadensanfälligkeit geringer. Werden höhere Temperaturen benötigt, ist der Röhrenkollektor im Vorteil, ebenso für circa zwei bis vier Wochen im Winter. Aber auch von Flachkollektor zu Flachkollektor gibt es große Unterschiede. Wird die Wärme von dünnen Kupferabsorbern auf die Solarflüssigkeit übertragen oder von massiveren Alu-Absorbern? Je massiver der Absorber ist, desto mehr Wärme wird auch bei bewölktem Himmel übertragen, denn dieser Absorber kühlt nicht so schnell aus.

Solartechnik sucht hocheffiziente Speichertechnik

Die Sonne scheint nicht immer, gerade im Winter. Da spielt die Speichertechnik eine große Rolle. Bei meinem Plusenergie-Passiv-Dachboden habe ich Latentwärmespeicher eingesetzt. Die sogenannten Powertanks speichern

Abb. 166: Wohnraumlüftung: vorbildliche Leitungsführung mit Wickelfalzrohren und „echten" Schalldämpfern.

Abb. 167: Wohnraumlüftung: willkürliche Leitungsführung mit Kunststoffrohren und zerstörter Dampfbremse.

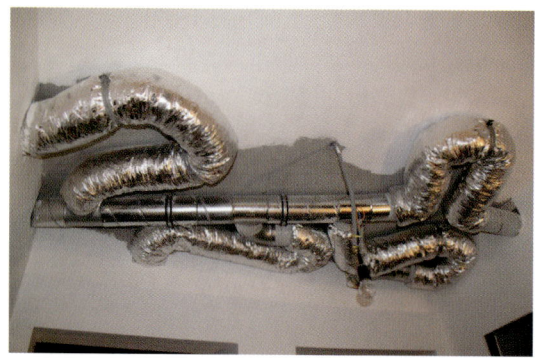

Abb. 168: Wohnraumlüftung: katastrophale Luftleitungsführung mit engen Radien, eine Reinigung ist unmöglich.

Wärme mit Paraffin (Wachs) fast viermal besser als Wasser. Erdwärme ging im fünften Stock leider nicht, stattdessen wird im Wohnzimmer ein dekorativer Pelletskamin für bitterkalte und sonnenlose Wintertage genutzt.

Photovoltaikanlage für die Stromerzeugung

Genauso wie bei der solarthermischen Anlage müssen wir einsehen, dass nicht jedes Dach für die Aufstellung einer Photovoltaikanlage geeignet ist. Idealerweise zeigt das Dach genau in Richtung Süden, wobei Abweichungen von bis zu 45 Grad in westlicher oder östlicher Richtung noch wirtschaftlich sind und noch 90 bis 95 Prozent des Idealertrags erbringen. Die ideale vertikale Ausrichtung hängt von der Region ab; in nördlichen Regionen werden die Module steiler als in südlichen aufgestellt.

Achten Sie beim Kauf auf den Temperaturkoeffizient, dieser gibt den Leistungsverlust bei hohen Temperaturen an. Im Gegensatz zu solarthermischen Anlagen mögen PV-Anlagen keine hohen Temperaturen, pro 1°Celsius Temperaturerhöhung gehen rund 0,5 Prozent Leistung verloren. Die Module werden deshalb in der Regel nicht in das Dach integriert, sondern mit Hinterlüftung vom Dach distanziert.

Dach gegen PV-Anlage

Voraussetzung ist jedenfalls eine professionelle Montage mit dauerhaft dichten und absolut sturmsicheren Dachanschlüssen. Bei einer schräg aufgestellten Zehn-Quadratmeter-Kollektorfläche wirken bei einer Windstärke von zehn Windgeschwindigkeiten von 89 bis 102 Stundenkilometer. Dabei kann – abhängig von weiteren Parametern – ein Winddruck von 57 Kilogramm pro Quadratmeter entstehen. Das sind immerhin knapp 600 Kilogramm, die auf die Zehn-Quadratmeter-Anlage einwirken.

Das Dachmaterial sollte entweder zugänglich oder unempfindlich im Hinblick auf Beschädigungen durch Schneedruck und Wind sein. Sonst müssen Sie nach einem schweren Schnee die Module abbauen, um das Dach wieder dicht zu bekommen.

Drei Solartechniken – Hybridkollektor und Wärmepumpe

Beim Wirkungsgrad schneidet die Photovoltaik eher schlecht ab, von 1.000 Watt (1 kW) können 100 bis 150 Watt in elektrische Energie umgewandelt werden. Das ergibt einen Wirkungsgrad von zehn bis 15 Prozent. Würde man die Module kühlen, könnte man den Wirkungsgrad auf 25 bis 30 Prozent steigern. In diese Richtung geht die aktuelle Entwicklung der Hybridkollektoren. Diese liefern mit Solarzellen Strom und gleich darunter mit dem Kollektorteil warmes Wasser. Isoliert ließe sich dabei immer nur eine Technik optimal nutzen. Wenn man einen Hybridkollektor mit einer Wärmepumpe verbindet, entsteht aus der Kombination dieser drei Solartechniken eine optimierte Energieanlage. Der im Vergleich zu den Solarzellen kühle Solarkreislauf kühlt den Kollektor, und durch die Kondensation könnte man für Gebiete mit Wassermangel sogar noch Trinkwasser produzieren. Da sollte man sich aber Garantien der Hybridhersteller geben lassen, oder eben noch ein paar Jahre abwarten.

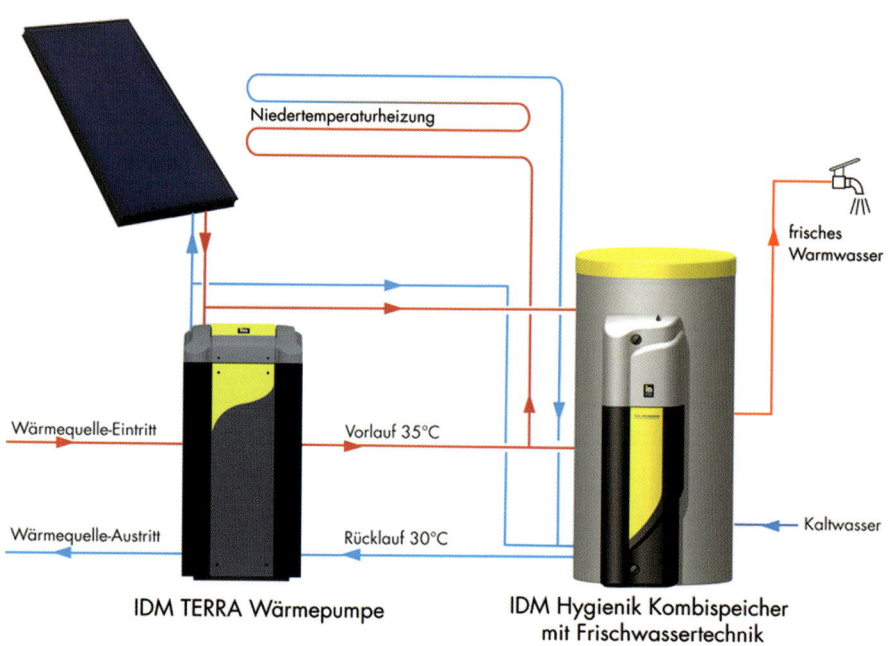

Abb. 169: Schema einer Kombination von Solaranlage und Wärmepumpe. Quelle: IDM-Energie.at

Elektrotechnik

Allgemeine Überlegungen

Planen Sie Ihre Elektroinstallation sehr sorgfältig. Am besten spazieren Sie gedanklich von Raum zu Raum und zeichnen in den Entwurfs- oder Einreichplan die geplante Einrichtung ein. Legen Sie im Detail fest, wo und wie Sie Strom benötigen. Denken Sie auch an den Garten, die Terrasse, die Garage, den Keller und den Dachboden. Vergessen Sie nicht den eventuellen Swimmingpool, die Außenbeleuchtung und das Gartenhaus. Sparen Sie außerdem nicht an Leerrohren, lassen Sie zusätzlich von jedem Geschoß mindestens zwei Leerrohre in den Elektroverteiler verlegen, dann können Sie später jederzeit erweitern, ohne aufstemmen zu müssen.

Zukunftsorientierte Planung bei kleinem Budget

Wenn das Budget zu Baubeginn für die Wunschinstallation nicht reicht, planen Sie voraus. Vielleicht wollen Sie später eine Wohnraumlüftung, sicherheitstechnische Anlagen, motorbetriebene Jalousien und Rollläden, Garteneinfahrten und Garagentore, Telefonschnittstellen, Antennen- und Lautsprecheranlagen und natürlich PC-Netzwerke nachrüsten. Der zusätzliche Planungs- und Ausführungsaufwand lohnt sich.

Planen Sie den Elektroverteiler dort ein, wo er immer zugänglich ist. Für die Garage, den Außenbereich, eine allfällige Werkstätte oder den Hausarbeitsraum lassen Sie Unterverteiler montieren. Damit schaffen Sie mehr Platz im Hauptverteiler, und die Kabelwege werden kürzer und einfacher, zudem wird der Weg zur Sicherung kürzer.

Im Installationsplan legen Sie bzw. der Elektroplaner die Anordnung der Lichtschalter und Schukosteckdosen, der Heizungsthermostate sowie der Taster für die motorbetriebenen Rollläden und Jalousien fest. Alle Höhen und Abstände sind in diesem Ausführungsplan so zu beschreiben, dass eine

Kalkulation ebenso möglich wird wie die punktgenaue Ausführung auf der Baustelle. Das ist auch für verbundene Gewerke wichtig, zum Beispiel, wenn die Baufirma einen Innenputz im Bereich der Außenwand-Vorsatzschale anbringen muss (Luftdichtheit). Für elektrosmog-empfindliche Personen empfehlen sich Schalter mit Infrarot- oder Funkfernbedienung. Leitungsstemmarbeiten sind dabei nicht mehr nötig. Damit wird der teure Funkschalter eine günstige Lösung!

Mit Kindern im Haus planen Sie gleich Steckdosen mit Kinderschutz, ein nachträgliches Nachrüsten kostet Geld. Im Stiegenhaus und im Eingangsbereich sowie im Garagenbereich sind außerdem Bewegungsschalter sehr hilfreich.

Sparen Sie nicht bei den Stromkreisen, da geht es um Ihre Sicherheit und die Betriebsbelastbarkeit, lassen Sie sich vom Elektroinstallateur Ihres Vertrauens beraten.

Beleuchtungsanlage

Ein heißes Thema ist die Beleuchtung, wobei: Heiß sollte sie nicht sein. Vergessen Sie Energiesparlampen, planen Sie das gesamte Licht mit LED-Lampen. LEDs sind gleichermaßen stromsparend, aber wesentlich langlebiger. Gute LED-Lampen geben auch bereits glühbirnenartig warmes Licht.

Sowohl Energiesparlampen als auch LEDs ziehen aufgrund der Vorschaltelektronik einen extrem hohen „Einschaltstrom", und Stromstoßrelais verschleißen besonders schnell bei Schaltung mehrerer Lampen gleichzeitig. Klären Sie das mit Ihrem Elektriker!

Mit in der Decke eingebauten Lampen sind Sie weniger flexibel bei späterem Stilwechsel. Für dimmendes Licht benötigen Sie geeignete Transformatoren.

Gegensprechanlage

Überlegen Sie eine Videogegensprechanlage, so können Sie schon am Gartentor feststellen, wen Sie willkommen heißen und wen nicht.

TV, Telefon, Sicherheitssysteme

Hier gilt es, viele Fragen zu klären: Wie soll Ihre Musikanlage funktionieren, und vor allem, wo wollen Sie Lautsprecher haben – im Haus, im Gartenhaus, am Swimmingpool? Vorrangig ist sicher die Fernsehanlage. Ist es günstiger, über Satellitenschüssel oder Kabelfernsehen zu empfangen? Wollen Sie auch im Gartenhaus fernsehen? Soll die Telefonanlage mit dem Heimnetzwerk kommunizieren? All das sollten Sie schon im vorhinein planen.

Lassen Sie sich zum Sicherheitssystem beraten, die Auswahl ist groß. Unter anderem können Sie Ihr Handy mit den Alarmanlagen in Ihrem Haus verbinden und so jederzeit verständigt werden.

Vergessen Sie auch nicht auf Rauchwarnmelder: Diese sind in jeder Wohnung und in jedem Haus Pflicht!

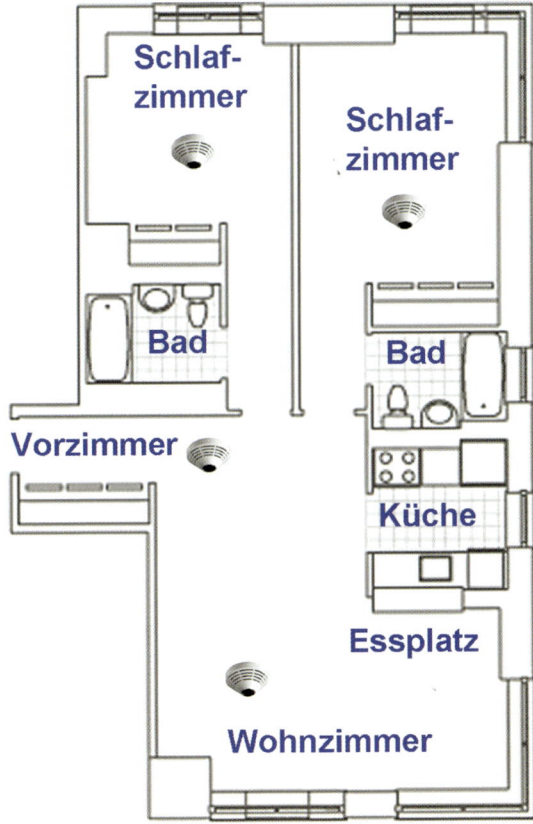

Abb. 170: Rauchwarner sind in jeder Wohnung Pflicht und Planungssache! Quelle: Sitas.at

Bussysteme – Regelungstechnik – Automatisierung

Für Technikenthusiasten gibt es intelligente Gebäudesysteme. Am Haus installierte Sensoren für Temperatur, Licht, Luftfeuchte, Regen und Wind oder auch Überwachungskameras und Glasbruchsensoren können automatisiert oder auch manuell vor Ort oder aus der Ferne gesteuert werden. Sie kennen vielleicht Dachfenster mit einem Regen- oder Windsensor. Vergisst man, das Fenster zu schließen, geschieht dies bei Wind und Regen wie von Geisterhand. Die erweiterte Version bilden die automatische Fensterverdunkelung, wenn der Globalstrahlungssensor zu viel Licht meldet, und die automatische Fensteröffnung, damit die frische Sommernacht kühle Luft in die Räume trägt.

Es gibt Alarmanlagen, die Sie via Handy über einer Störung informieren, oder auch unterhaltungstechnische Einstellungen, wie romantische Musik und gedämpftes Licht, wenn Sie mit dem neuen Partner nach Haus fahren. Praktisch alles ist möglich! Was für Sie sinnvoll ist, entscheiden nur Sie.

Blitzschutzanlage

Eine Blitzschutzanlage ist grundsätzlich nicht Pflicht, jedoch müssen Sie bei Anbringen einer Satellitenschüssel, Solaranlage und Photovoltaikanlage einen Blitzschutz vorsehen. Nur so schützen Sie Ihr Eigenheim vor direktem Blitzeinschlag und vor möglichen Folge- bzw. Gesundheitsschäden.

Erdung

Die Ö-Norm legt Folgendes fest: *„Das Risiko und Schäden von Überspannungsschäden sind durch geeignete Maßnahmen wie Erdung, Potenzialausgleich, inneren und äußeren Blitzschutz, Nullung und entsprechende Leitungsführung auf ein Minimum zu beschränken."*

Grundsätzlich wird eine Schutzmaßnahme aus einer geeigneten Kombination von zwei voneinander unabhängigen Schutzvorkehrungen verlangt. Eine wesentliche Schutzmaßnahme ist dabei die „automatische Abschaltung der Stromversorgung im Fehlerfalle", die sich aus dem Schutz gegen direktes Berühren und dem Fehlerschutz gegen indirektes Berühren zusammensetzt. Der Schutzleiter ist dabei eine wesentliche Voraussetzung für die Maßnahmen „Schutzerdung und Potenzialausgleich" sowie „automatische Abschaltung im Fehlerfall". Seit 1965 darf ein gelb-grüner Draht als Schutzleiter, und für nichts anderes, verwendet werden. Dieser leitet den Fehlerstrom weg vom Menschen. Vorausgesetzt, die Anschlüsse überstehen die Baustelle.

Dazu gilt: Schutzleiteranschlüsse an Geräten und Steckdosen sind so auszuführen, dass bei einer zu hohen Zugbelastung an den Anschlussleitungen der Schutzleiter erst dann reißt, wenn alle Strom führenden Leiter getrennt wurden. Dies wird zum Beispiel durch Leitungsüberlängen erreicht.

Luft- und Winddichtheit

Immer wieder kommt es zu Wasserschäden an Wand und Dach. Nur, dass das Wasser nicht vom Himmel, sondern von der feuchtwarmen Raumluft kommt und durch Ihre Elektrik verursacht wird. Wie? Durch Kondensationswasser.

Nehmen Sie eine Bierflasche aus dem Eiskasten: Sofort beschlägt sich die feucht-warme Raumluft daran. Ihrem Haus geht es nicht anders. Stellen Sie sich die raumabschließende Gebäudehülle (Boden + Wand + Dach) wie eine Doppelglasscheibe vor, also ein Element, das Hohlstellen aufweist. Bohren Sie nur ein kleines Loch, wird die feucht-warme Raumluft einströmen und an der kalten Außenscheibe kondensieren. Die Scheibe würde sich bei winterlich kalten Außentemperaturen in kurzer Zeit wie ein Aquarium mit Kondenswasser füllen.

Genau dasselbe geschieht bei allen Außenbauteilen, wenn mehr Wasserdampf in den Hohlraum hineinkommt, als wieder raus kann. Warum hat sich das bei Elektrikern (und auch bei Installateuren) noch nicht herumgesprochen? Eine Hochlochziegelwand ist ein hohles Element, ebenso wie eine Holzständerwand, ganz gleich, ob und welche Dämmung eingelegt wurde. Bei der Holzständerwand wird die innere Luftdichtheit mit einer Dampfbremsfolie oder einer Holzplatte ausgeführt, bei den Ziegelwänden mit dem Innenputz. Dass die Dampfbremse bei der Holzständerbauweise nicht zerstört werden darf, hat sich schon herumgesprochen, aber dass jede Steckdose, jeder Schalter und auch jeder WC-Spülkasten den Putz und damit die Luftdichtheitsebene durchbricht, noch nicht so ganz. Gerade hier gilt wie für jedes Bauteil: Fotografieren Sie zur Beweissicherung jedes Detail!

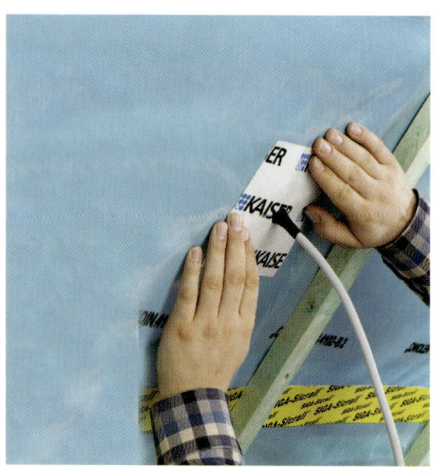

Abb. 171: Für Mantelleitungen gibt es fertige Manschetten, die dauerhaft luftdicht halten. Quelle: Kaiser-Elektro.de

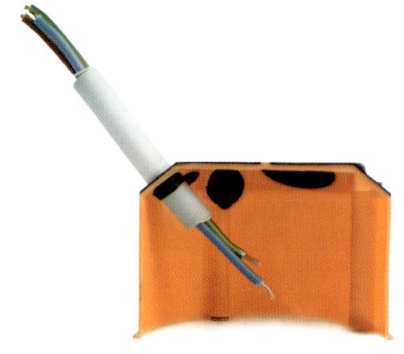

Abb. 172: Luftdichte Unterputz- und Hohlwanddosen sind Standard, aber vielen Elektrikern unbekannt. Quelle: Kaiser-Elektro.de

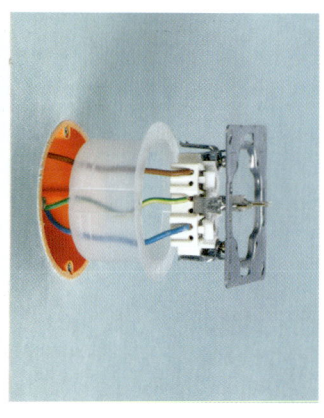

Abb. 173: Wurde auf die Luftdichtheit vergessen, kann nachträglich mit Spezialeinsätzen „saniert" werden. Quelle: Kaiser-Elektro.de

Achten Sie auf folgende auszugsweisen Richtlinien bei allen *Außenbauteilen:*

→ Installationsschlitze dürfen nur gefräst, nicht gestemmt werden.

→ Mauerwerk: Installationen müssen bei allen Putzdurchdringungen dauerhaft luftdicht ausgeführt werden. Das gilt für Verteilerdosen, Steckdosen und Schalter. Entweder muss eine luftdichte Unterputzdose eingebaut oder die Dose luftdicht in den Mauerschlitz eingeklebt werden, mit Gips bei Gipsputzen, mit Schnellzement bei Zementputzen.

→ Mauerwerk: Installationen müssen bei allen Putzdurchdringungen dauerhaft luftdicht ausgeführt werden, das gilt auch für die Leitungseinführungen vom Boden in die Wand im Estrichbereich. Da kann in der Regel keine dichte Putzschichte angebracht werden. Es ist daher vor der Leitungsverlegung der Schlitz bis zum nächsten Ziegel mit einem Glattstrich zu versehen, die Leitung ist dann in diesem Bereich einzukleben.

→ Mauerwerk: Der Innenputz ist satt bis zum Rohboden zu führen (Ausnahme Keller).

→ Abflussrohre oder sonstige Installationsleitungen dürfen nicht direkt über ein Außeneck in den Dachboden geführt werden. Eine luftdichte Verklebung wäre da dauerhaft nicht herstellbar. Eine Verklebung wird erst bei einem Abstand von rund zehn Zentimetern handwerklich herstellbar.

→ Mauerwerk: Führen Sie nicht mehrere Leitungen nebeneinander durch die luftdichte Gebäudehülle. Für eine dauerhafte Verklebung ist ein Abstand von zehn Zentimetern empfehlenswert, ausgenommen bei Ausführungen mit luftdichten Massen wie Brandschutzschaum, Pasten und dergleichen – da reicht ein Mindestabstand von einem Zentimeter.

→ Mauerwerk: Eine WC-Spülung soll nur vor eine verputzte Außenwand montiert werden.

→ Mauerwerk: Vorsatzschalen, Schächte und Kamine sollen nur vor eine verputzte Außenwand gestellt werden.

→ Mauerwerk: Anschlüsse von Dampfbremsen auf Mauerwerk nur auf Glattstrich kleben.

→ Holzständerwand: Verwenden Sie keine PE-Folien als Dampfbremse, eine dauerhafte Verklebung ist da nur schwer möglich.

→ Holzständerwand: Verarbeiten Sie nur zugelassene Klebebänder und Dampfbremsen.

→ Holzständerwand: Bauen Sie die Dampfbremse nicht zwischen Gipsplatten ein.

→ Holzständerwand: Sehen Sie eine Installationsebene vor der Dampfbremslage vor.

Weiterführende Informationen und Anbieter: www.bauherrenhilfe.org/fachbuch **_elektrik**

Kapitel 11

Was uns nicht umbringt, macht uns hart - Raumluft

Seit der Steinzeit leben Menschen mit Gefahren, die sie nicht sehen, verstehen oder beherrschen. Fragen Sie unsere lieben Vorfahren, die Neandertaler, die vor 30.000 Jahren sang- und klanglos ausgestorben sind. Manche meinen, sie seien in der Eiszeit erfroren, was kein Wunder wäre, Heizungen gab es noch nicht, von Passivhäusern ganz zu schweigen. Andere vermuten, dass sie sich nicht mehr vermehren wollten. Gut möglich, das Leben in einer Gefriertruhe fördert nicht unbedingt romantische Gefühle. Meiner unsachgemäßen Vermutung nach wurden die Neandertaler von Raubtieren als Wärmequelle angesehen und kalorisch verwertet.

Heute beherrschen wir die Kälte ganz gut, und auch gegen Raubtiere können wir uns schützen. Dafür erschaffen wir neue Gefahren und holen sie sogar ins Haus: Chemikalien in Farben, Baustoffen und Möbeln. Ich erlebe selbst jedes Jahr, wie Wohnungen über Nacht plötzlich schwarz werden. Durch die Verwendung unkontrollierbarer chemischer Bauprodukte entsteht in Räumen ein chemischer Giftcocktail, dessen Folgen heute noch niemand vollständig abschätzen kann und über den die Experten noch streiten. Die Gefahr kommt vor allem von innen, unsere Wohnungen machen uns krank!

VOC - flüchtige organische Verbindungen

Unter VOC (die Abkürzung stammt von der englischen Bezeichnung Volatile Organic Compounds) versteht man flüchtige, organische (chemische) Stoffe; viele davon sind Lösungsmittel. In der österreichischen Lösungsmittelverordnung aus dem Jahr 1955 werden „organische Lösungsmittel" als flüchtige organische Verbindung, die allein oder in Verbindung mit anderen Stoffen zur Auflösung oder Verdünnung von Rohstoffen, Produkten oder Abfallstoffen, als Reinigungsmittel zur Auflösung von Verschmutzungen, als Dispersionsmittel, als Mittel zur Regulierung der Viskosität oder der Oberflächenspannung oder als Weichmacher oder Konservierungsstoff verwendet wird, bezeichnet. Oder einfacher gesagt: VOC sind chemische Dämpfe, die schon bei Zimmertemperatur verdunsten. Konkret handelt es sich unter anderem um folgende Stoffe: Benzol, Toluol, Ethylbenzol, 1,3,5-Trimethylbenzol, n-Propylbenzol, Isopropylbenzol, n-Hexan, n-Heptan, n-Decan, n-Pentadecan, Cyclohexan und Trichlorethen.

Als VOC-Quellen werden Lacke, Klebstoffe, Reinigungsmittel und Bauprodukte genauso wie die unvollständige Verbrennung fester Brennstoffe, von Biomasse und Kohle angegeben. Nicht zu vergessen sind der Straßenverkehr sowie bakterielle Stoffwechselprodukte bei Gärungs- und Fäulnisvorgängen. Die Erdölindustrie liefert den größten VOC-Anteil aus industriellen Prozessen.

Klebstoffe, Farben usw. beinhalten Lösungsmittel, die sie weich machen und die beim Trocknen und auch lange danach noch entweichen. „Lösemittelfrei" darf sich nennen, was einen Siedepunkt über 200°C aufweist. Das liefert ein gutes Werbe- und Verkaufsargument. Bei diesen höher siedenden Stoffen reduziert sich zwar die Konzentration, dafür erhöht sich aber auch die Zeitspanne der Luftbelastungen.

Die wichtigsten Quellen für Innenraum-VOC sind: Bodenklebstoffe, trocknende Öle, Desodorierungsmittel, Salben, Kunststoffe, Lösungsmittel, wasserlösliche Farben und Lacke, Nadelhölzer, Latexfarben, Möbel, PVC, Kork, Teppichböden, Haushaltsprodukte, Duftöle, Kosmetikartikel und Zigarettenrauch.

Die VOC-Emissionen von frisch in einen Raum eingebrachten Materialien, Beschichtungen usw. verringern sich im Laufe der Zeit. Über die Zusammensetzung der Chemikalien ist sehr wenig bekannt, alle Grenzwerte sind daher in dem Spannungsfeld der Ahnungslosigkeit und der Bemühung des Gesetzgebers, keine „Wirtschaftsbarrieren" zu schaffen, zu bewerten. Beachten Sie auf jeden Fall Folgendes:

→ Nach Renovierungs-, Neubau- oder intensiven Reinigungsarbeiten steigt die Belastung oft um weit mehr als 1.000 Prozent.
→ Räume in unmittelbarer Nachbarschaft von chemischen Reinigungsbetrieben oder sonstigen Gewerbebetrieben sind stärker belastet.
→ Anti-Schimmelmittelzusätze für Farben, fungizid wirkende Sanitärsilikone und dergleichen sollten nicht in Innenräumen verwendet werden.
→ Vorsicht vor Produkten zur „Luftverbesserung" wie Duftölen. Diese enthalten Isoprenoide, also komplexe Kohlenwasserstoffverbindungen, die sich nur schwer abbauen und im Verdacht stehen, eine Ursache für Alzheimer zu sein.
→ Weichmacher von Plastik (Phthalate wie DEHP und DINP) und Formaldehyd fallen nicht mehr unter die VOC-Definition der Weltgesundheitsorganisation. Die Gefährlichkeit dieser Stoffe ist aber zu betonen!

Ein normaler Kunstharzlack kann 50 Prozent Lösemittel enthalten, ein Nitrolack bis zu 70 Prozent. Wer damit schon einmal zu tun hatte, wird sich an die Lösemitteldämpfe erinnern. Kopfschmerzen, Schleimhautreizungen, Benommenheit, Allergien, dauerhafte Schäden am zentralen Nervensystem und den inneren Organen sowie im Extremfall der Tod sind die Folgen. Als sogenannte „Malerkrankheit" wurden etwa die bis 1983 durch Lösemittel verursachte Hirnschädigungen an 700 Personen in Dänemark bekannt.

MVOC - mikrobiell verursachte flüchtige organische Verbindungen

Mikroorganismen wie Bakterien und Schimmelpilze bauen Stoffe zu einfacheren Verbindungen ab, indem sie sich von ihnen ernähren. Dabei enstehen Kohlendioxid, Wasser und mikrobielle Biomasse, unter anderem aber auch schädliche Stoffwechselprodukte als flüchtige Verbindungen, die MVOC (Microbially Volatile Organic Compounds). Aufgrund der niedrigen Geruchsschwelle lassen sich einige MVOC über den Geruchssinn wahrnehmen, es riecht modrig und feucht.

Doch nicht immer, wenn es nach Schimmel riecht, handelt es sich um MVOC. Die von Schimmelpilzen produzierten Gase (Terpene, Limone, Isolongifolen) können auch aus Naturharzfarben oder Klebstoffen ausdünsten. Die von einigen Mikroorganismen produzierten Aromate wie Toluol und Xylol können ein Hinweis auf Pilzbefall sein, aber auch aus dem Straßenverkehr oder den Möbeln stammen. Im Zigarettenrauch wurden ebenfalls große Mengen Methylfuran gefunden, weswegen man in Raucherwohnungen diese Substanz auch dann findet, wenn keinerlei Schimmelbefall vorhanden ist.

Wenn ein Raum permanent schlecht riecht, lohnt es sich aber auf jeden Fall, ihn nach chemischen Schadstoffen untersuchen zu lassen, insbesondere dann, wenn folgende gesundheitliche Symptome nicht erklärt werden können:

→ Schleimhautreizungen der oberen Atemwege und/oder Kieferhöhlen
→ Kopfschmerzen und trockene Bindehäute
→ Müdigkeit, Juckreiz und Hautausschläge
→ unmotivierte Aggressivität, Stimmungsschwankungen
→ Gelenk- und Muskelschmerzen

Wenn beispielsweise textile Bodenbeläge mit Styrol/Butadien cis-/trans-Butadien zusammenkommen, entsteht daraus (nach Salthammer 2000) das Reaktionsprodukt Styrol, 4-Phenyl-cyclohexen (4-PC), 4-Vinyl-cyclohexen (4-VCH). Oder anders ausgedrückt: Wenn Sie den falschen Teppichboden mit dem falschen Kleber auf den falschen PVC-Bodenbelag kleben, entsteht womöglich ein hochaggressives, entzündliches Gas. So kann ein Innenraum zu einem richtigen Hexenkessel werden. Nur dass vermutlich beim Kochen von Katzenblut und Rattenohren weniger Schadstoffe entstehen.

Abb. 174: Ein schwerer Schimmelbefall erfordert eine sachverständige Beurteilung und Entfernung: Quelle: Keimfrei.at

SVOC - schwerflüchtige organische Verbindungen

SVOC sind schwerflüchtige (auf Englisch „semi-volatile") Substanzen, die zwar weniger heftig, dafür aber umso länger in Ihrem Wohnraum aktiv sein können. Sie bilden vermutlich die Hauptursache für den in der Einleitung erwähnten Schwarzstaub in Wohnungen, auch „Magic Dust" oder „Fogging" genannt: Praktisch über Nacht setzt sich an Wänden, Decke und Oberflächen ein schmieriger, schwarzer Schmutzfilm ab, der an Ruß erinnert. In stark betroffenen Wohnungen sieht es manchmal sogar wie nach einem Schwelbrand aus.

Die schwerflüchtigen Verbindungen können sich mit den vorhandenen Schwebestaubpartikeln verbinden, und so entstehen die schmierigen Beläge. Sie gasen wesentlich länger aus. Insbesondere Kunststoffweichmacher (Phthalate) spielen hier eine Rolle, aber auch Kerzen und Öllampen, allen voran Duftkerzen, sollen hier ursächlich sein. Kaufen Sie daher wenn möglich nur Produkte mit der Kennzeichnung „lösemittel- und weichmacherfrei".

Endotoxine, Bakterien, Schimmelpilze, Holz

Als wären die Attacken der MVOC nicht schon genug, müssen wir uns auch noch mit anderen Schadstoffen herumschlagen. Da wundert es nicht, dass wir in unseren Räumen zunehmend krank werden. Weder in den Bauordnungen, den technischen Normen noch in den Bauleistungsbeschreibungen und schon gar nicht in den Herstellerrichtlinien ist die Rede von chemikalienfreien oder zumindest emissionsarmen Baustoffen. Das Qualitätskriterium „Schadstoffarm" gibt es wirksam nicht.

Aber jeder, der schon einmal eine Dokumentation über Giftschlangen oder Pfeilfrösche gesehen hat, weiß: Nicht alles, was in der Natur vorkommt, ist für den Menschen bekömmlich.

Endotoxine

Endotoxine kommen in Bakterien und Blaualgen vor. Sie sind überall zu finden, wo genügend Wärme, Feuchtigkeit und organisches Material zusammentreffen. In erster Linie sind Hühner- und Schweineställe als Quelle anzugeben, es wurden aber auch große Konzentrationen in häuslichen Teppichen gemessen. Endotoxine spielen besonders bei Entzündungen eine große Rolle, sie können eine mikrobielle Vergiftung mit Fieber und Multiorganversagen verursachen.

Bakterien

Bei Raumluftmessungen werden immer Bakterien nachgewiesen. Sie sind allgegenwärtig, und auch wir Menschen tragen Bakterien ständig mit uns herum. Die meisten schaden uns nicht, viele nützen sogar, wenn wir zum Beispiel an die Darmflora denken, aber viele sind auch Krankheitserreger. Sie wachsen in Feuchtigkeit und viel Staub besonders gut, daher sollte man immer für Frischluft sorgen. Übrigens: Eine Studie hat ergeben, dass die WC-Brillen der meisten Haushalte tadellos sauber sind. Die meisten Bakterien finden sich im Eiskasten!

Schimmelpilze

In der Regel genügt ein Feuchte- und Nährstoffangebot für die Dauer von drei bis acht Stunden, und schon beginnt Schimmel zu wachsen.

Schimmelpilze brauchen eine Temperatur von null bis 50°C, eine relative Luftfeuchtigkeit von 65 bis 100 Prozent und als Nahrung organische Substanzen wie Holzbestandteile, Tapeten, Wandfarben, Leder oder leimhaltige Substanzen. Diese Bedingungen finden sich in nahezu allen Wohnräumen. Schimmelpilze benötigen außerdem frei verfügbares Wasser. Wer kein Kondens- oder Schadwasser in seinen vier Wänden hat, hat daher auch keine Schimmelsorgen. Der optimale pH-Wert für Schimmel liegt im leicht sauren Milieu bei pH 4 bis 6. Deshalb beugen Kalkputze, im Gegensatz zu nicht saugfähigen Dispersionsfarben, mit pH-Werten über 12 dem mikrobiellem Befall vor. Außerdem wirkt Kalkputz extrem sorptiv, das heißt, er kann Wasser gut aufnehmen, somit steht dem Schimmel kaum welches zur Verfügung.

TIPP FÜR SCHIMMELFREIES WOHNEN: Um Schimmelpilzwachstum durch Kondenswasser zu vermeiden, ist die Raumluftfeuchte in Bezug zur Außentemperatur zu setzen. So soll bei 0°C Außentemperatur die relative Luftfeuchte im Raum 55 Prozent nicht überschreiten. Für jedes Grad unter null ist die Luftfeuchte um einen Prozent herabzusetzen. Das heißt: Bei –10°C soll die relative Luftfeuchtigkeit von 45 Prozent nicht mehr als drei Stunden lang überschritten werden.

Gut gedämmte Wohnhausanlagen sind häufiger von Schimmelbefall betroffen als schlecht gedämmte Häuser aus den 60er-Jahren und davor. Das erklärt sich zum einen durch die unheilvolle Kombination aus Stahlbeton, Gipsputzen und Dispersionsfarben als auch durch die Bewohner, die zu wenig heizen und lüften. Verständlich, denn eingebettet in eine „warme Gebäudehülle" liefern Nachbarn und Heizleitungen ausreichend Wärme. In der Folge steigt die Raumlufttemperatur, ohne dass man großartig heizen müsste. Das führt aber dazu, dass die Raumecken (also die Bereiche der Wärmebrücken) unter den Taupunktbereich abkühlen, und dort entsteht Kondenswasser. Diese wärmeabgebenden Flächen müssen beheizt werden, obwohl die Raumluft wohlig warm ist. Dumm oder billig bauen ist nicht verboten, und für das Raumklima bleibt der Bewohner verantwortlich! Rechtlich gesehen ist der Großteil der Schimmelfälle einer fehlerhaften Raumnutzung zuzuordnen.

Schließlich möchte ich hier noch mit dem Märchen aufräumen, dass man nicht kipplüften soll. Man kann einer berufstätigen Familie nicht vorschreiben, fünfmal täglich zu lüften, um die relative Luftfeuchte auf die gewünschten Werte „herunterzutrocknen". Da hilft oft nur die Kipplüftung, die für einen permanenten Luftwechsel in den Räumen sorgt. Allerdings muss der Fensterspalt auf rund einen Zentimeter bei ein bis drei Fenstern – je nach Wohnungsgeometrie – reduziert werden. Bei voller Kipplüftung geht zu viel Wärme verloren und die umgebenden Wände kühlen aus. Für eine Spaltreduktion und Fixierung gibt es günstige Beschläge zu kaufen. Die Lüftungsdauer muss jeder für sich selbst experimentell bestimmen. Wichtig: Kaufen Sie immer zwei Hygrometer zur Kontrolle der Luftfeuchte, hängen Sie diese an die betroffenen Außenwände in Brusthöhe. Wächst der Schimmel trotz der Umsetzung meiner obigen Empfehlungen, liegt vermutlich ein Baumangel vor!

Holz

Die Inhaltsstoffe von Kiefern-Kernholz wirken sich positiv auf das Wohlbefinden aus, ein Milbenbefall wird reduziert, dafür sind Inhaltsstoffe wie Phellandren, Cadinene, Pinen etc. verantwortlich. Ähnliches gilt für Zirbenholz.

Aber auch Holz kann eine schädliche Wirkung entfalten, so wirkt etwa Holzstaub in großen Mengen schleimhautschädigend.

Zu unterscheiden sind chemisch-irritativ wirkende Holzinhaltsstoffe wie Alkaloide, Phenole oder Saponine und die kanzerogene Wirkung von Holzstauben der Buche und Eiche. Hier finden sich Aldehyde und Tannine. Das am besten bekannte Typ-1-Allergen ist im Holzstaub der Red-Cedar zu finden.

Im Allgemeinen gelten tropische Hölzer als risikoreicher als heimische. Das aus Zentralamerika kommende Cocoboloholz wird für Griffe, Holzschmuck und Musikinstrumente seit über 100 Jahren verwendet. Ebenso lange sind damit in Zusammenhang stehende Fälle von Kontaktdermatitis bekannt. Auch bei Palisander sind Kontaktallergien durch das Tragen von Holzschmuck und die Verarbeitung von Messergriffen bekannt. Ebenso sollte Teakholz-Staub keinesfalls erzeugt werden, dabei wird Desoxylapachol isoliert, ein äußerst potentes Allergen.

Formaldehyd

Formaldehyd ist ein farbloses, in hohen Konzentrationen stechend riechendes, brennbares Gas. Früher hauptsächlich zur Produktion von Kunstharzen benutzt, wird es heute für Kunststoffe und (als Harnstoff-Formaldehyd-Harz) als Bindemittel von Spanplatten eingesetzt. Wegen der fungiziden, viruziden und bakteriziden Eigenschaften ist es auch in Desinfektionsmitteln und als Konservierungsstoff in der Medizin und in Kosmetikmitteln vorhanden.

Die Innenluft wird vor allem durch Spanplatten, Sperrholz, Fertigparkett, Mineralwolle, Lacke, Kleber, Teppichböden und Farben belastet. Mehr noch, auch beim Heizen und Kochen mit Holz oder Gas entsteht Formaldehyd.

Die Aufschrift „Formaldehydfrei" heißt übrigens wieder einmal nur, dass ein bestimmter Grenzwert nicht überschritten wird, in der Regel 0,1 ppm. Das sagt rein gar nichts aus, denn entscheidend ist, ob Sie gut lüften und wie viel von dem Zeug Sie in Ihren Räumen verbauen.

Holzschutzmittel

Holzschutzmittel haben in Innenräumen nichts verloren. Auch nicht in der Konstruktion! Was für Insekten und Mikroorganismen tödlich ist, muss auch für den Menschen dauerhaft schädlich sein. Dem organisatorischen und konstruktiven Holzschutz soll der Vorrang vor dem chemischen gegeben werden. Der organisatorische Holzschutz (OHS) beginnt bei Überlegungen zum Zeitpunkt der Holzschlägerung. Befinden sich beispielsweise Schadinsekten gerade auf Hochzeitsflug, wird es nicht schlau sein, nahestehende Bäume umzuhauen. Wenn ein Sturm für ungeplanten Holznachschub gesorgt hat, kann eine Nasslagerung die Holzqualität bei Nadelholz für vier bis fünf Jahre sichern. Die Poren werden mit Wasser gefüllt und verhindern damit den Zutritt von Sauerstoff; holzzerstörenden Pilzen und Insekten wird dabei die Lebensgrundlage entzogen. Darüber hinaus soll nach dem Holzfällen schnellstmöglich entrindet werden usw. Demnach handelt es sich beim OHS im Wesentlichen um Überlegungen des Sägewerks zu Fäll- und Lagerzeiten. Der konstruktive Holzschutz beschäftigt sich mit für die Holzkonstruktion günstigen und kondenswasserfreien Bauteilen. Beispielsweise schützenden Dachvorsprüngen, Abdeckungen und Abdichtungen. Wer richtig plant und konstruiert, kann auf den chemischen Holzschutz verzichten.

Hexenkessel Chemie

Es gibt wasserlösliche Naturharzfarben, die auf Citrusterpene verzichten. Diese sind zwar auch nicht unbedenklich, aber sicher harmloser als herkömmliche Farben. Auch Produkte mit dem Umweltzeichen „Der blaue Engel" sind empfehlenswert. Bei diesen Produkten sind die Rohstoffe weitgehend natürlicher Herkunft und größtenteils erneuerbar. Solche Produkte belasten die Umwelt auch bei der Produktion wesentlich weniger. Und schließlich kann ein naturlackgestrichenes Holz im Unterschied zu einem mit Kunstharzlack gestrichenen bedenkenlos verbrannt werden.

Es gibt immer mehr Alternativen, um schadstofffrei, ökologisch und nachhaltig zu bauen. Tiefergehende Studien und Beratungen erhält man zum Beispiel beim „IBO – Österreichisches Institut für Baubiologie und Bauökologie" oder im Internet unter Raumluft.org.

Hier ein paar Tipps, mit denen Sie Ihr persönliches Umfeld verbessern können:

→ Ziehen Sie so spät wie möglich in neue Räumlichkeiten ein.
→ Lüften Sie so viel wie möglich, entgegen dem Mythos schadet Zugluft nie.
→ Lackieren Sie Gegenstände soweit möglich nur im Freien und mit lösungsmittelarmen Farben.
→ Führen Sie Renovierungsarbeiten nicht im Winter durch, denn im Sommer können Sie dauerlüften.
→ Vermeiden Sie Fußboden- und sonstige Beläge aus Kunststoff/PVC.
→ Es ist besser, eine Fußbodenheizung zu verfliesen, als mit Parkettkleber Parkett zu verlegen. Erwägen Sie allenfalls eine verputzte Wandheizung.
→ Verwenden Sie nur mineralische Farben mit einem Kunstharzanteil unter fünf Prozent.

- → Ökolabels sind gut, aber nicht perfekt – „Der blaue Engel" erlaubt zehn Prozent schädliche Chemikalien.
- → Lösemittel in Wasserlacken sind keinesfalls harmlos!
- → Lösemittelfreie Kleber sind nicht lösemittelfrei, Achtung: Langzeitbelastung!
- → Räumen Sie neue furnierte Holzwerkstoffmöbel nicht gleich ein, lüften Sie zuerst.
- → Lassen Sie neue, plastikverpackte Möbel lange lüften.
- → Hängen Sie Kleider aus der chemischen Reinigung nicht gleich in den Kasten.
- → Vermeiden Sie Reinigungsmittel mit „frischem Limonenduft".
- → Lagern Sie keine druckfrischen Zeitungen bzw. lüften Sie.
- → Vermeiden Sie PVC-Duschvorhänge, diese enthalten große Mengen Weichmacher!

Wohnraumlüftung

Wohnraumlüftungen haben einen schlechten Ruf, sie gelten als Quelle für mikrobiellen Befall, aber zu Unrecht. Das geschieht nur, wenn Wohnraumlüftungen falsch dimensioniert, falsch ausgeführt und schlecht gewartet werden, was ich leider oft zu sehen bekomme. Filter und Befeuchter müssen regelmäßig gereinigt bzw. ausgetauscht werden, und die Luftleitungen sind so zu verlegen, dass eine Wartung und Reinigung möglich ist. Ein enger Verlegeradius der Luftleitungen und Verteilerboxen mit „toten Winkeln" sollte vermieden werden. Dann leben Sie mit permanenter Frischluft. Die Schadstoffe, die unvermeidlicherweise in Ihrem Haus vorkommen, können wenig Schaden anrichten, und auch die Viren und Bakterien, die Menschen selbst ständig in Räume hereinbringen, können sich im geschlossenen Raum nicht mehr schädlich konzentrieren.

> Weiterführende Informationen und Anbieter: www.bauherrenhilfe.org/fachbuch_**raumluft**

Nachwort

Nun bleibt mir abschließend darauf hinzuweisen, dass alle meine Bauempfehlungen stets auch der Schadstoffvermeidung gelten. Ich will nicht die Extremistenrolle einnehmen. Sicher wäre eine Lehmhütte im Wald ohne jegliche Chemie und Elektronik der kompromissloseste Weg, aber das wäre lebensfremd.

Es soll niemand aufgrund der unüberschaubaren Informationsfülle in die Resignation flüchten. Deshalb empfehle ich auch Leuten mit kleiner Geldbörse: Leisten Sie sich meine bautechnischen Empfehlungen, verzichten Sie zunächst eher auf einen Balkon, eine Garage, einen Kellerstiegenabgang und weitere, meist ungenutzte Bauteile. Aber bauen Sie energieautark, technisch richtig und, soweit möglich, schadstofffrei.

Danksagung

Ich danke Cornel Neata von der Produktionsfirma „ON-Media", er hat mich motiviert, dieses Buch zu schreiben. Ich danke Martin Gastinger von ATV und Theresa Weiglhofer vom Linde Verlag, mit ihrer Hilfe hoffe ich auf eine weite Verbreitung und Aufklärungsarbeit. Ich danke meiner Co-Autorin Vivien Bronner, auch wenn sie mich zeitweise mit der Forderung in den Wahnsinn getrieben hat, die Dinge noch viel einfacher auszudrücken. Ich danke auch dem Visionär und Solarteur Wolfgang Gurnhofer, der mir seit vielen Jahren die Welt der erneuerbaren Energien offenbart. Allen voran danke ich meiner sehr geduldigen Familie und den Kunden, für die ich nicht ganz so gut erreichbar war.

Hiermit bedanke ich mich auch bei folgenden Personen/Firmen für die Unterstützung und Zurverfügungstellung von Bildmaterial:

DI. Christian Karner von Karner Consulting (Statik)
Ing. Christian Panhofer von Inproma (Elektrotechnik)
Univ. Prof. Gerd Hauser, Universität Kassel
Mag. Gabriele Gindl, Ahrens Schornsteintechnik GesmbH
Ing. Wolfgang Kirchweger, Büsscher & Hoffmann Gesellschaft m.b.H.
Martin Wammerl, Doyma GmbH & Co
Ing. Heinz-Jörg Zwachte, Eternit-Werke Ludwig Hatschek AG
Ing. Bernd Ludwig, Fenster Ludwig
Günther Schaffelner, Helopal Fensterbänke
Walter Handler & DI. Vitezslav Toman, Heluz – cihlářský průmysl v.o.s
Mag. Gerhard Vitzthum, Isocell GmbH
Sonja Moder & Bernd Oswald, KLH Massivholz GmbH
Dipl.-Betriebswirtin Sandra Kolmar, Max Frank GesmbH
Susanne Heissenberger, PIPELIFE Austria GMBH & Co KG
Herbert Stadler, Rascor Abdichtungen GmbH
Ing. Walter Weiser, sculptur & function Design-und Handelsges.m.b.H
DDI. Wolfgang Schnauer, Schnauer Energie-, Solar- und Umwelttechnik GmbH & Co KG

August Nussbaumer, Siblik Elektrik/Kaiser
Günther Rittinger, SITAS Handelsgesellschaft mbH
Sarah Opitz & Roger Kammerer, Triflex GmbH & Co. KG
Ing. Gerhard Staudinger & Mag. Nicole Fink, Wienerberger Ziegelindustrie
GmbH
Ing. Jörg D. Radler, VMZINC Center Österreich
Firma Waterkotte GmbH
RBB Aluminium

Danksagung